21世纪BIM教育系列丛书

BIM技术管线综合应用

程 伟◎主 编

李 林 刘亮亮 陈 辉 韩向明◎副主编

清华大学出版社

北 京

图书在版编目(CIP)数据

BIM技术：管线综合应用/程伟主编.—北京：清华大学出版社，2020.7
(21世纪BIM教育系列丛书)
ISBN 978-7-302-54093-9

Ⅰ.①B…　Ⅱ.①程…　Ⅲ.①建筑设计－管线综合－计算机辅助设计－应用软件－教材
Ⅳ.①TU204.1-39

中国版本图书馆CIP数据核字(2019)第241999号

责任编辑：秦　娜　赵从棉
封面设计：陈国熙
责任校对：王淑云
责任印制：沈　露

出版发行：清华大学出版社
网　　址：http://www.tup.com.cn，http://www.wqbook.com
地　　址：北京清华大学学研大厦A座　　邮　　编：100084
社 总 机：010-62770175　　邮　　购：010-62786544
投稿与读者服务：010-62776969，c-service@tup.tsinghua.edu.cn
质量反馈：010-62772015，zhiliang@tup.tsinghua.edu.cn
印 装 者：大厂回族自治县彩虹印刷有限公司
经　　销：全国新华书店
开　　本：185mm×260mm　　印　　张：12.5　　字　　数：300千字
版　　次：2020年7月第1版　　印　　次：2020年7月第1次印刷
定　　价：39.80元

产品编号：081552-01

21 世纪 BIM 教育系列丛书

编　委　会

丛书编委会：

程　伟　　加　强　　张　晓

本书编委会

主编：

程　伟

副主编：

李　林　　刘亮亮　　陈　辉　　韩向明

参编：

张　晓　　兰　丽

前言

管线综合是建筑设备安装工程中的重要工作内容，传统的管线综合是在施工前使用CAD等二维制图软件绘制管线综合图纸，并辅以局部详图进行说明，以达到管线最优化排布的目的。随着科技的发展，人们对建筑的安全性、智能性、舒适性以及环保性要求越来越高，对应的水、暖、电管线布局及附属设施也越来越复杂，基于二维图纸的管线综合难以满足工程质量、工期、成本的多重需求。

BIM技术的出现给管线综合带来新的发展机遇，使其逐渐从二维图纸设计转变为三维模型设计。一方面，BIM模型直观展示管线综合的布局情况，便于设计师发现图纸中的错、漏、碰、缺问题，并为进一步优化施工图提供解决方案；另一方面，BIM协同设计平台便于管线综合参与各方的沟通交流，保证了设计、施工信息的准确性和可传递性，可以为运维阶段提供基础数据。

就目前来看，无论在设计院还是施工单位中，综合型BIM应用人才均备受青睐。BIM发展至今，市面上土建、机电单专业的软件应用教材较多，而综合应用教材相对稀缺。因此，北京谷雨时代教育科技有限公司组织工程项目经验丰富且教学经验丰富的双师型团队，结合BIM应用标准来编写本书，旨在打造一本BIM综合应用教材，为专业BIM应用提供参考书籍。

本书具有以下特色：

(1) 由浅入深，循序渐进。从软件命令的操作技巧，到全专业模型的综合应用，在保证读者掌握基础操作的前提下，不断融入专业知识，层层递进。

(2) 标准指导，案例应用。强调BIM建模的标准，并处处以标准为参照进行教学讲解，融合实际的项目经验，诠释管线综合的建筑信息模型表达方法。

(3) 技能精解，强化训练。正文部分详细介绍具体的操作方法和技巧，在每章节均设置强化训练模块，并罗列出关键操作步骤及注意事项，通过多个案例加强读者对每章重点内容的理解。

(4) 电子资源，视频教学。除了书中内容之外，还提供了大量的辅助资料，包括图纸、族文件、模型文件等，读者可扫描相应二维码下载配套资源；另外，每节都配套相应的教学视频，读者可直接扫码观看，便于随时随地学习。

本书由北京谷雨时代教育科技有限公司组织编写，全书共11章，其中第1~3章由李林负责编写，第4、5章由刘亮亮老师负责编写，第6章由陈辉老师负责编写，第7章由韩向明老师负责编写，第8~11章由李林负责编写，全书由程伟规划构思和审核，由郭米娜老师和兰丽老师进行校审，由张晓做全书协调及修订，视频资源及其他教学辅助文件由北京谷雨时代教育科技有限公司提供。在编写本书的过程中，谷雨教育研究院、北京航空航天大学等院校为本书提供了技术支持和参考资料，在此感谢上述机构及参编人员的全力配合。

因编者水平有限，书中疏漏及错误之处在所难免，恳请读者批评指正。

编 者

2020 年 5 月 10 日

目 录

第 1 章

管线综合概述

管线综合设计是在施工图设计阶段对机电各专业的设计方案进行优化，以使最终的设计成果满足现场施工安装的要求。随着时代的进步，人们对建筑物的功能要求不断提高，特别是在大型项目中，管线排布复杂，管线综合的价值也越来越重要；BIM 技术的出现使管线综合的技术基础更加成熟。那么什么是 BIM 技术？管线综合如何与 BIM 相结合呢？

1.1 BIM 基础理论

基础理论.mp4

1.1.1 BIM 的概念

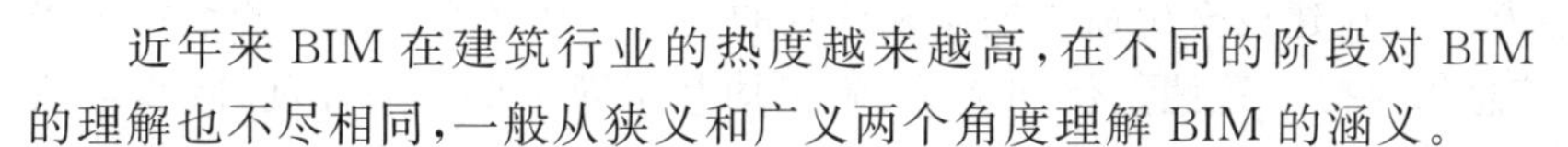

近年来 BIM 在建筑行业的热度越来越高，在不同的阶段对 BIM 的理解也不尽相同，一般从狭义和广义两个角度理解 BIM 的涵义。

狭义 BIM 定义为建筑信息模型，即 building information modeling，主要指利用信息化手段进行设计，例如三维建模、碰撞检查等。

随着 BIM 在工程中的不断应用与发展，BIM 包含的内容也越来越广泛。广义 BIM 较准确的定义为 building information management，已经不再局限于模型，而是基于建筑大数据的设计、施工以及运维等建筑全生命周期的管理过程。

BIM 的核心是 information(I)，即信息，构件的尺寸、材质、成本、厂商、安装时间等都属于信息的范畴；模型是信息的载体，信息的完备性、准确性、可传递性是应用 BIM 的基础。

1.1.2 BIM 的特点

作为建筑行业的新技术，BIM 与传统的设计、管理方式相比具有一些基本特点，包括操作可视化、信息完备性、信息协调性和信息互用性。

1. 操作可视化

与二维设计不同，BIM 设计是基于三维模型的设计，设计过程不是绘图而是建模，设计成果能直观地展示出来。当然可视化并不局限于三维展示，传统的一些 3D 效果图也具有展示功能，其与 BIM 还有较大的不同；BIM 的可视化更多是应用在碰撞检查、施工模拟、环境研究等可视化分析方面。

2. 信息完备性

BIM 也是建筑的一个大数据库，将构件的名称、材质、性能、成本等按照一定的逻辑关系联结为统一的整体；完整的建筑信息是模拟分析、施工管理、运维管理的前提条件。

3. 信息协调性

协调是模型自身的协调关系，包括模型数据的协调和实体构件的协调。传统二维设计中平面、立面、剖面都是相对独立的，不能进行统一的修改更新；而基于 BIM 的设计一般为动态更新，与模型相关的信息均是统一整体，一处修改处处更新，从而保证了输出成果的一致性，可减少错、漏、碰、缺问题，减少后期变更，提高设计效率。

4. 信息互用性

信息互用也是协同的基础，BIM 数据信息的互用包括不同专业的信息互用与不同阶段的信息互用。

不同专业的信息互用主要体现在协同设计方面，设计工作需要不同专业的设计师来共同完成，不同专业间存在一定联系。例如，建筑结构设计成果是机电设计的参考数据，机电设计时只需从建筑结构模型中获取需要的数据，然后进行设计即可，机电中的水、暖、电相关专业也需要互用信息，进行深化设计，以减少不同专业间的碰撞问题。

不同阶段的信息互用是在建设全生命周期实现信息的共享。从最原始的勘测数据至竣工验收数据的 BIM 信息均保持一致性。例如造价、施工均基于同一个模型开展，减少数据的重复输入，实现一模多用。

BIM 模型的应用常常需要不同软件的数据交互，在信息传递过程中应保证数据不丢失。目前市面上的 BIM 相关软件大部分都支持 IFC 标准和 XML 标准的数据文件，方便了不同软件之间的数据传递。

1.1.3 BIM 在工程中的应用

项目周期一般分为前期规划、设计、施工、运维四个阶段，在不同阶段 BIM 应用的侧重点也不完全相同。我国 BIM 典型应用框架如图 1-1 所示。

1. 前期规划阶段

前期规划阶段是项目建设的初期，在前期阶段 BIM 的应用主要体现在项目规划、场地分析、投资估算等方面。

项目规划主要是初步建模，类似于草图设计，包括现状的建模(原始地形、原有建筑物、道路、河流、绿化等)和拟建建筑物的初步设计方案。

场地分析是基于规划的体量模型分析建筑物的环境情况，基于建筑物的位置与地质、水文、气象资料对建筑的容积率、绿化率、日照、风环境、热环境等进行分析。BIM 也为绿色建筑设计提供了更直观的研究方法。

投资估算是在建设前期对成本进行控制，基于 BIM 模型的估算精度更高，对于项目的

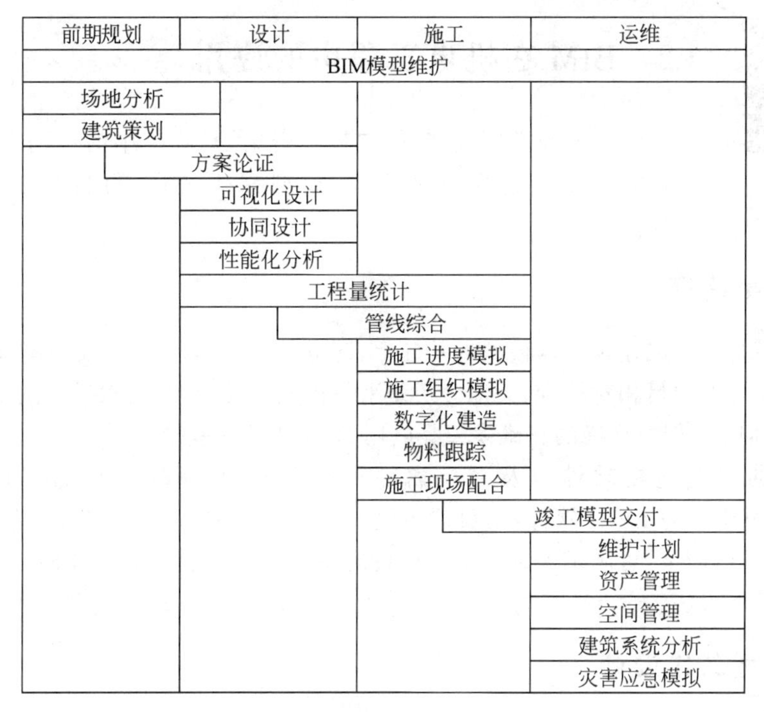

图 1-1 我国 BIM 典型应用

风险评估与成本控制有重要的作用。

2. 设计阶段

BIM 早期主要应用在设计阶段。设计阶段的应用包括方案论证、可视化设计、协同设计、管线避让、工程量统计等。

采用 BIM 进行设计是基于三维模型的设计，设计成果是统一的数据库，便于进行分析，可减少大量人工计算的工作量，如结构计算、工程量统计等。

3. 施工阶段

施工阶段的 BIM 应用可为复杂施工过程提供解决方案，应用点包括碰撞检查、施工进度模拟、施工图深化、场地布置、复杂节点拼装模拟、质量与进度监控、物料跟踪等。

施工阶段的 BIM 应用主要依赖的是 BIM 模型，在设计模型的基础上进行深化设计，可以直观地展示设计成果，指导现场施工；在建造过程中不断完善模型信息，形成最终的竣工模型，竣工模型也是精度相对较高的 BIM 模型。

4. 运维阶段

建筑物的运维阶段的周期较长。BIM 运维管理能实现资源的优化配置，减少维护成本其主要的应用点包括竣工模型管理、资产管理、建筑系统分析、灾害应急模拟等。

将 BIM 技术与物联网技术相关联，对建筑的内部环境进行实时监测，是未来智能建筑的发展方向。

BIM 在机电工程中的应用.mp4

1.2 BIM 在机电工程中的应用

机电工程类别较多，管线排布密集，是施工中的难题。BIM 在机电工程的应用点包含三维建模、模型深化设计、可视化表现和预制加工等。

1.2.1 三维建模

三维建模是在完成建筑结构模型的基础上，建立给排水、暖通、电气的模型。目前直接用三维进行设计的项目相对较少，大部分还是采用传统的设计方法，然后将图纸转换为三维模型，也就是翻模；创建准确的三维模型是应用 BIM 技术的基础。

市面上的机电建模软件以及翻模插件种类繁多，如 Revit、MagiCAD、Rebro 等，Autodesk 公司研发的 Revit 软件，是目前主流的建模软件之一，具有建筑、结构、机电专业的建模功能，操作简单，可满足大部分工程项目的建模需求。本书将采用 Revit 来讲解 BIM 模型创建的基本方法。

1.2.2 模型深化设计

模型深化是将各专业的模型进行整合，完成碰撞检查，并通过检查报告中的问题调整管线布局，得到最终的满足使用功能和安装要求的模型文件，然后基于模型创建指导施工的施工图。模型的深化设计主要包含碰撞检查和管线综合调整两部分。

碰撞检查一般包括模型的自检和不同专业间的综合碰撞检查。根据设计图纸创建的模型往往具有较多的碰撞问题，基于三维模型能清晰地查看碰撞。常用的 BIM 建模软件也具有碰撞检查功能，可以快速检测模型中的碰撞问题。对于专业间的碰撞检查可采用第三方模型整合软件，如比较常用的 Navisworks，将检测结果输出为碰撞报告，作为管线综合调整的依据。

管线综合调整是将碰撞位置的管线按照一定的要求进行重新布局，包括高度的调整、平面位置调整、局部管线避让等方法，调整后的管线就是最终安装完成后的效果，这也是 BIM 所见即所得这一特点的体现。

深化设计还包含一些细节的设计，例如支吊架的布置、墙体的开洞、套管添加等，最终根据创建的模型创建施工图纸。

1.2.3 可视化表现

可视化表现是最直观地展示设计成果的一种方式，具体包含静态可视化和动态可视化。

静态可视化是将模型以图片或局部三维模型的形式进行展示，将构件进行剖切、标注等，比如复杂节点的展示；动态可视化即动态的三维展示，包括漫游动画、施工模拟等，将构件按照施工工序进行安装，模拟实际安装时的步骤，用于指导现场施工。

1.2.4 预制加工

创建的管道模型仅仅是设计方案，在安装时还需要考虑构件的运输、配件是否可采购等因素，当管道过长时，还应按照规范对管段进行拆分，使其满足现场的安装要求。

从BIM模型提取管段及配件的信息，指导工厂预制加工，可以减少现场对管段的切割，从而减少材料浪费，降低成本。

1.3　管线综合BIM应用框架

管线综合BIM应用框架.mp4

1.3.1　管线综合的概念

管线综合也就是机电深化设计的过程，即在图纸文件或模型文件中，将建筑空间内的各专业管线、设备进行汇总，并根据专业的功能特点、安装工艺、运维管理要求，结合建筑结构设计及精装设计的限制条件，对管线和设备进行综合调整。

管线综合的内容主要包括碰撞检查分析、冲突协调，目的是避免管线与周围环境的碰撞，解决管道平面布局、立体交会的冲突，以及安装顺序上的矛盾。

1.3.2　管线综合基本流程

由于BIM在设计阶段的应用还处于初级阶段，目前的管线综合大部分是基于原有的二维设计图纸进行的，一般采用先翻模，后检测，再调整的工作流程。管线综合流程如图1-2及图1-3所示。

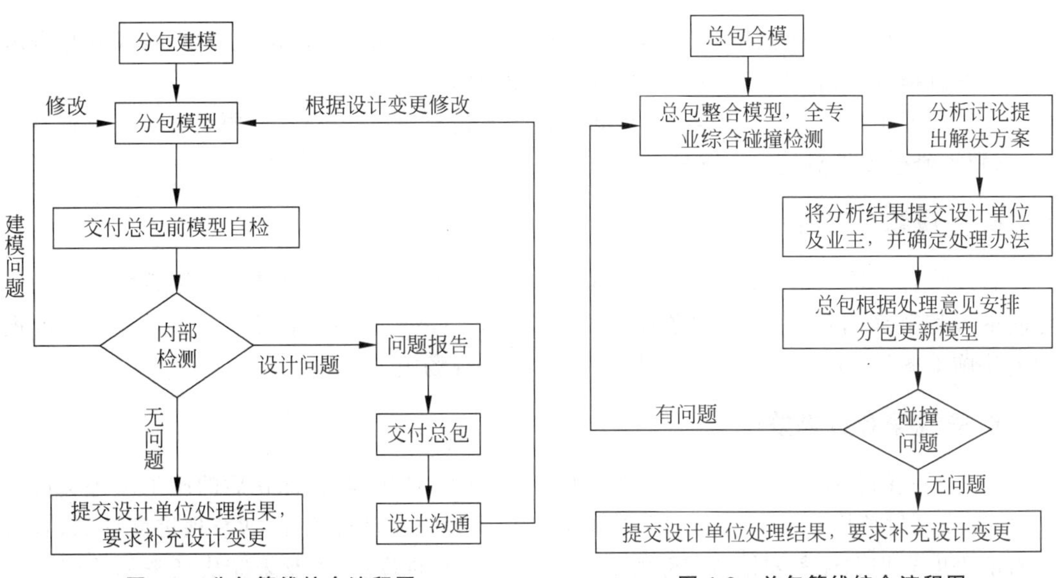

图1-2　分包管线综合流程图　　图1-3　总包管线综合流程图

提示：图1-2和图1-3中的分包与总包不局限于项目的承包形式，也可理解为单专业和全专业。

1. 建立建筑结构模型

建筑结构模型是管线综合的参照文件，一般在管线综合之前应提供建筑结构的模型，如未提供则需要根据建筑结构图纸建模。

2. 管线综合任务规划

首先熟悉项目任务，根据项目要求确定建模的精度，一般施工模型要求的建模深度为LOD30至LOD400(关于模型精度参考第2章内容)。不同的模型精度要求的工作量也不一样，精度越高则工作量越大。

任务拆分需考虑项目的大小和建模的便捷性等因素，一般按照建筑楼层或分区对各专业模型进行拆分，根据工作量大小及工期要求配备人员并组织分工，并制订进度计划，以保证设计任务按时按量完成。

管线综合的成果最终需整合到一起，选择合适的协同工作的方式有利于模型整合；以Revit为例，常用的协同方式有链接和工作集，对其使用方法和适用情况将在第3章进行详细阐述。考虑到计算机的性能和工作量的大小，在管线综合时常常将这两种方式进行组合来建模，以提高建模效率。

3. 创建BIM模型

项目负责人定制适合本项目的样板文件及建模标准，以保证最终的成果满足管线综合的要求；各专业BIM工程师根据任务分配和进度计划创建模型，并相互沟通协调，定期核查实际进度与计划进度的偏离情况，尽可能保证模型按计划完成，而不影响整体的进度。

4. 单专业模型自检

单专业模型自检是检测专业内的模型碰撞问题，如给水管道的碰撞问题、排风管与送风管之间的碰撞问题、管线与建筑结构构件的碰撞问题。

一般情况下需编写碰撞报告，并将问题报告发送至原设计单位，由原设计单位进行修改后，再根据修改反馈意见来完善模型。

5. 管线综合调整

管线综合调整是将已解决的单专业碰撞问题的模型整合为一个整体，然后检测不同专业间的模型碰撞问题，并根据问题报告对管线布局方案进行优化；最终基于调整完成的模型创建施工图纸、模拟动画、展示节点等成果，用于现场施工。

6. 管线综合成果整理

将各专业的阶段性设计成果、深化后的BIM模型、碰撞报告、深化后的施工图等文件打包，供验收交付使用；此外，建模过程中的其他成果也需要进行整理，如整理进度计划，查看原有的进度规划和任务安排与实际的进度是否有较大的差别，以及未完成任务的原因有哪些，这些资料也是宝贵的经验，为以后的类似项目任务规划提供参考依据。

本章小结

管线综合可以为项目中管线排布提供解决方案，利用BIM技术的可视化可以发现二维图纸中难以发现的错、漏、碰、缺问题，并基于BIM模型对设计方案进行优化，对于减少材料浪费、节省成本、保证工期有重要意义。

第2章

管线综合项目依据

管线综合的前期准备工作十分重要，需熟悉项目的任务要求以及相应的标准规范，才能使最终提交的成果满足管线综合的目的；建模过程中需参考一些文件来展开工作，主要包括原始设计文件、BIM建模标准、交付验收要求等。

2.1 原始设计文件

原始设计文件.mp4

2.1.1 图纸资料

1. 检查图纸资料

目前管线综合一般采用设计单位出的二维图纸进行翻模并做深化设计。图纸资料中一般包含总说明、平面图、系统图、图例等。建模前应检查图纸是否完善，如果缺少图纸或图纸内容不完善，需及时和原设计单位协调解决。

2. 图纸处理

常用的图纸是使用CAD创建的dwg文件，图纸资料也是统一的整体。由于CAD版本或者使用的插件不同，在打开图纸时可能出现字体缺失、部分图元不可见等情况，需将字体替换或下载相应的字体文件并载入到CAD安装目录的字体文件夹中。

原始设计图纸可通过天正软件进行处理，包括对图纸的分解、图层的处理、局部导出等，图纸导出方式如图2-1所示。一般将图纸导出为较低版本，并编制图纸清单，以方便建模使用和变更记录。

2.1.2 建模任务书

建模任务书是建模的要求说明，包含了建模需要完成的工作任务、完成的时间、需提交的资料等，它也是建模的重要依据，在任务书中也应包含各个专业的建模精度要求；同时规定设计采用的软件及版本，以避免软件选择不同导致的不可交互或交互时数据丢失。

如果管线综合由第三方BIM咨询服务机构完成，则任务书中更应提供详细的管线综合设计说明，作为合同的组成内容。

图 2-1 图纸导出

2.1.3 其他设计文件

1. 效果图

效果图是直观展示设计成果的文件。传统的效果图虽然与 BIM 有一定差别，但也是指导建模的参考资料。

效果图主要有两方面的作用。一方面，对于复杂节点的设计可参考效果图，以理解设计意图；另一方面，基于设计图纸进行 BIM 模型搭建，与效果图进行对比，检测设计文件与效果图中是否一致。

2. 参照模型文件

管线综合主要是对机电各专业进行深化设计，是基于土建模型做管线避让，如果已有建筑结构模型时，则无须再建土建模型，可直接使用已完善的土建模型，从而减少大量的建模工作量。

BIM 建模标准.mp4

2.2 BIM 建模标准

2.2.1 BIM 标准

目前的 BIM 相关标准相对较少，与其他建筑相关标准类似，BIM 标准分为国家标准、地方标准、企业标准三大类，不同的行业还有相应的行业标准。目前的国家标准还不成熟，但随着 BIM 的应用推广将逐渐完善。

1. 国家标准

国家标准是 BIM 应用与推广的方向指南，如《建筑信息模型应用统一标准》，编号为 GB/T 51212—2016，自 2017 年 7 月 1 日起实施；《建筑信息模型分类和编码标准》，编号为 GB/T 51269—2017，自 2018 年 5 月 1 日起实施。

国际上的标准用于指导 BIM 模型及相关 BIM 软件的开发，如 IFC(数据模型)、IFD(数据字典)、IDM(数据处理)。对于工程中的实际应用需参考国家标准，国家标准中规定了一些主要的技术要求，可作为国内 BIM 应用的指南。

2. 地方标准

地方标准是根据地方特色和国家政策制定的 BIM 应用指南。目前的地方标准较少，大部分都是基于国家标准和地方特色发布的指导文件。

3. 企业标准

企业标准是企业在 BIM 应用过程中总结的一些经验，并结合国家的指导文件制定的 BIM 应用标准，是 BIM 应用落地的具体参照依据；不同企业有不同的标准规范，如 BIM 咨询单位、设计单位、施工单位及开发商都可能有自己公司的标准。

在进行管线综合设计时，应确定采用的标准，以此作为建模的参考依据。

2.2.2 命名规范

模型的命名规范是管理 BIM 模型的重要依据，参照某企业的模型命名规范，可采用如下的命名方式：

项目编号_项目简称_阶段_专业_分区/系统_楼层_描述.文件格式

项目编号是可选项，与设计序列无关，专业可采用英文缩写或汉语拼音的缩写，如表 2-1 所示。

表 2-1 专业简写参考表

专业	代码	专业	代码
建筑	AR	给排水	JPS
结构	ST	暖通	NT
土建	TJ	电气	DQ
幕墙	MQ	机电	JD

2.2.3 模型深度要求

根据模型的设计阶段选择不同的建模精度，使模型既能满足 BIM 应用的要求，又避免过度的建模。建模时常采用 LOD(level of detail，详细级别)来衡量模型深度等级，将建模的精度分为 5 个级别，从 LOD100～LOD500 详细程度越来越高。模型深度等级划分及描述如表 2-2 所示。

表 2-2 模型深度等级划分及描述

等级(LOD)	使用阶段	描述
100	方案设计阶段	具备基本形状，粗略的尺寸和形状，包括非几何数据，仅线、面积、位置
200	初步设计阶段	近似几何尺寸、形状和方向，能够反映物体本身大致的几何特性。主要外观尺寸不得变更，细部尺寸可调整，构件宜包含几何尺寸、材质、产品信息等

续表

等级(LOD)	使用阶段	描述
300	施工图设计阶段	物体主要组成部分必须在几何上表述准确,能够反映舞台灯实际外形,保证不会在施工模拟和碰撞检查中产生错误判断,构件应包含几何尺寸、材质、产品信息等。模型包含的信息量与施工图设计时的 CAD 图纸上的信息量保持一致
400	施工阶段	详细的模型实体,最终确定模型尺寸,能够根据模型进行构件的加工制造,除包含几何尺寸、材质、产品信息外,还应附加模型的施工信息,包含生产、运输、安装等方面
500	竣工验收阶段	除了最终确定的模型尺寸外,还包括其他竣工资料提交时所需的信息,如工艺设备的技术参数、产品说明书、操作手册、保养及维修手册、售后信息等

表 2-2 描述了不同深度的模型要求,不同专业也有更详细的要求,管线综合设计属于施工图设计阶段,即应满足 LOD300 的模型深度要求。管线综合涉及给排水、暖通、电气专业的建模要求,参照表 2-3～表 2-6 中的要求。

表 2-3 给排水专业模型深度

深度	LOD100	LOD200	LOD300	LOD400	LOD500
管道	只有管道类型、管径、主管标高	有支管标高	加保温层,管道进设备机房 1m	产品批次,生产日期,运输进场日期,施工安装日期,操作单位	管道技术参数、厂家、型号等信息
阀门	不表示	绘制统一的阀门	按阀门的分类汇总		按实际阀门的参数绘制(厂家、型号、规格等)
附件	不表示	统一的形状	按类别绘制		按实际项目中要求的参数绘制(厂家、型号、规格)
仪表	不表示	统一规格的仪表	按类别绘制		
卫生器具	不表示	简单的体量	具体的类别形状及尺寸		将产品的参数添加到构件中(厂家、型号、规格等)
设备	不表示	有长、宽、高的简单体量	具体的类别形状及尺寸		

表 2-4 暖通风专业模型深度

深度	LOD100	LOD200	LOD300	LOD400	LOD500
风管	不表示	只绘制主管线,标高可自定义,按照系统添加不同的颜色	绘制支管,管线有准确的标高、管径尺寸,添加保温层	产品批次,生产日期,运输进场日期,施工安装日期,操作单位	将产品的参数添加到构件中(厂家、型号、规格等)
管件	不表示	绘制主管上的管件	绘制支管上的管件		
附件	不表示	绘制主管附件	绘制支管附件,添加连接件		
末端	不表示	仅示意,无尺寸及标高要求	有具体尺寸,添加连接件		
阀门	不表示	不表示	有具体尺寸,添加连接件		
机械设备	不表示	不表示	有具体几何参数信息,添加连接件		

表 2-5 暖通水专业模型深度

深度	LOD100	LOD200	LOD300	LOD400	LOD500
暖通水管道	不表示	只绘制主管线，标高可自定义，按照系统添加不同的颜色	绘制支管，管线有准确的标高、管径尺寸，添加保温层、坡度	产品批次，生产日期，运输进场日期，施工安装日期，操作单位	将产品的参数添加到构件中（厂家、型号、规格等）
管件	不表示	绘制主管上的管件	绘制支管上的管件		
附件	不表示	绘制主管附件	绘制支管附件，添加连接件		
阀门	不表示	不表示	有具体尺寸，添加连接件		
设备					
仪表					

表 2-6 电气专业模型深度

深度	LOD100	LOD200	LOD300	LOD400	LOD500
设备	不表示	只绘制主管线，标高可自定义，按照系统添加不同的颜色	绘制支管，管线有准确的标高、管径尺寸，添加保温、坡度	产品批次，生产日期，运输进场日期，施工安装日期，操作单位	按现场实际安装的产品型号深化模型；添加技术参数、产品说明、运行操作手册、保养及维修手册、售后信息等
母线桥架线槽	不表示	绘制主管上的管件	绘制支管上的管件		
管路	不表示	绘制主管附件	绘制支管附件，添加连接件		
水泵、污泥泵、风机、流量计、阀门、紫外消毒设备等	不表示	基本类别和族	长、宽、高限制，技术参数和设计要求		

2.2.4 模型拆分

管线综合不是某个专业或某个工程师的事情，而是需要团队协作完成。在协作时模型拆分与任务分配有密不可分的关系，特别是大型项目，考虑结构的特点、专业分类、软硬件的配备情况等，将项目拆分为较小的单元进行建模。常用拆分要求可参照表 2-7 中的方法。

表 2-7 模型拆分要求

专　业	区　域	子　模　型
建筑	主楼、裙房、地下室结构	按楼层划分
结构	主楼、裙房、地下室结构	按楼层划分，按钢结构、钢筋混凝土结构划分
机电	主楼、裙房、地下室结构	按楼层划分，按给排水、消防、电气、暖通划分
总图	主楼、裙房、地下室结构	按区域划分

模型拆分为建模提供了便捷,应保证模型的一致性、准确性、合理性,最终整合的模型需要是一个统一的整体。

2.2.5 颜色相关规定

管线综合涉及的专业多,同一种材质的管道可能对应多个系统。为方便查看与管理,可用不同的颜色代表不同类型的管道系统。目前 BIM 建模的颜色标准还不完善,以某企业标准为例,对机电管线的颜色规定如表 2-8 所示。

表 2-8 某企业管线颜色要求

管道名称	RGB 值	管道名称	RGB 值
水雾给水管	255,128,128	热水回水	255,0,128
灭火水炮		热水供水	128,0,255
灭火消火栓		太阳能供水	64,0,64
灭火自喷		生活给水	0,0,255
循环供水	0,128,0	直饮给水	0,0,128
重力污水排水	128,64,0	循环回水	0,128,64
重力废水排水		压力污水	128,128,64
通气管		压力废水	
循环补水	255,64,0	气体灭火	128,255,128
中水给水	255,255,0	雨水排水	0,255,255
空调冷水回水	0,128,128	空调冷凝	0,128,255
空调热水回水	128,128,255	空调冷水供水	0,64,128
空调冷媒	255,128,192	空调热水供水	255,255,0
送风管	0,255,0	回风管	255,128,0
排风管	128,64,0	排烟管	0,64,0
新风管	128,255,0	母线桥架	255,0,128
强电桥架	255,0,255	弱电桥架	128,0,255

交付验收要求.mp4

2.3 交付验收要求

管线综合完成后,需以一定的形式交付,所交付资料应根据提供的交付验收要求进行整理。在建模时应考虑最终交付内容,避免因验收与要求不一致而导致无法交付。

2.3.1 交付内容

管线综合成果交付主要包含图纸资料、模型文件、报告文档等内容,可参照表 2-9 中的内容。

表 2-9 管线综合主要交付内容

管线综合设计成果	文件格式	说明
施工图纸	纸质图纸,PDF、dwg 等格式	(1) 原设计图纸及变更后的设计图纸; (2) 管线综合后的深化设计施工图; (3) 局部三维图纸、节点三维详图

续表

管线综合设计成果	文件格式	说　明
碰撞检查报告	XML、PDF、doc 等格式	(1) 单专业的碰撞检查报告； (2) 专业间及综合碰撞检查报告； (3) 碰撞问题优化方案
管线综合模型	nwc、nwd、nwf、FBX、RVT 等格式	(1) 各专业、各分区的 BIM 模型； (2) 全专业综合模型
可视化展示	JPG、MP4、AVI 等格式	(1) 整体效果图展示； (2) 复杂节点做法展示； (3) 空间漫游动画； (4) 施工模拟动画、节点拼装动画展示

表 2-9 中所示为管线综合的主要交付成果，其他的交付验收内容可根据不同的项目作适当增减，以满足实际应用的需求。

2.3.2　施工图纸

施工图纸是指导现场安装的重要参考资料，管线综合后的深化施工图纸不仅包含传统的平面图、立面图、剖面图、系统图，还应包含整体的三维图和局部三维图。图纸应按照规范创建，以满足现场施工使用需求，并帮助业主、设计单位、施工人员理解设计成果，管线综合出图范围主要包含表 2-10 中的内容。

表 2-10　管线综合出图范围

图纸类型	BIM 出图	CAD 出图	说　明
图纸目录	√		
使用标准图纸目录		√	
设计总说明		√	
主要设备材料表	√		
图例		√	
各类原理图		√	
各类系统图		√	
管道布局轴测图		√	
分层平面图	√		
机房剖面图	√		
大样图、详图	√		

管线综合出图的目的是为了指导施工，在特定的项目中，可根据合同、项目实际情况适当增减出图的范围。

2.3.3　碰撞检查报告

碰撞检查报告是指导修改设计的参考资料，也是 BIM 应用价值的体现形式之一。

碰撞检查报告可分为专业内碰撞检查报告和专业间综合碰撞检查报告。常用的一些 BIM 建模软件、模型整合软件都具有碰撞检查功能，并且能导出检测报告；但直接导出的报告使用时还具有一定的局限性，一般在管线综合时可根据导出的碰撞检查报告来编写满足使用要求的碰撞报告。

编写的碰撞报告应包含问题的目录、编号、类别、严重性、碰撞问题定位、碰撞截图、修改意见等。不同企业的报告格式不完全相同。某企业标准的碰撞检查报告如表 2-11 所示。

表 2-11 某企业碰撞检查报告样例

<table>
<tr><td>项目名称</td><td colspan="5"></td></tr>
<tr><td>记录人</td><td></td><td>重要程度</td><td></td><td>问题编号</td><td></td></tr>
<tr><td>图名</td><td></td><td>图纸版本</td><td></td><td>专业类别</td><td></td></tr>
<tr><td rowspan="2">问题描述</td><td rowspan="2"></td><td>标高</td><td colspan="3"></td></tr>
<tr><td>轴网</td><td colspan="3"></td></tr>
<tr><td rowspan="4">问题截图</td><td colspan="5"></td></tr>
<tr><td colspan="5">图纸定位图</td></tr>
<tr><td colspan="2"></td><td colspan="3"></td></tr>
<tr><td colspan="2">碰撞位置截图</td><td colspan="3">碰撞模型截图</td></tr>
<tr><td rowspan="2">修改意见</td><td rowspan="2" colspan="2"></td><td>答复人</td><td colspan="2"></td></tr>
<tr><td>日期</td><td colspan="2"></td></tr>
</table>

备注：问题重要程度分为 A、B、C 三个等级。

A：严重问题，主要指影响项目净高、功能使用和整体外观，需要多专业协调才能解决的问题。

B：较严重问题，主要指两个专业间的问题，如碰撞、错漏，但不影响项目使用和整体外观，专业间协调即可解决的问题。

C：一般问题，主要指单专业的碰撞、错漏，在专业内调整即可解决的问题。

2.3.4 管线综合模型

管线综合模型是深化设计的重要成果。BIM 应用一般都基于模型展开，提交的模型一般分为单专业模型、综合模型、轻量化模型等。

单专业模型是将各专业的模型按照楼层或分区进行整理（与 2.2 节中的模型拆分一致），便于单专业的查看和管理。

综合模型是将相关专业的模型文件整合到一起，以反映不同专业间的管道位置关系，方便综合浏览。

一般 BIM 模型体量较大，对计算机的性能要求高，直接浏览查看可能会影响展示效果。在模型提交时可对模型进行轻量化处理，如转换为 nwc、nwf、nwd 的文件模型。也可上传至云端轻量化模型浏览平台进行展示，如 isBIM 云立方平台、EBIM 云平台等。

2.3.5　可视化展示

除了提供自由浏览的模型以外，根据项目的需求，还需提供其他的可视化展示成果，比如漫游动画、渲染效果图、施工模拟动画等。

完成建模后，可对机房、主管廊、地下室等管线排布密集的区域，设定漫游动画，模拟施工完成后的真实效果。对于复杂的节点或新工艺施工位置，可制作拼装动画，或制作整体的施工模拟动画，指导现场施工作业；利用 BIM 的渲染功能生成效果图，作为宣传和展示的参照文件。

除此之外，其他文件资料可根据实际需要进行创建，如项目实际进度记录、管线综合成果使用说明等。

本章小结

熟悉管线综合的基本要求是保证建模准确的前提，本章主要讲解了管线综合前应掌握的一些事项。原始设计资料是管线综合的基础文件，通过建模可以发现设计文件中的错、漏、碰、缺，并进行深化设计，最终得到满足现场施工要求的设计成果；BIM 建模标准是管理建模的重要依据，在建模过程中严格按照标准规范进行设计，保证最终数据的精确性，便于对模型信息进行管理；交付验收要求规定了管线综合的最终成果，以验收交付要求为目的，制订任务计划，最终完成项目的管线综合设计。

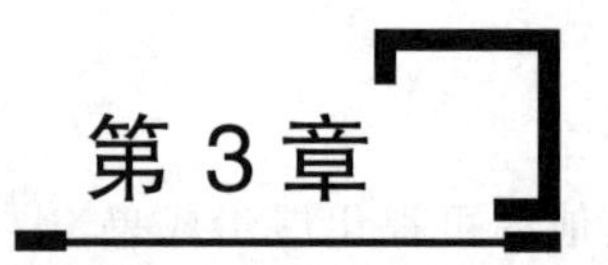

机电模型创建准备

在建模之前应明确建模的目标,并根据目标分配工作任务,制订进度计划,以便在模型搭建过程中进行阶段性成果评测。本章将主要讲解 Revit 的功能特点、建模基本设置、工作方式选择等内容,为后期的建模做好充足准备。

Revit 简介.mp4

3.1 Revit 简介

Revit 是 Autodesk 公司的一款三维协同设计工具,是目前主流 BIM 工具之一,可应用于建筑设计、结构设计、机电安装设计、精装设计等领域。

3.1.1 Revit 的功能特点

1. 可视化

与 CAD 的二维设计不同,Revit 是三维模型设计,其建模过程实际上是一个虚拟建造的过程,可以真实反映设计的最终成果,直观表达设计师的设计意图。

可视化设计不仅仅指三维模型,也包括构件的材质、分析结果的可视化,体现出“所见(建)即所得”的特点。在管线综合中,管线排布复杂的区域可通过三维模型展示管线排布情况。

2. 协同设计

BIM 不是一个专业,也不是一个阶段的工作任务,而是在建筑全生命周期的管理。从设计角度来讲,建筑、结构、机电等不同专业的设计师可基于同一平台进行设计,减少错、漏、碰、缺现象；从模型自身来讲,设计模型本身也是一个统一协同整体,一处修改处处更新,可以实现模型的动态实时更新,保证设计成果的准确性。

3. 参数化

在 Revit 中所有图元均是基于参数进行管理,模型中的构件不仅具有几何现状,还具有尺寸、材质、定位以及其他参数,修改参数后模型也会发生相应的修改；采用数据驱动模型的设计方法,可以使设计模型成为建筑信息模型的载体,方便对模型的维护及参数的管理。

4. 智能统计与分析

Revit 建模过程也就是设计信息完善的过程，基于创建的三维模型可以进行建筑分析，如日照分析、管道系统分析、空间分析、碰撞分析等，通过设计方案进行对比分析，不断优化模型，可以为设计师提供最佳的解决方案。

此外，模型中的构件信息可以通过明细表快速提取，如构件的数量、材质、尺寸、型号等，提高了工程量提取的效率，模型中构件信息的删除或添加能自动反映到明细表中，从而保证提取信息的准确性。

3.1.2　新功能介绍

随着版本的更新，Revit 软件的功能也在不断优化。本书采用 Revit 2018 版本软件进行编写，内容也适用于之前及之后的软件版本，但需要注意低版本软件无法打开高版本的模型，高版本的软件打开低版本的模型后会将低版本模型进行升级。

相比较早的版本(2016 版及之前)，在 2018 版的软件中更新了较多的特色功能，本书中仅列出了具有代表性的几点，具体如下。

1. MEP 预制

MEP 预制是通过"设计到预制"工具来实现的，如图 3-1 所示。"设计到预制"工具能根据设计参数对创建的管道进行拆分，将整体模型拆分为符合实际生产加工、拼装要求的构件，使 BIM 模型更加精确。

2. 多层楼梯

在较早版本中，可采用两种方式创建楼梯(按草图、按构件)，Revit 2018 中去掉了按草图创建的功能，提供了多层楼梯工具。将创建的楼梯与多层标高关联，修改标高后会自动计算楼梯参数，并更新到项目中相关的图纸、模型中，如图 3-2 所示。

图 3-1　设计到预制

图 3-2　多层楼梯

3. 全局参数

在较早版本的软件中，一般为构件添加参数需在编辑族时进行添加，最新版的软件中提供了全局参数，可在项目环境中为构件添加参数，如图 3-3 所示。

4. 可视化编程

在 Revit 2018 中将 Dynamo 内置到软件的管理选项中，加强了参数化的应用特色，如图 3-4 所示。Dynamo 编程不同于写代码，而是通过可视化的逻辑关系生成模型，属于可视化参数设计。无需程序开发语言，设计师也能研发出适合的设计解决方案，简化了异形构件的设计方法。

图3-3 全局参数

图3-4 可视化编程

3.1.3 常用术语

1. 项目与项目样板

项目是指Revit中的单个完整数据库，也就是建筑信息模型，项目的文件格式为rvt。项目文件中包含了全部的设计信息，包括模型构件、构件参数、视图及图纸、明细数量等。在做设计时，建筑、结构、电气、给排水、暖通都可以单独作为一个子项目，在建模时参照第2章的模型拆分原则划分项目。

项目样板是创建项目的初始状态，其文件格式为rte。Revit中的项目须基于项目样板来创建，样板中一般包含了设计的标准、需要的构件库等。根据设计需要，项目样板和项目可以相互转换。

2. 族与族样板

族是构成项目的基本元素。同一个族能定义为多种不同的类型，每种类型可以具有不同的尺寸、材质或其他参数变量，一般可将族分为内建族、可载入族、系统族三大类别。内建族只能在项目环境中创建，并且只能在当前项目中使用；可载入族是通过族编辑器创建的族，可以通过族库载入到其他Revit项目使用；系统族是样板中自带的一些族文件，可在不同项目中传递，但无法从外部载入，如楼板、墙体等。

族样板是创建族的初始状态，创建不同的族可选择不同的族样板，如创建基础可选择公制结构基础，创建门可选择公制门样板。族样板中的设置决定了族的类别。

3. 类型属性与实例属性

构件的参数在项目中均以属性来体现，包括类型属性和实例属性。

类型属性用于控制同类构件的参数，修改参数值，所有同类型（名称）的图元均发生改变，如门窗的尺寸。一个类别的构件由多个族组成，一个族可以创建多个类型，如图3-5所示。类型属性通过编辑构件的类型修改。

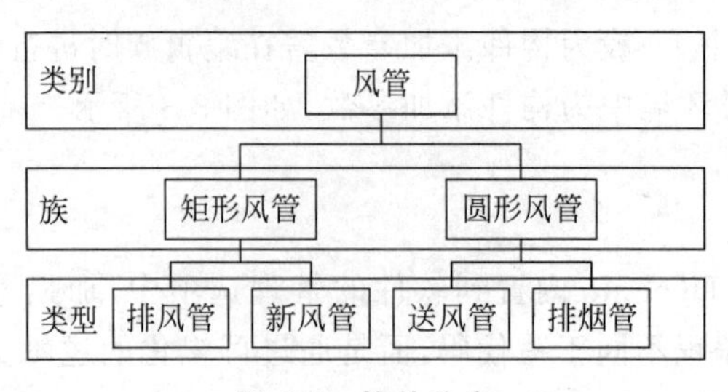

图3-5 构件分类

实例属性又叫图元属性，用于控制当前图元的参数，修改参数值则只改变当前图元的属性，如门窗的底高度。同一个类型可以包含多个实例，实例属性一般在属性栏中直接修改。

3.2　用户界面

用户界面.mp4

Revit 的用户界面由应用程序菜单、选项卡、功能区、快速访问工具栏、选项栏、项目浏览器、属性栏、视图控制栏、信息中心、绘图区等组成，如图 3-6 所示。

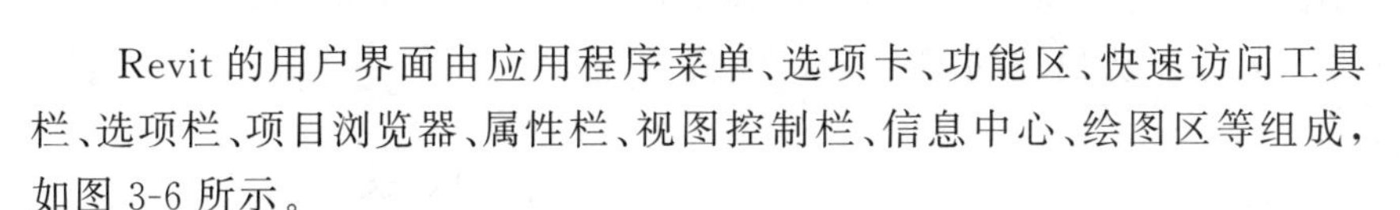

图 3-6　用户界面

1. 应用程序菜单

在 Revit 2018 中应用程序菜单也就是“文件”菜单，如图 3-6 中的①所示。在这里可以进行 Revit 文件的新建、保存、打印、导出等操作。单击“选项”按钮，可以对快捷键、背景颜色等内容进行设置。

2. 选项卡和功能区

功能区包括选项卡和子选项两部分，如图 3-6 中的②和③所示；展开不同的选项卡，下方会显示不同的命令和功能，如图 3-7 所示。

图 3-7　功能区

3. 快速访问工具栏

可以根据需要自定义快速访问栏中的工具内容，如图 3-6 中的④所示，单击下三角按钮，可以修改快速访问工具栏的位置。右击功能区中的工具，会出现将该工具添加到工具栏的选项，使用相同的方法可以从快速访问工具栏中将其删除，如图 3-8 所示。

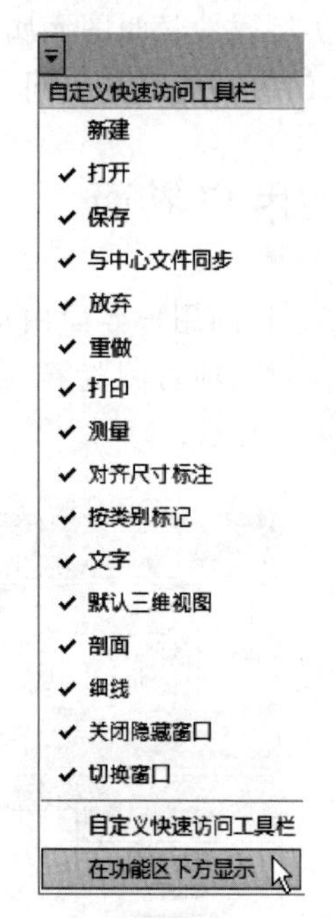

图 3-8　修改快速访问工具栏

4. 选项栏

选项栏又叫工具条，默认位于功能区下方，如图 3-6 中的⑦所示，它用于执行当前操作的细节设置，其内容因当前执行的命令或所选图元的不同而不同，如图 3-9 所示。

5. 项目浏览器

项目浏览器用于组织和管理当前项目中包含的所有信息，如图 3-10 所示，按层次关系组织项目资源，比如所有视图、明细表、图纸、族等。

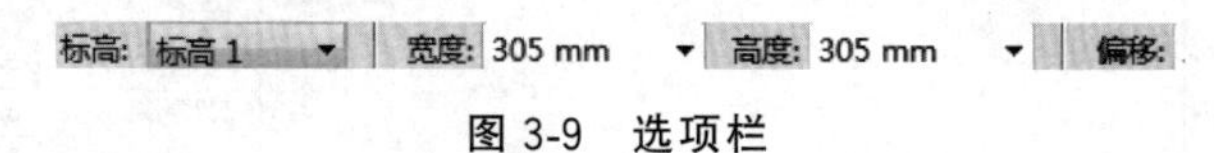

图 3-9　选项栏

6. 属性栏

属性栏用于显示构件的参数信息，如图 3-11 所示。在此可以查看和修改 Revit 中图元的参数属性，可直接修改实例属性，通过编辑类型选项可修改类型属性。

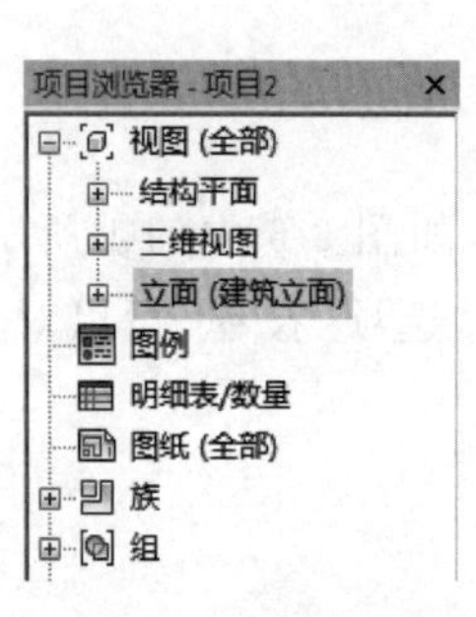

图 3-10　项目浏览器

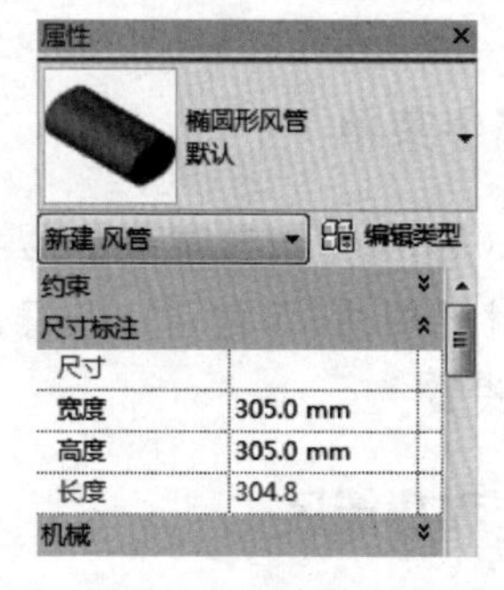

图 3-11　属性栏

7. 视图控制栏

在视图控制栏中可以快速修改影响当前视图的参数，包括比例、详细程度、视觉样式、打开/关闭日光路径、打开/关闭阴影、显示/隐藏渲染对话框、裁剪视图、显示/隐藏裁剪区域、解锁/锁定三维视图、临时隔离/隐藏、显示隐藏的图元、分析模型的可见性等，如图 3-12 所示。

1 : 100

图 3-12　视图控制栏

3.3 项目定位

项目定位.mp4

3.3.1 项目基点与测量点

在 Revit 项目或项目样板中，都有基点⊗和测量点△，但是在软件默认的楼层平面中测量点和基点一般都不可见，只有在场地平面才可见。可以通过调整图形可见性，将基点与测量点在楼层平面中显示出来。

首先新建一个项目，切换至楼层平面，在"视图"选项卡"图形"面板中选择"可见性/图形"选项，如图 3-13 所示，打开"可见性/图形替换"对话框。

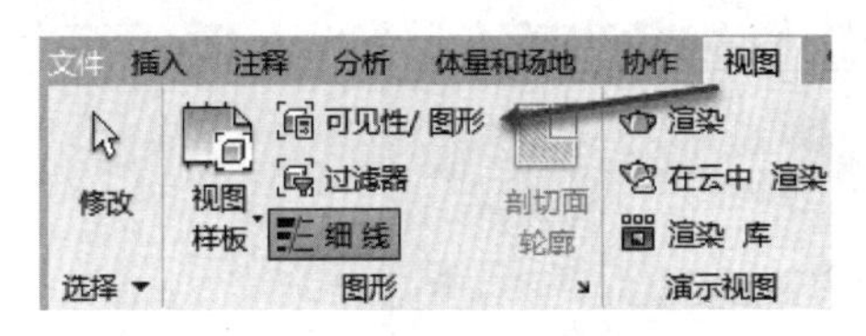

图 3-13 可见性/图形

在"模型类别"列表中找到"场地"选项，单击⊞按钮展开下拉列表，选中"测量点""项目基点"前的方框，如图 3-14 所示，即可将测量点和项目基点显示在楼层平面视图中。默认情况下，项目基点和测量点重合，并位于视图的中心。

可见性	投影/表面		
	线	填充图案	透明度
☐ 地形			
☑ 场地			
☑ 公用设施			
☑ 布景			
☑ 带			
☑ 建筑地坪			
☑ 建筑红线			
☑ 测量点			
☑ 隐藏线			
☑ 项目基点			
☑ 坡道			
☑ 墙			
☑ 天花板			

全选(L)　全部不选(N)　反选(I)　展开全部(X)

图 3-14 显示项目基点与测量点

1. 项目基点

在 Revit 中，项目基点定义了项目坐标系的原点(0,0,0)，在场地中确定建筑的位置，并在构造期间定位建筑的设计图元。基点显示为 (裁剪)时创建的所有图元都会随着基点的移动而移动。将光标放置在两点的中心位置，利用键盘上的 Tab 键循环切换，直至选择到测量点，然后单击，在视图控制栏单击 按钮，选择隐藏图元选项，如图 3-15 所示，则视图中将只剩下项目基点。

选择项目基点，单击图中的任意数值，可修改相应的坐标。项目基点主要包括北/南、东/西、高程以及到正北的角度设置。除了单击相应数值修改以外，还可在属性栏进行修改，如图 3-16 所示。

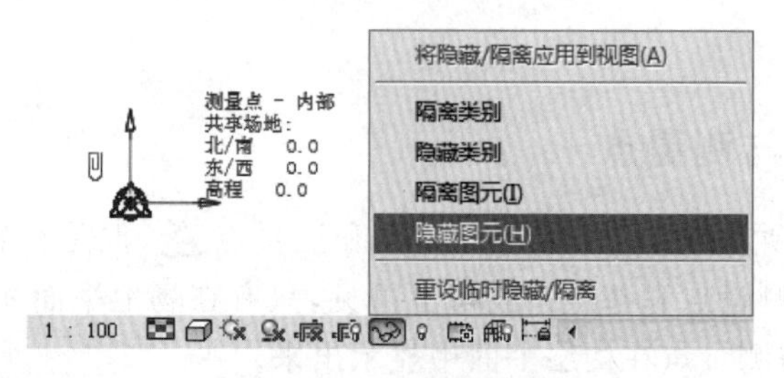

图 3-15 隐藏测量点

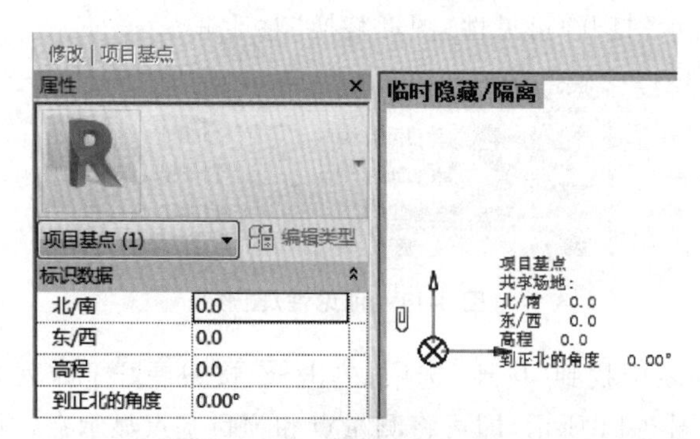

图 3-16 设置基点位置

2. 测量点

测量点代表现实世界中的已知点,例如市政水准点。测量点可用于在其他坐标系(如在土木工程应用程序中使用的坐标系)中确定建筑几何图形的方向。

当测量点显示为裁剪状态时,测量点的数值将不能修改,属性栏为灰显,如图 3-17 所示;移动测量点,则测量点坐标保持不变,项目基点坐标会发生相应变化。

当测量点为非裁剪状态时,测量点的坐标值变为可编辑状态,移动测量点,项目基点的坐标不发生变化,而测量点坐标发生变化,如图 3-18 所示。

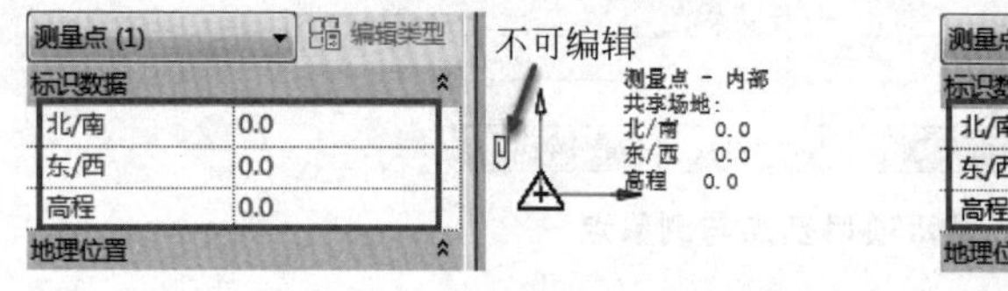

图 3-17 裁剪状态

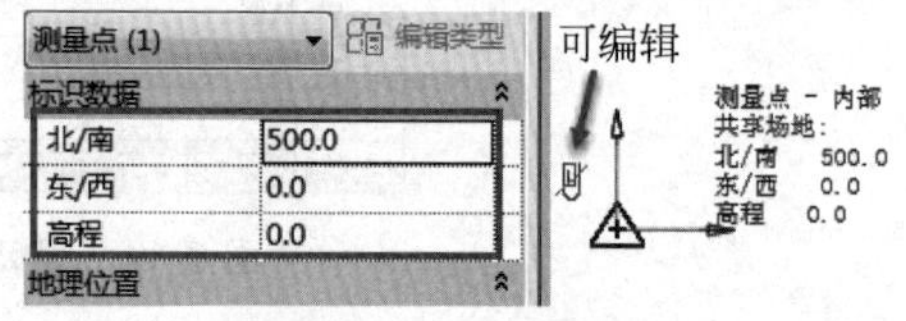

图 3-18 非裁剪状态

可通过项目基点、测量点来确定项目的位置及与周围环境的位置关系,特别是在进行整体区域规划时,它们可用于确定不同建筑物的位置关系。

3.3.2 创建项目标高

标高是建筑物立面高度的定位参照,在 Revit 中,楼层平面均基于标高生成。换句话说,如果没有标高,就没有楼层平面。删除标高后,与之对应的楼层平面也将会删除。

1. 创建标高

首先基于机械样板新建一个项目，切换至任意立面视图，可以看到视图中已经创建了“标高 1”“标高 2”两个默认标高，在楼层平面中也默认创建了相应的视图，如图 3-19 所示。接下来可创建项目标高。

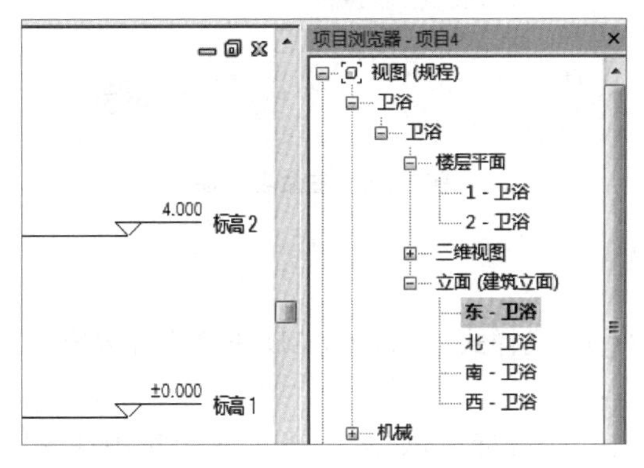

图 3-19 默认标高

标高创建命令在“建筑”选项卡的“基准”面板中，如图 3-20 所示，单击“标高”图标按钮将弹出标高创建的选项栏，并在属性栏显示标高的属性。Revit 提供了两种创建标高的工具：“绘制标高”工具，“拾取线”工具创建标高，如图 3-21 所示。

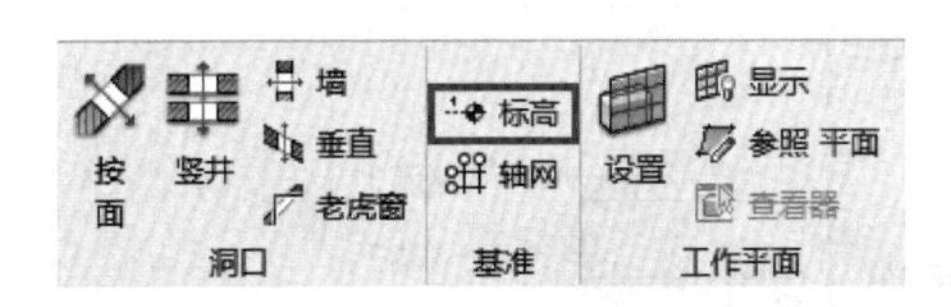

图 3-20 标高创建命令

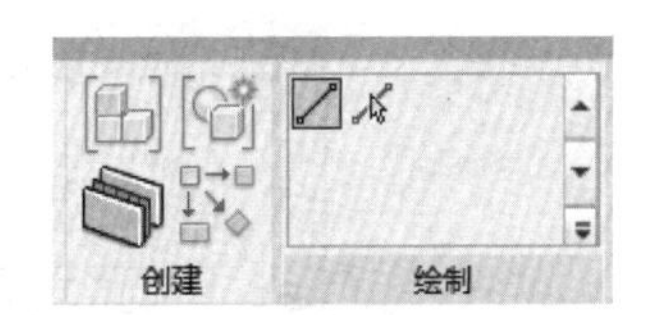

图 3-21 绘制工具

提示：标高只能在立面、剖面中创建，不能在平面视图中创建。在平面视图中标高命令为灰色显示，无法使用。

在“修改|放置标高”选项卡的“绘制”面板中单击按钮，确定属性栏显示的标高类型为“上标头”，将光标捕捉到“标高 1”正上方，输入距离为 3600，按 Enter 键，即可确定标高的第一个端点；将光标移动至另一侧，在标高 1 另一个端点对齐的位置单击，可确定标高的另一个端点，默认创建的标高名称为“标高 3”。除了绘制外，还可通过“修改”选项卡中的复制、阵列等命令创建标高，如图 3-22 所示。

图 3-22 修改选项卡

注意：使用复制、阵列命令创建的标高不能自动创建平面视图，需要通过视图选项卡中的“楼层平面”命令创建视图。

选择标高 3，然后单击标高端点处的名称，可对标高的名称进行修改，在这里修改名称为 F2，按 Enter 键弹出“是否希望重命名相应视图”提示，如图 3-23 所示，单击“是”按钮，可以看到标高的名称被修改为 F2，同时视图名称也发生了相应的更改。

图 3-23 重命名视图

2. 编辑标高

编辑标高主要包括标头、线样式、标高 2D/3D 的修改等内容。

1）标高实例属性

前面创建的标高只有一端有标头，如图 3-24 所示。选中任意“上标头”标高，单击端点附近的☑按钮显示标头，移动端点可以改变标高的长度。如果只需要在当前视图中移动某一标头的位置，单击图 3-24 中的 3D 将标头设置为 2D 模式进行修改。如果只修改当前标高，不修改与之关联的标高，则单击**3D**按钮将标高解锁，然后移动端点，修改标高范围。对于标高密集的区域，单击**2D**按钮将标高线折断，让标高不重叠。

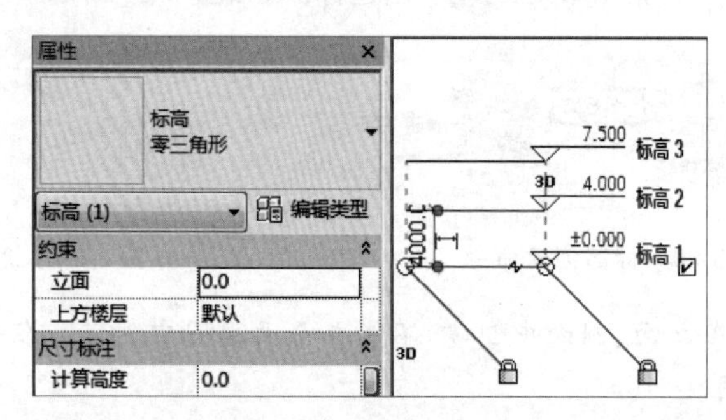

图 3-24 标高编辑

2）标高类型属性

单击“编辑类型”按钮设置标高的线宽、颜色、线型图案、符号、端点 1 和端点 2 处的默认符号，如图 3-25 所示，也可以通过“复制”命令创建新的标高样式。

类型参数

参数	值
约束	
基面	项目基点
图形	
线宽	1
颜色	红色
线型图案	实线
符号	正负零标高
端点 1 处的默认符号	☑
端点 2 处的默认符号	☑

图 3-25 标头的类型参数

单击“确定”按钮，所有的“上标头”都变为两端显示标头，而标高 F1(±0.000)仍为一端标头，也可以按上述方法修改。

3.3.3 创建项目轴网

1. 轴网定位

轴网主要用于项目平面的定位，其创建的方法与标高的创建方法类似，一般选择在平面绘制轴网。切换至任意平面视图，通过“视图”选项卡中的“可见性/图形”选项显示项目基点和测量点。在“建筑”选项卡“基准”面板中单击工具绘制轴网，如图 3-26 所示。Revit 提供了四种轴网绘制的方式，分别为线、起点-终点-半径弧、圆心-端点弧、拾取线，对于由直线、弧以及其他线型混合而成的轴线可采用“多段”工具来创建，如图 3-27 所示。

图 3-26 轴网工具

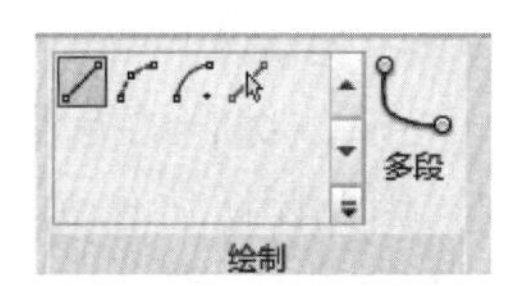

图 3-27 绘制方式

在建模时设置轴网作为定位点是协同设计的关键，当拆分的各个专业模型定位一致时才能将模型链接为一个整体，否则需要进行后期调整。绘制轴网时，常将 1 号轴线和 A 轴的交点与项目基点对齐(对于特定项目也可按照其他方式定位)，如图 3-28 所示。

2. 轴网的实例属性

与标高的实例属性相似，轴网的实例属性也包括名称、范围、标头显示、折断、2D/3D 切换等属性，如图 3-29 所示。在创建时根据实际的形式进行设置，修改实例属性只改变当前轴网的属性。

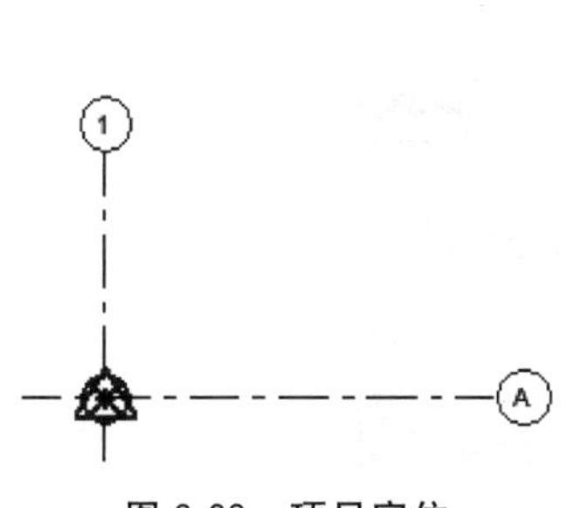

图 3-28 项目定位

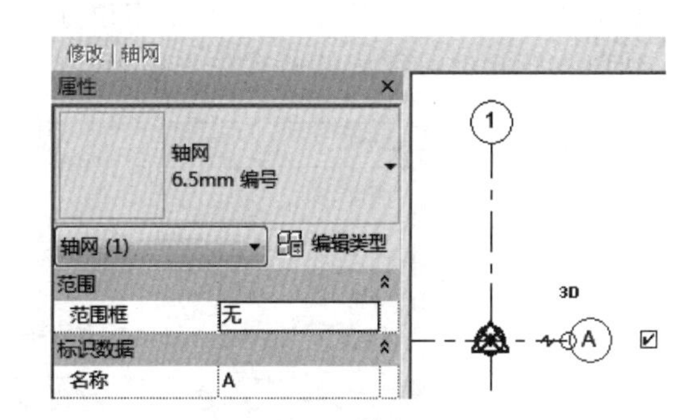

图 3-29 轴网的实例属性

3. 轴网的类型属性

单击“编辑类型”按钮弹出“类型属性”对话框，除了线宽、符号、颜色等与标高相似的参数外，轴网还包含轴线中断、非平面视图符号等属性，如图 3-30 所示。中断包含连续、无、自定义三种方式，可控制轴线显示样式。非平面视图符号控制轴网标头在立面、剖面的显现位置，包含顶、底、两者、无四种显示方式。

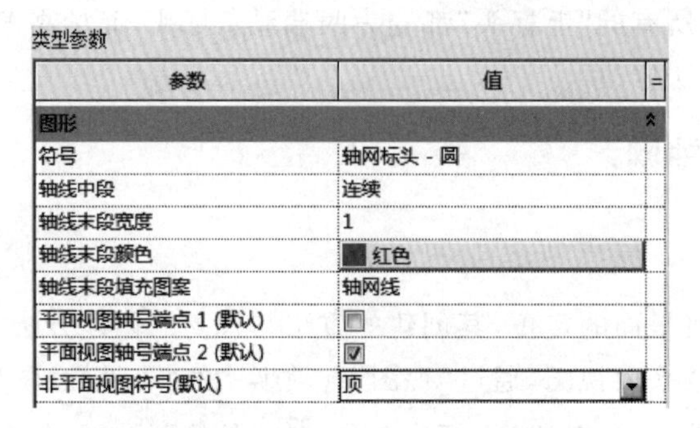

类型参数

参数	值
图形	
符号	轴网标头 - 圆
轴线中段	连续
轴线末段宽度	1
轴线末段颜色	红色
轴线末段填充图案	轴网线
平面视图轴号端点 1 (默认)	☐
平面视图轴号端点 2 (默认)	☑
非平面视图符号(默认)	顶

图 3-30 轴网的类型属性

3.4 选择协同工作方式

选择协同工作方式.mp4

管线综合的专业多、工程量大，一般需要几个甚至几十个工程师的参与，因此团队协作尤其重要。Revit 提供一个多专业集成的平台，不同的设计师可以在同一个平台上进行设计。Revit 设计协同主要通过链接和工作集两种方式来实现。链接是将外部文件链接到项目中使用，只能修改当前模型，不能修改链接文件。工作集是以网络环境为支撑，不同设计者可实现对同一 BIM 模型的创建和编辑，同步更新设计成果。

3.4.1 使用链接

1. 链接 Revit

首先基于系统自带的样板新建一个项目文件，如图 3-31 所示。切换至“插入”选项卡，单击“链接 Revit”图标按钮，如图 3-32 所示。在弹出的“导入/链接 RVT”窗口浏览至建筑结构模型存放文件夹，选择建筑模型，将模型的定位方式设置为“自动-原点到原点”，如图 3-33 所示。原点到原点是将链接模型的原点与当前项目的原点对齐。

图 3-31 新建项目

图 3-32 链接 Revit

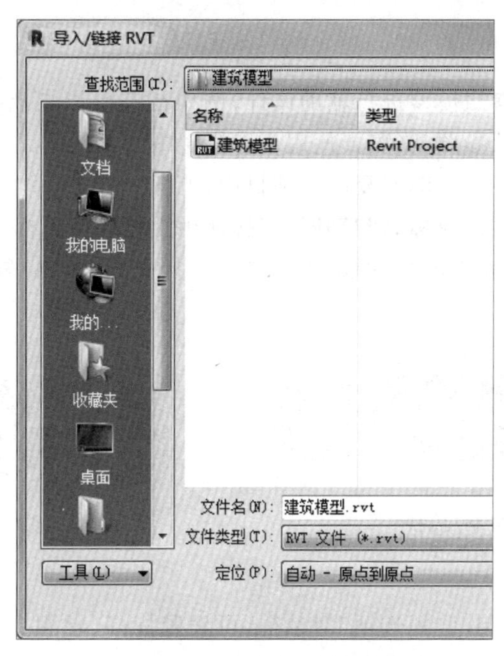

图 3-33 选择模型文件

除了原点到原点,常用的还有中心到中心、通过项目基点等定位方式。中心到中心是将链接模型的几何中心与当前项目的几何中心对齐,由于中心位置受构件的影响,其位置不固定,一般不采用这种方式;通过共享坐标是在项目中提前发布坐标,然后指定到某项目,用于多个项目的定位。

链接完成后,开启项目基点和测量点的显示状态,查看项目的定位点,如需要修改,则选中链接将其移动到新的定位点上,然后通过"修改|RVT 链接"选项卡中的 命令锁定链接。

切换至"管理"选项卡,在"管理项目"选项卡单击"管理链接"命令 ,如图 3-34 所示,弹出"管理链接"对话框,查看和修改链接。

在"管理链接"对话框中可设置链接的状态、参照类型、路径等内容,选择链接,在"管理链接"对话框下方可卸载、添加、重新载入或删除链接,如图 3-35 所示。

图 3-34 管理链接

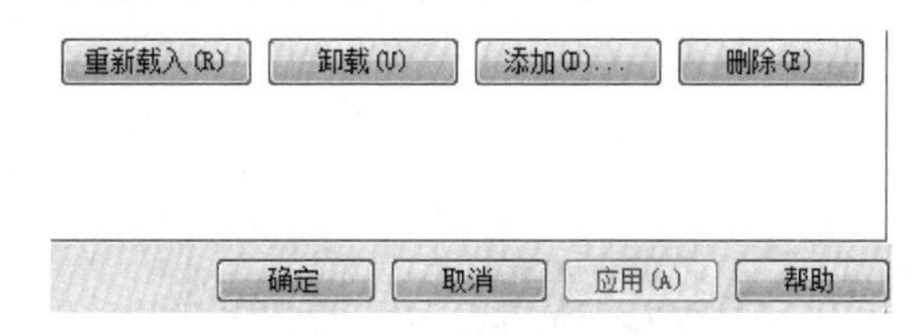

图 3-35 修改链接状态

链接的参照类型包括覆盖、附着两种,其主要差别在于链接模型与主体模型链接到另一个主体模型时的显示不同。选择附着,当主体模型与链接模型一起链接到另一个模型时,链接模型将会显示;覆盖与之相反,链接到另一个模型时,此链接模型不显示。

链接路径也分为两种,使用相对路径,当链接文件随着主体文件一起复制或改变文件存放位置时,链接文件有效;而对于绝对路径,当链接文件位置改变时,链接失效,需重新载入。

2. 链接协同

链接的模型可作为参照模型进行辅助设计，例如在进行机电建模时可将土建的模型链接到机电项目中作为设计参照，当需要使用土建模型中的某些图元时，可采用“协作”选项卡中的“复制/监视”工具，将所需图元复制到项目中，如图 3-36 所示。

机电项目一般无需再创建标高和轴网，直接使用土建模型的标高和轴网即可，单击选择“复制/监视”命令下拉列表中的“选择链接”，拾取链接文件，弹出“复制/监视”相应的工具，如图 3-37 所示。

图 3-36　复制/监视

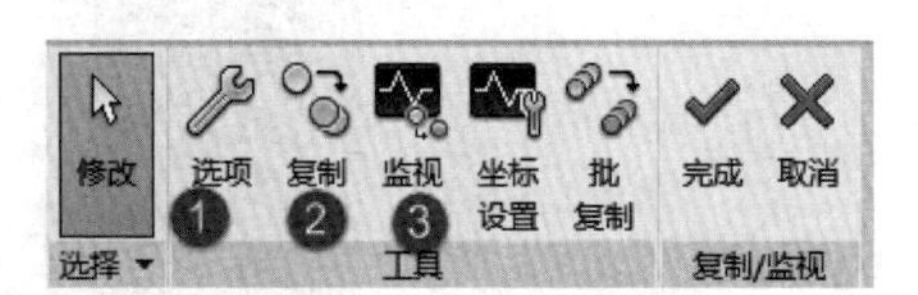

图 3-37　复制/监视选项

1）选项

单击“选项”弹出“复制/监视选项”对话框，可设置标高、轴网、柱、墙、楼板等图元的“新建类型”，如图 3-38 所示，可以将原构件的类型替换为当前项目中的类型。

图 3-38　选项设置

2）复制

单击“复制”命令，在下方工具栏中选中“多个”复选框，可同时复制多个图元，如图 3-39 所示。如果误选择了不需要的构件，可通过“过滤器”按钮将不需要复制的图元过滤掉，保留需要复制的构件，单击完成按钮完成图元的复制。复制完成的构件将显示为状态，如图 3-40 所示。

图 3-39　复制多个

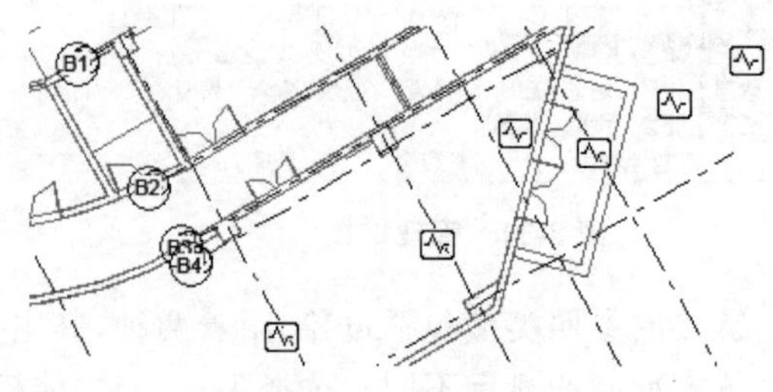

图 3-40　完成复制

3）监视

复制完成后，弹出如图 3-41 所示的选项卡，单击“停止监视”命令可停止监视。如不需停止，则单击任意空白位置，返回复制/监视界面，单击✔按钮完成对构件的复制/监视。同样的方法可复制/监视链接模型的标高。

图 3-41 监视

如果源文件被修改或当前项目监视的图元被修改，系统会提示更新信息，并可以通过协调查阅进行查看和更新。

提示：如需将链接模型中的图元全部复制到主体模型中，可选择绑定链接，但绑定后的模型一般体量较大，且以模型组的形式存在于主体模型中，需解组后才能正常编辑。

3.4.2 使用工作集

工作集是利用网络环境进行协同设计，可以人为分配工作任务。每个工作集只能被一个用户编辑，本小组所有成员用户都可以查看和借用其他成员用户所拥有工作集的图元，只有经工作集所有者授权后才能编辑，否则不能编辑。在使用工作集时，任务的拆分及建模的规则需要非常明确，可参考第2章中的原则进行分工。

1. 网络环境搭建

在使用工作集建模时，需要创建共享的网络环境，常用方法是以局域网的形式搭建(由项目经理或其他项目管理者负责)。在服务器中新建一个名称为“中心文件”的文件夹，用鼠标右键单击文件夹打开属性栏对话框，在“共享”选项卡下单击“高级共享”按钮，如图3-42所示，设置权限与同时共享的用户数量，如图3-43、图3-44所示。

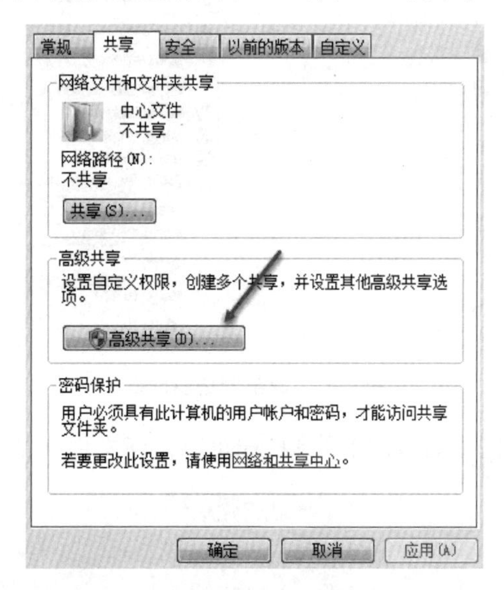

图 3-42 共享文件夹

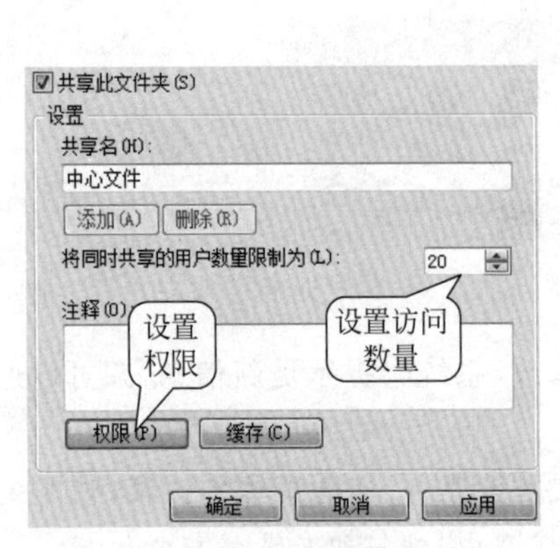

图 3-43　高级共享

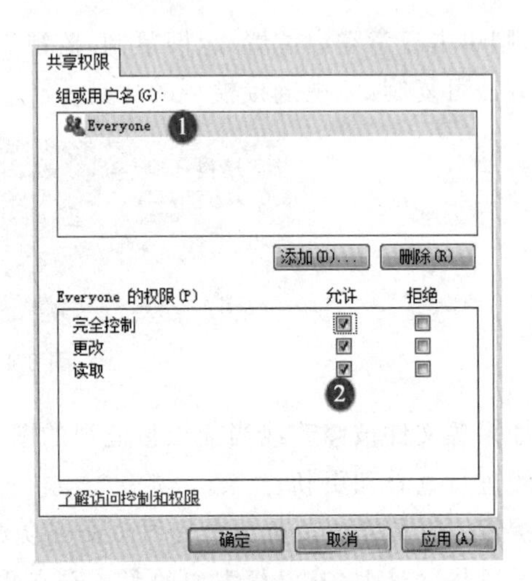

图 3-44　访问读取权限

在"网络"找到创建的"中心文件",用鼠标右键单击文件夹,然后对映射网络进行修改,如图 3-45、图 3-46 所示。

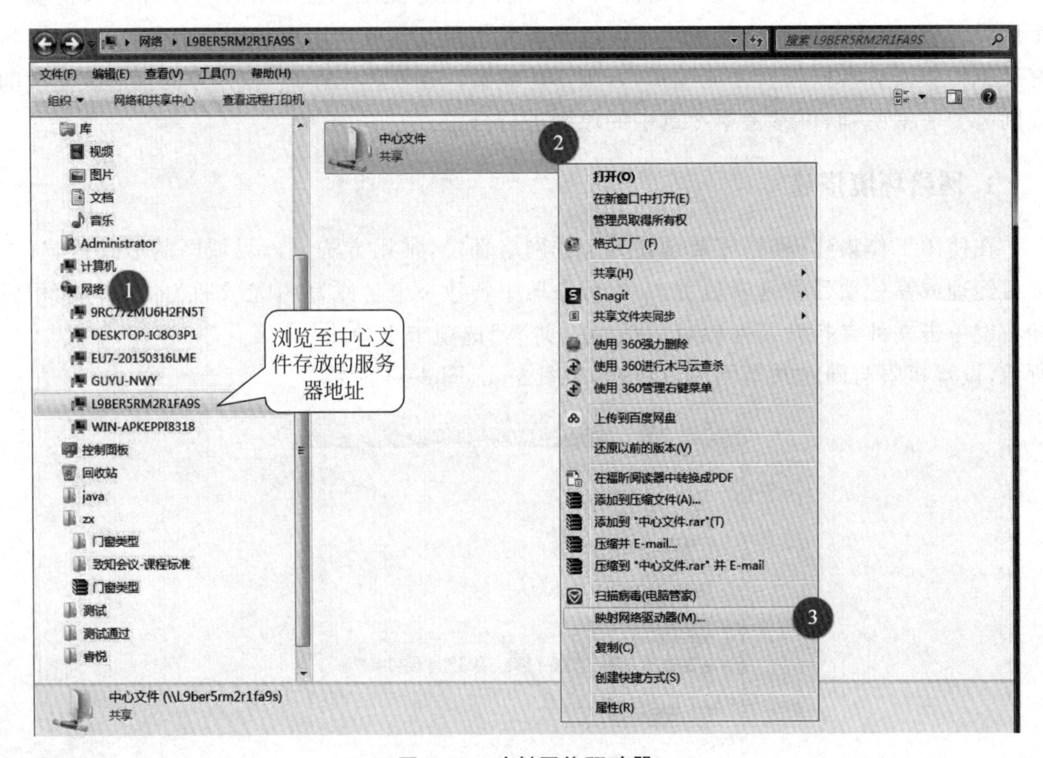

图 3-45　映射网络驱动器

网络映射完成之后,同一局域网下的 PC 端可以访问文件夹中的所有资料,这样网络环境就搭建完成。

2. 启用工作集

首先保存项目,然后切换至"协作"选项卡,如图 3-47 所示,"管理协作"面板中的"工作

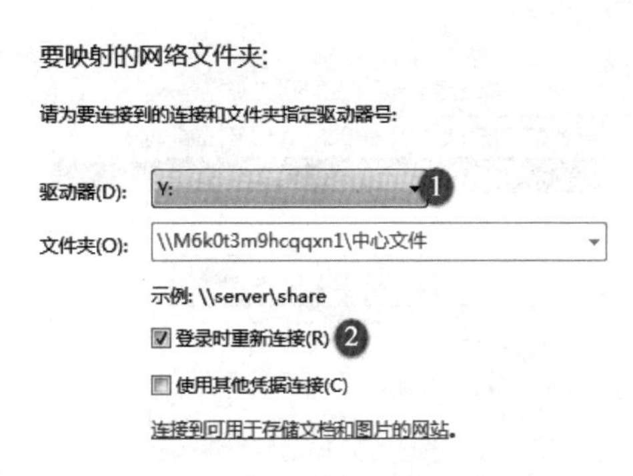

图 3-46 要映射的网络文件夹

集"图标为灰色显示，单击"协作"命令，选择协作方式为"在网络内协作"，如图 3-48 所示。设置完成后工作集变为亮显，单击"工作集"按钮弹出工作集对话框，会默认创建名称为"工作集 1"的工作集，如图 3-49 所示。

图 3-47 启用协作

提示：在较早版本中没有设置协作方式这一项，直接选择工作集即可。

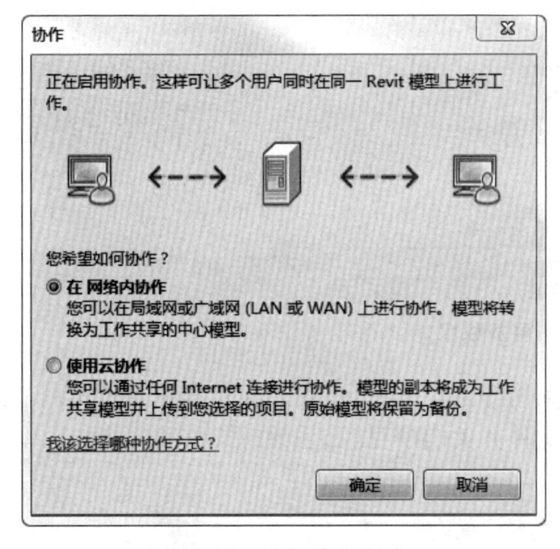

图 3-48 选择协作方式

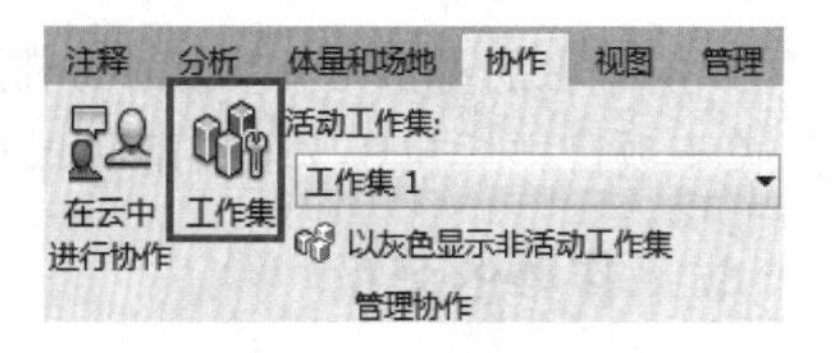

图 3-49 启用工作集

单击"工作集 1"右侧的 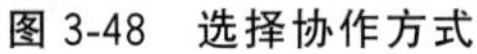 按钮对"工作集 1"重命名，将其名称修改为对应的工程，如"F1_给排水工程"，如图 3-50 所示。也可使用右侧的"新建"按钮或"删除"按钮新建其他工作集或删除多余的工作集。

使用工作集分配工作任务时，任务分配者需要释放权限，将"可编辑"栏中的状态修改为"否"，如图 3-51 所示，这样负责该工作集的成员才能够编辑。

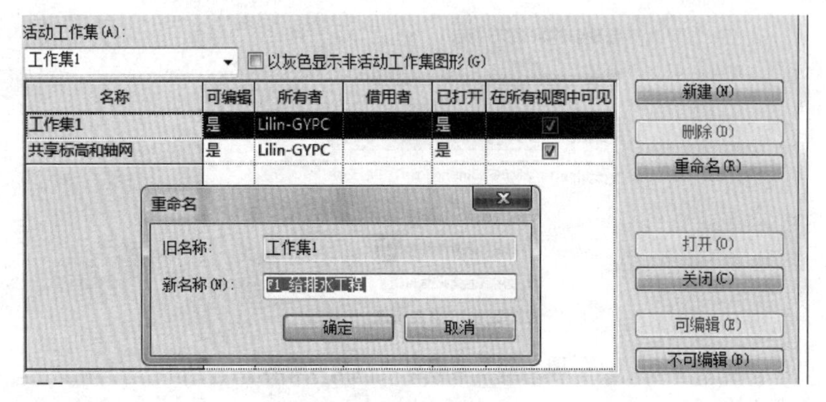

图 3-50　重命名

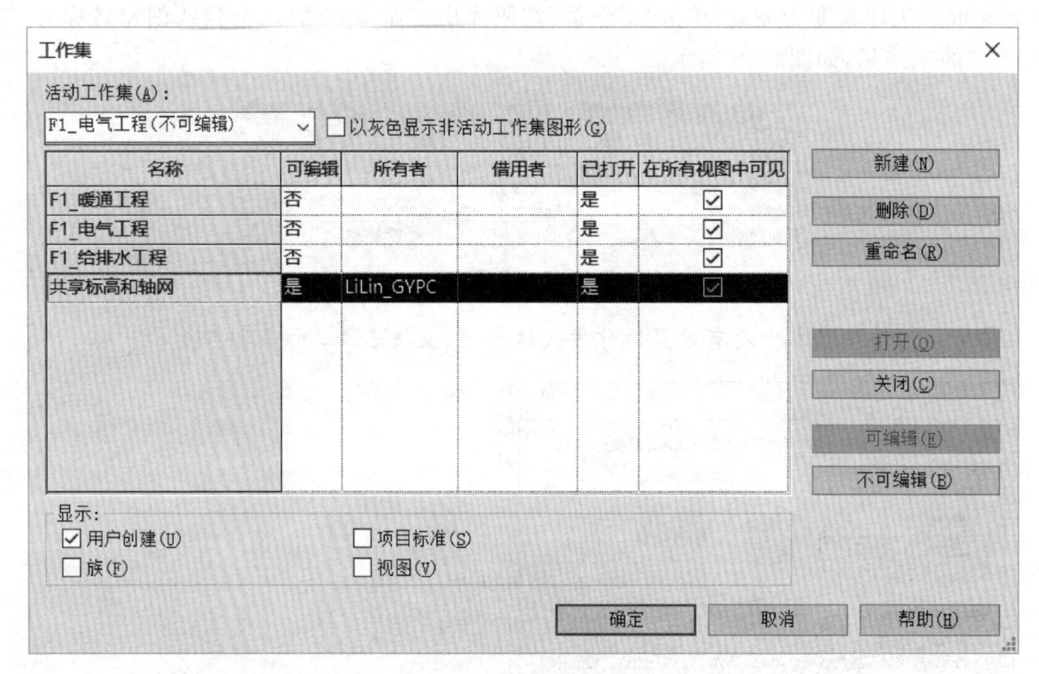

图 3-51　释放权限

以所有者的身份可在项目中绘制标高、轴网等定位图元，并完成项目样板需要定制的内容(关于项目样板在 3.5 节讲解)，保存中心文件并关闭项目。

3. 工作集的交互

1) 新建本地文件

项目成员可利用 Revit 打开网络文件夹中的“中心文件”(注意：不是新建项目)，选中“新建本地文件”复选框，创建本地文件，如图 3-52 所示。

2) 领取设计任务

在“协作”选项卡中打开工作集，将名称为“F1_给排水工程”的工作集的“可编辑”状态修改为“是”，修改后所有者会显示为工程师 A 的用户名称，如图 3-53 所示(用户名可在应用程序菜单→“选项”→“常规”中进行设置)。

图 3-52　新建本地文件

活动工作集(A):

F1_给排水工程　　以灰色显示非活动工作集图形(G)

名称	可编辑	所有者	借用者	已打开
F1_暖通工程	否			是
F1_电气工程	否			是
F1_给排水工程	是	机电工程师A		是
共享标高和轴网	否	Lilin-GYPC		是

图 3-53　修改编辑状态

接下来可以进行设计工作，例如创建管道模型。在软件界面最下方，会显示当前的工作集，如图 3-54 所示。展开下拉列表，可以看到其他的工作集为不可编辑状态，如图 3-55 所示。

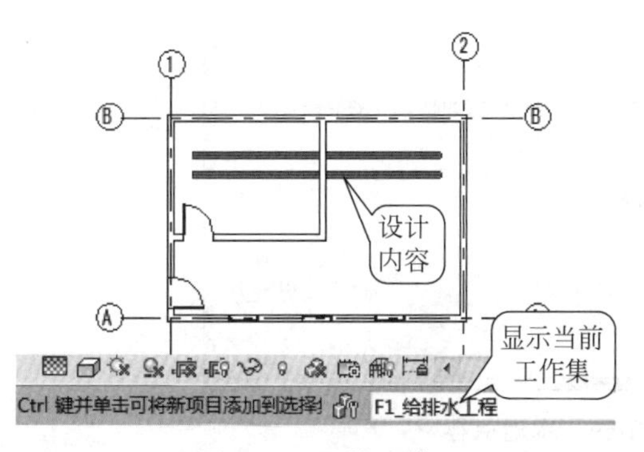

图 3-54　开始设计

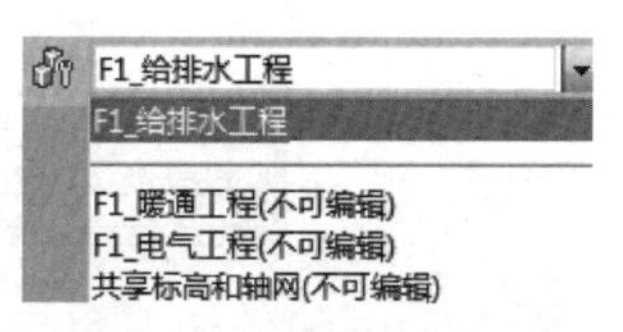

图 3-55　其他工作集

3）同步设计

设计完成后，保存本地文件，并在“协作”选项卡中单击“与中心文件同步”，如图3-56所示，将本地文件同步到中心文件中，在弹出的窗口中可添加同步说明，如图3-57所示。也可通过快速访问栏中的按钮进行同步。单击该按钮旁倒三角按钮展开下拉列表，选择立即同步，如图3-58所示。

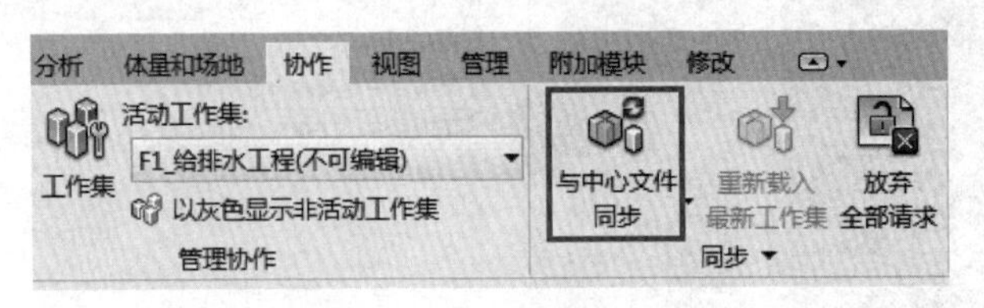

图3-56 与中心文件同步

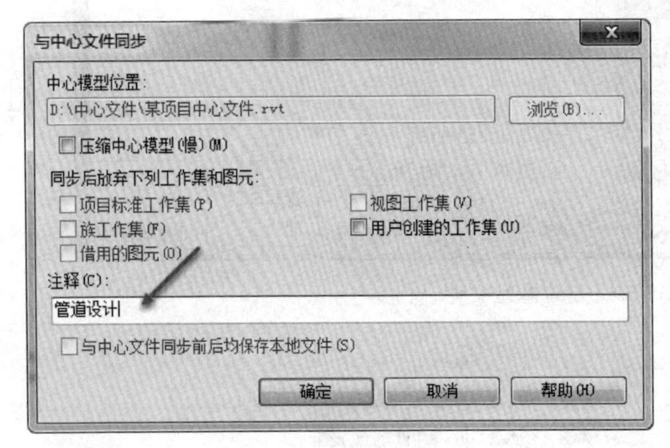

图3-57 同步说明

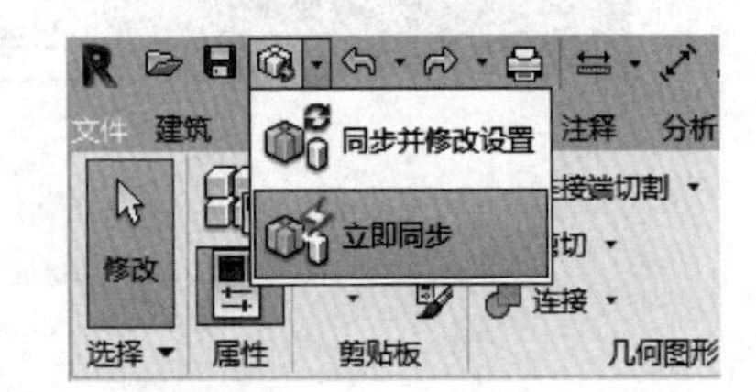

图3-58 立即同步

关闭项目，弹出“修改未保存”对话框，此时可以选择“本地保存”选项，如图3-59所示，在弹出的对话框中选择“保留对所有图元和工作集的所有权”选项，如图3-60所示。保存后其他成员不能编辑保留权限的图元，如需修改，必须得到许可。

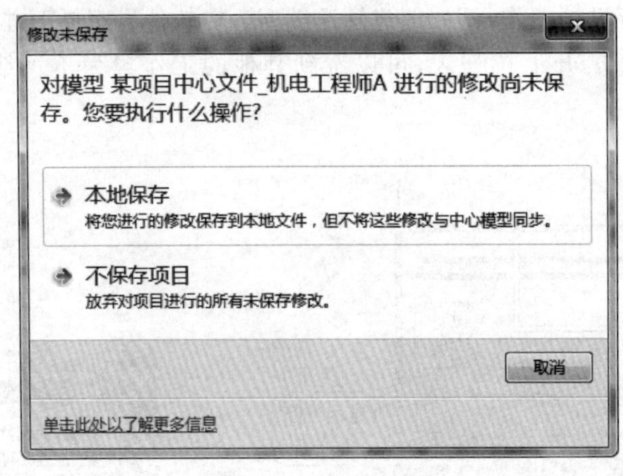

图3-59 本地保存

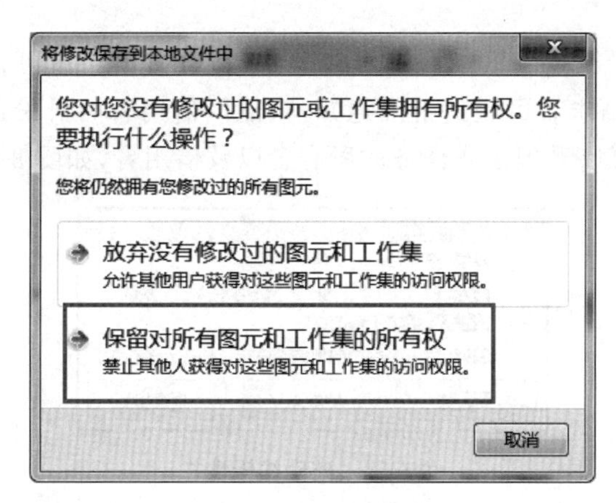

图 3-60 保留权限

4）变更请求

项目中的成员可以在中心文件中查看到其他成员已经同步到中心文件中的设计成果，在“协作”选项卡“同步”面板单击“重新载入最新工作集”可更新其他成员已经同步到中心文件的设计内容，如图 3-61 所示。

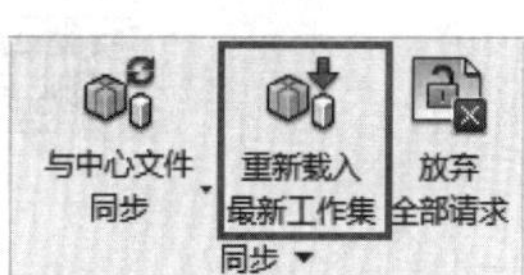

图 3-61 更新工作集

当选择其他成员设计的图元时，会显示使图元不可编辑标识，单击按钮，会弹出错误提示，如图 3-62 所示。如果想编辑此图元，单击“放置请求”可发送编辑申请，并弹出“编辑请求已放置”对话框，如图 3-63 所示。此外，也可以在“通信”面板的“正在编辑请求”中选择进行查看，如图 3-64 所示。

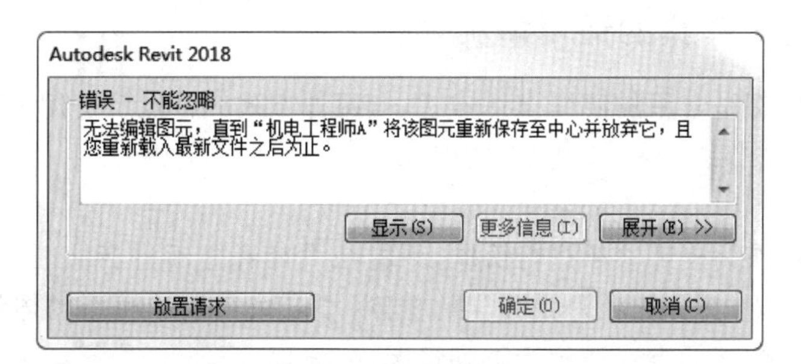

图 3-62 放置请求

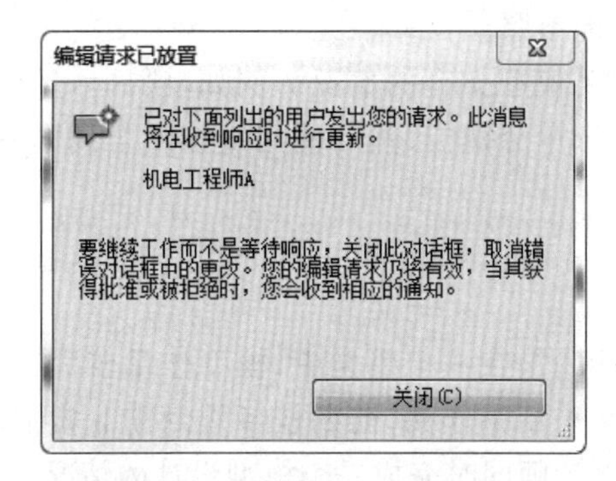

图 3-63 “编辑请求已放置”对话框

图 3-64 正在编辑请求

被请求者在 PC 端将收到请求通知，可以显示请求的内容，并可以批准或拒绝请求，如图 3-65 所示。批准后请求者可收到批准通知，只能以借用者的身份进行协同修改，所有项目参与者在工作集中可以看到工作任务的所有者以及借用者，如图 3-66 所示。

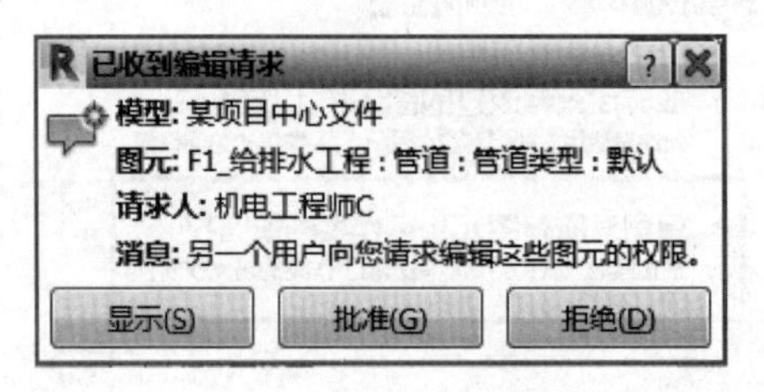

图 3-65　处理编辑请求

活动工作集(A)：F1_暖通工程　□以灰色显示非活动工作集图形(G)

名称	可编辑	所有者	借用者	已打开	在所有视图中可见
F1_暖通工程	是	机电工程师B		是	☑
F1_电气工程	否	机电工程师C		是	☑
F1_给排水工程	否	机电工程师A	机电工程师C	是	☑
共享标高和轴网	否	Lilin-GYPC		是	☑

图 3-66　工作集查看

请求者修改完成，保存并关闭项目后，将失去对图元的编辑权限，如需继续编辑，需要再次放置请求。

3.4.3　链接与工作集的适用情况

链接和工作集都是常用的协同设计方式，但两种方式的特点及适用情况有一些区别。

1. 链接

链接是将模型作为外部参照进行协同，不能在设计者之间进行实时的更新。使用链接时无需搭建网络环境，拆分的项目是独立的主体，可以减小设计模型的体量，对计算机的配置要求相对较低。链接的方式适用于下列情况：

(1) 需要基于原模型进行下一步设计的情况。例如土建模型已完成，可将土建模型链接到机电模型中作为创建机电管线模型的外部参照。

(2) 各专业或各分区模型单独创建后需要模型整合的情况。例如，项目体量较大时可将建筑、结构、机电模型按楼层或防火分区进行拆分建模，然后使用链接整合到同一个模型文件中。

2. 工作集

工作集需基于网络环境建模，完成的设计成果在一个模型中，模型体量较大，对计算机要求较高，一般需配置服务器或图形工作站。采用工作集，前期任务规划需非常清晰，避免在设计中出现管理混乱的问题，常用在多个设计师同时完成一个模型设计的情况。

3.5 定制项目样板

定制项目样板.mp4

项目样板是创建项目的初始状态，在创建项目之前定制好样板能减小后期的工作量。项目样板中包含建模的标准、项目需要的族等内容。管线综合设计时的管道数量多、布局复杂、专业较多，在建立项目时定制好样板便于其他设计师展开设计工作。

3.5.1 创建系统类型

1. 新建样板

首先新建项目文件，在选择样板时选择“机械样板”选项，选择新建的类型为“项目样板”选项，如图3-67所示。如果是离线安装则无此项，可从外部复制样板文件至计算机的任意位置，然后浏览至存放样板的位置选择相应的样板文件创建新的项目样板。

图3-67 选择样板

提示：软件默认提供了7种项目样板，如图3-68所示。自定义样板时，同一个项目的样板中标高和轴网应保持一致。其中，Mechanical-DefaultCHSCHS即为机械样板。

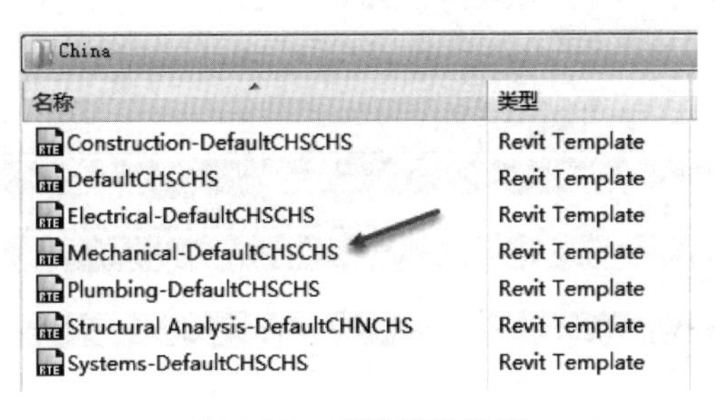

图3-68 系统默认样板

注意：项目为rvt格式，样板为rte格式。项目可另存为项目样板，但项目样板不能另存为项目，需要通过新建项目时选择样板再转换成项目。

2. 新建管道系统

不同的项目拥有不同的系统分类，提前为管道创建好系统类型，在建模时可直接使用。

在项目浏览器的“族”选项中展开下拉列表，浏览至管道系统，可以看到默认的系统类型，如图3-69所示。

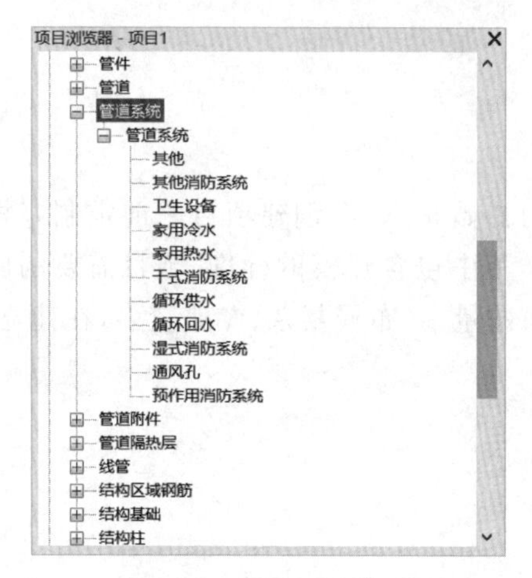

图 3-69　默认系统类型

具体的样板中需要对系统重新定义，具体的系统名称可根据设计总说明来设置。以生活给水系统为例，可选择“家用冷水”选项，并单击鼠标右键，然后选择“复制”选项创建一个“家用冷水2”的系统，然后重命名为“01生活给水系统”，如图3-70所示。

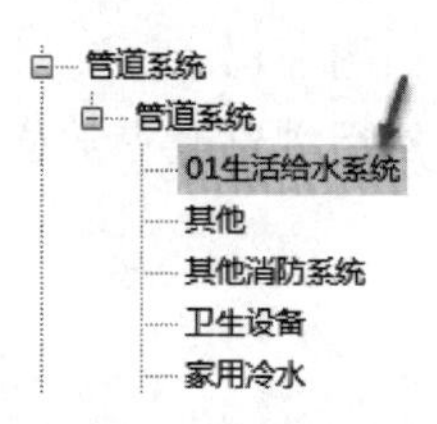

图 3-70　创建系统

提示：系统名称前加上编号可让自定义的系统按一定顺序排列，避免无规律排列。

双击新建的管道系统类型弹出“类型属性”对话框。可在其中设置材质、缩写等，如图3-71所示。在编辑系统时，可以设置系统的缩写，用于后期出图的标注和过滤器的过滤条件。单击图形替换后方的“编辑”选项可设置管道显示的颜色。

类型属性

族(F)：系统族：管道系统　　载入(L)...

类型(T)：P-J(生活给水管)　　复制(D)...

重命名(R)...

类型参数

参数	值
图形	
图形替换	编辑...
材质和装饰	
材质	J
机械	
计算	仅体积
系统分类	其他
标识数据	
类型图像	
缩写	PJ
类型注释	
URL	
说明	
上升/下降	
双线下降符号	阴阳
双线上升符号	轮廓

<< 预览(P)　确定　取消　应用

图 3-71　管道系统的类型属性

用同样的方法，可新建其他的管道系统和风管系统，创建完成如图3-72和图3-73所示。

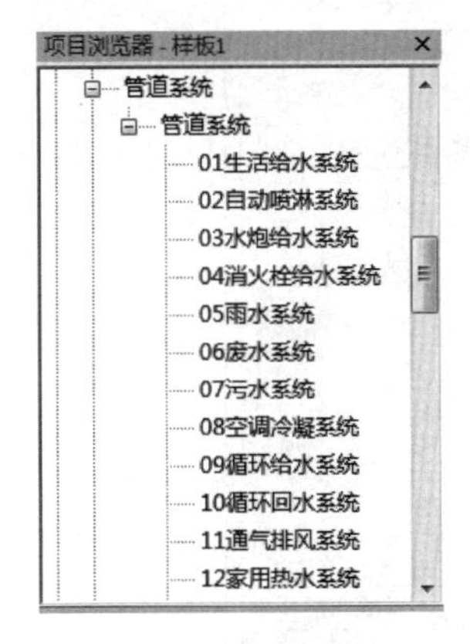

图3-72 管道系统

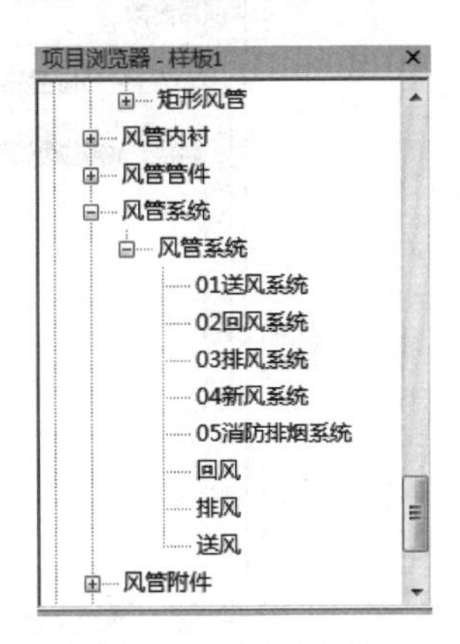

图3-73 风管系统

3.5.2 浏览器组织

浏览器组织是为了对项目中的视图进行分类管理。系统默认将视图按照规程进行组织，如图3-74所示。在视图属性中调整规程和子规程可改变视图的分类情况。

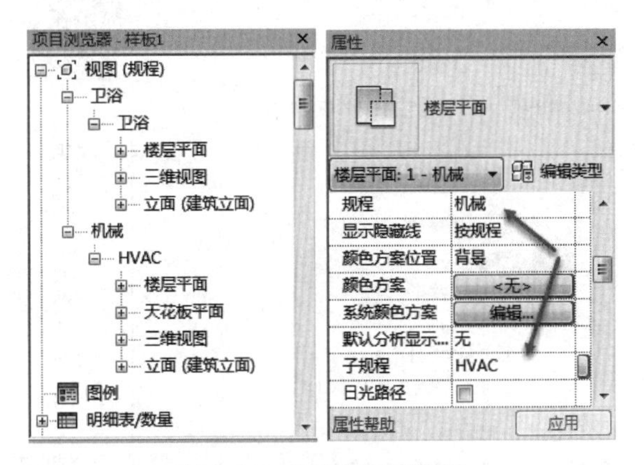

图3-74 按规程组织视图

软件默认的规程及子规程包括建筑、结构、卫浴、机械、电气、暖通、协调等，对于项目中更细致的分类要求则不能满足。此时可通过添加项目参数的方式组织更多的浏览器分类方式。

1. 添加项目参数

切换至“管理”选项卡，在“设置”面板单击“项目 参数”选项为视图添加参数，如图3-75所示。在弹出的“项目参数”对话框中单击“添加”按钮新建参数，如图3-76所示。

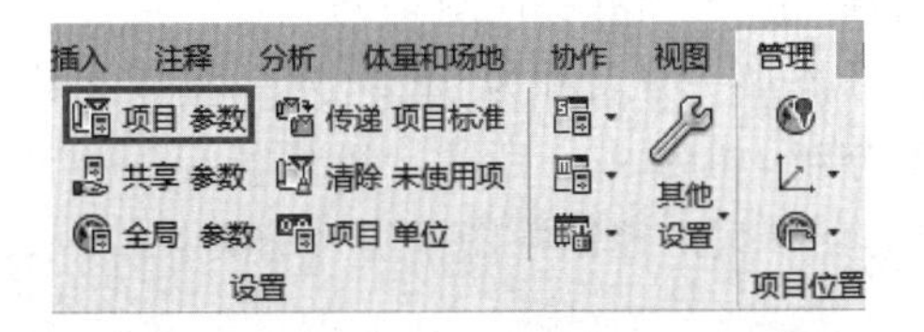

图3-75 项目参数

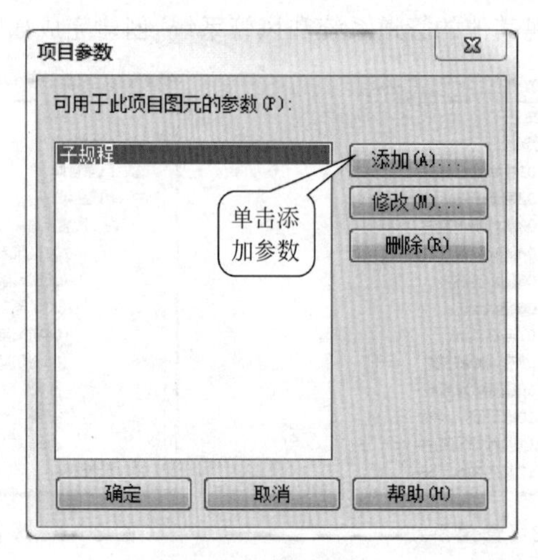

图 3-76 添加参数

在弹出的“参数属性”对话框中设置参数类型为“项目参数”，参数数据如图 3-77 所示。

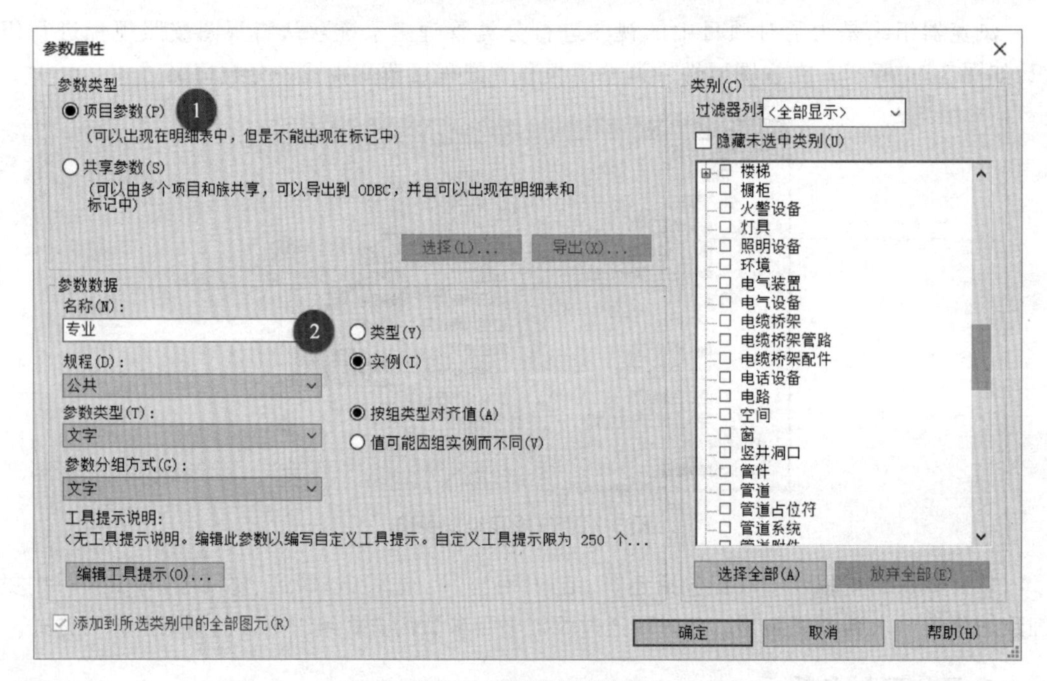

图 3-77 参数类型设置

在“参数属性”对话框右侧的类别中选择参数控制的类别为“视图”选项，如图 3-78 所示。单击“确定”按钮后，在弹出的参数值对话框中会提示“是否要将此参数的值分配给当前选定的图元”选项，可以选择“是”选项并关闭对话框。

使用同样的方法为视图添加一个名称为“子专业”的实例参数，切换到任意视图，在视图属性中可查看新增的参数分组，如图 3-79 所示。默认情况下视图新增参数值为空白，在完成浏览器组织后，可添加文字参数来控制视图排序及分类。

参数属性
参数类型
项目参数(P)
(可以出现在明细表中，但是不能出现在标记中)
共享参数(S)
(可以由多个项目和族共享，可以导出到 ODBC，并且可以出现在明细表和标记中)
选择(L)... 导出(X)...
参数数据
名称(N)：
专业
类型(Y)
实例(I)
规程(D)：
公共
参数类型(T)：
文字
按组类型对齐值(A)
值可能因组实例而不同(V)
参数分组方式(G)：
文字
工具提示说明：
<无工具提示说明。编辑此参数以编写自定义工具提示。自定义工具提示限为 250 个...
编辑工具提示(O)...
添加到所选类别中的全部图元(R)
类别(C)
过滤器列表 <全部显示>
隐藏未选中类别(U)
结构柱
结构桁架
结构框架
结构梁系统
结构荷载
结构路径钢筋
结构连接
结构钢筋
结构钢筋网
结构钢筋网区域
视图
详图项目
软管
软风管
轴网
通讯设备
道路
部件
钢筋形状
门
选择全部(A) 放弃全部(E)
确定 取消 帮助(H)

图 3-78　控制对象

2. 浏览器组织设置

在项目浏览器“视图(规程)”选项位置单击鼠标右键，选择“浏览器组织”选项，如图 3-80 所示。然后弹出“浏览器组织”对话框，如图 3-81 所示。软件默认的组织方式包括类型/规程、规程、阶段等。不同的项目样板其组织方式有一定的差别，读者可选择对应的方式，尝试不同组织方式的区别。单击“新建”按钮并设置新建组织方式的名称，如图 3-81 所示。

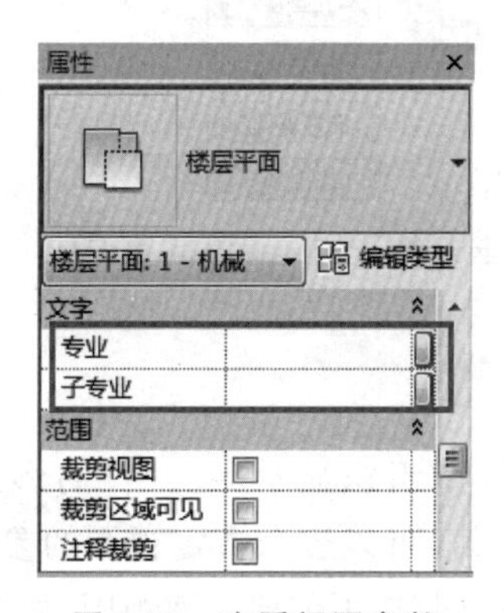

图 3-79　查看视图参数

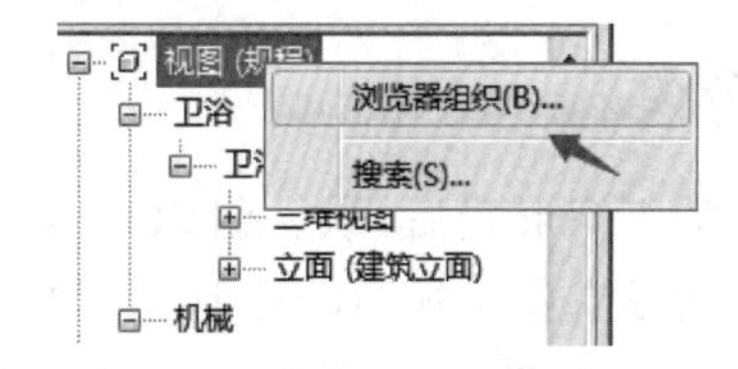

图 3-80　浏览器组织

在弹出的“浏览器组织属性”对话框中切换至“成组和排序”选项卡，修改“成组条件”为“专业”，“否则按”为“子专业”，如图 3-82 所示。

单击“确定”按钮完成属性设置并关闭对话框，然后将浏览器组织的方式选择为新建的组织方式，如图 3-83 所示。

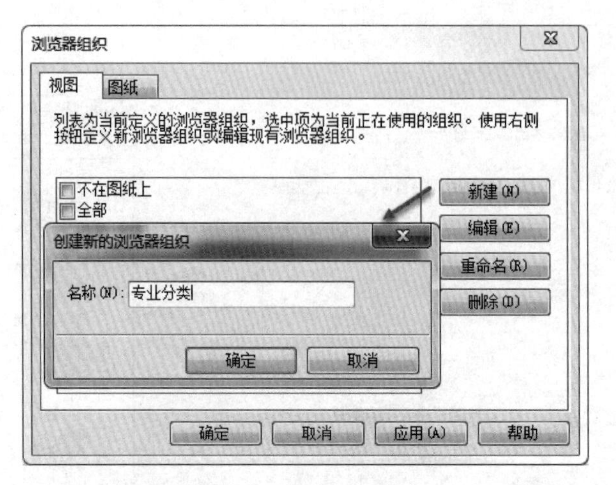

图 3-81　新建组织方式

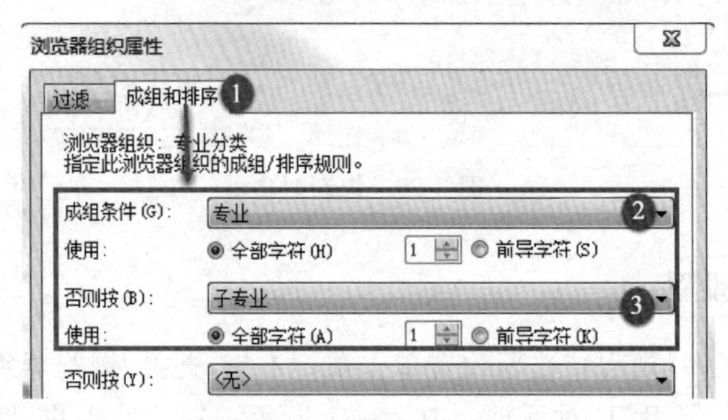

图 3-82　浏览器组织属性

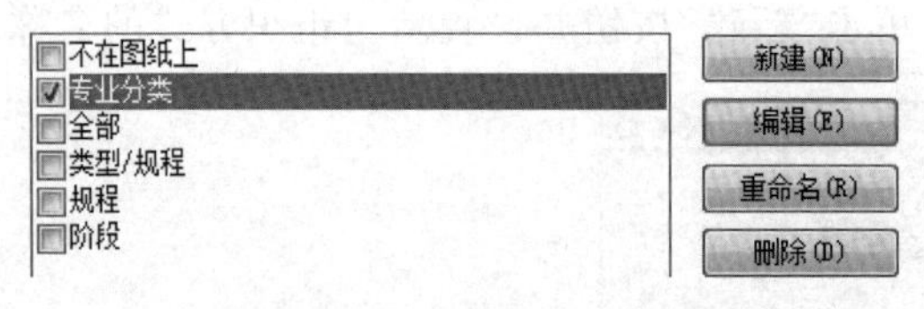

图 3-83　应用浏览器组织

3. 视图分类

添加了新的组织形式后，默认组织方式失效，视图组织显示为“???”的形式，如图 3-84 所示。这是因为没有指定视图的专业和子专业参数值，可以逐个指定视图的参数值。

以暖通为例，首先通过“视图”选项卡中的“平面视图”选项创建平面视图，如图 3-85 所示。

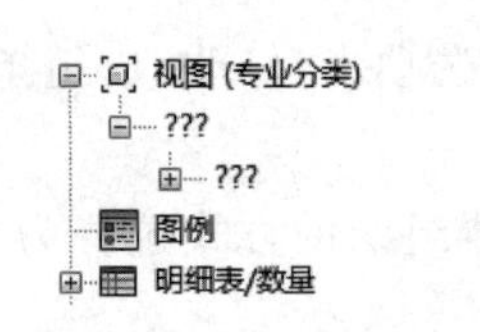

图 3-84　新建的组织形式

图 3-85　创建平面视图

在弹出的对话框中，不选中“不复制现有视图”复选框才能显示项目中的所有标高。然后选择需要创建视图的标高，单击“确定”按钮创建视图，如图3-86所示。

在项目浏览器中选中新建的平面视图，在属性栏中将视图样板设置为“无”，并输入专业名称和子专业名称，如图3-87所示。

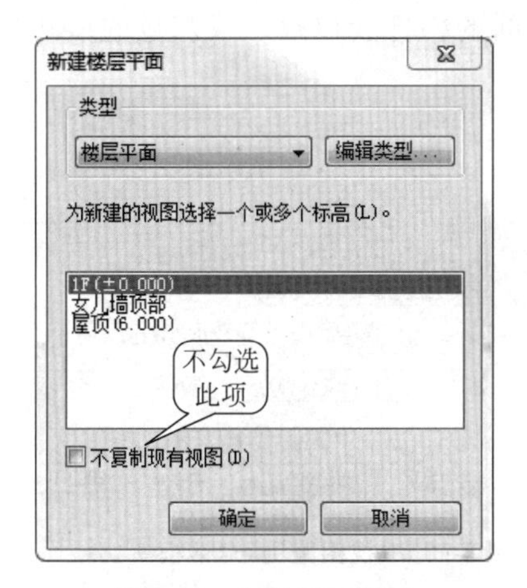

图3-86　创建平面视图

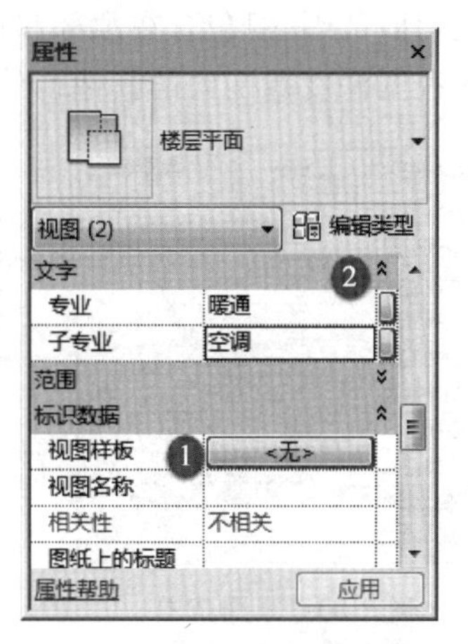

图3-87　指定专业参数值

新建的参数可任意指定文字内容，指定完成后单击“应用”按钮将参数属性应用到视图中，在项目浏览器中视图将按照给定的参数进行分类排列。用同样的方式可以为其他专业创建平面视图，并给平面视图指定参数（剖面图、立面图、详图、三维视图的组织形式与平面视图一样），全部完成后如图3-88所示。

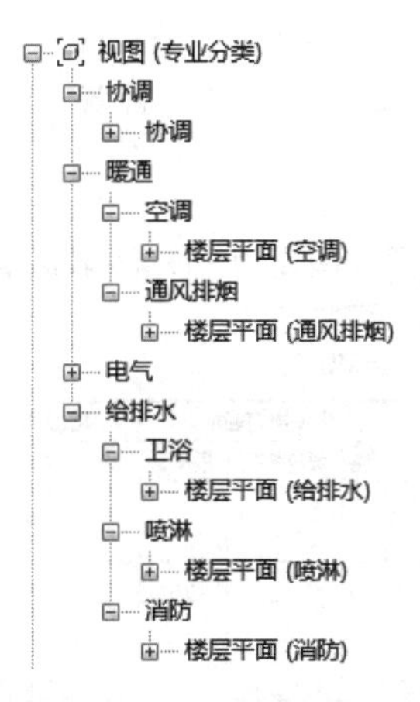

图3-88　完成浏览器组织

提示：浏览器组织的方法较多，可通过修改视图的类型名称来进行区分，也可采用新建项目参数的方式定义软件中没有的专业类型，进而通过项目参数来区分。

3.5.3　视图范围与图形可见性

1. 视图范围

视图范围主要指视图的垂直方向的可见区域，在平面视图的属性栏“范围”选项区中可对视图范围进行编辑，如图 3-89 所示。单击“编辑”按钮弹出“视图范围”对话框，如图 3-90 所示。

在“视图范围”对话框中包括顶部、剖切面、底部、视图深度等参数。视图顶部和视图深度确定了当前视图能看见的高度范围，在剖切面和底部之间的图元会以实体显示，不包含在底部和剖切面范围，但包含在顶部和视图深度之间的构件会以投影或灰显的形式显示。不在顶部和视图深度范围内的其他构件将不可见。

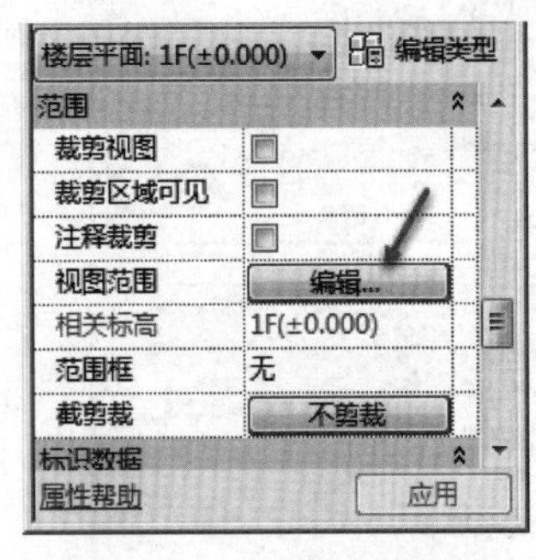

图 3-89　视图范围

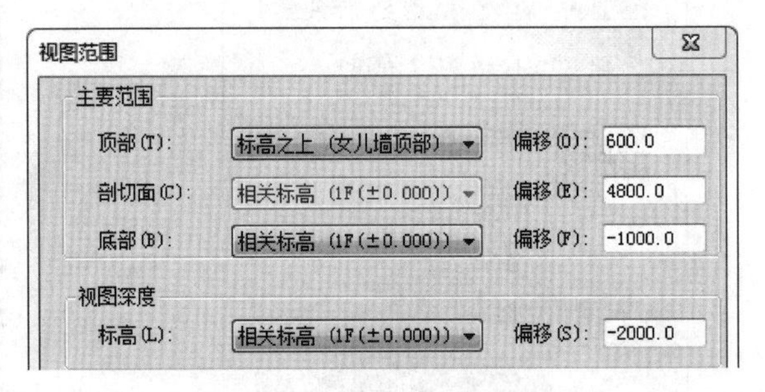

图 3-90　“视图范围”对话框

提示：在建模时，可根据管道的高度来设置视图范围。设置时需注意偏移数值也自上而下高度逐渐降低，否则将无法完成设置。

2. 图形可见性

图 3-91　可见性/图形

在特定的视图中，如需让某些构件不显示，可通过“可见性/图形”进行调整，如图 3-91 所示。在“视图”选项卡单击“可见性/图形”选项，可弹出可见性设置的对话框，如图 3-92 所示。

模型类别 | 注释类别 | 分析模型类别 | 导入的类别 | 过滤器 | Revit 链接

☑在此视图中显示模型类别(S)

过滤器列表(F): <全部显示>

可见性	投影/表面			截面		半色调	详细...
	线	填充图案	透明...	线	填...		
☐ 地形						☐	按视图
☑ 场地						☐	按视图
☑ 坡道						☐	按视图
☑ 墙						☐	按视图
☑ 天花板						☐	按视图
☐ 安全设备						☐	按视图
☑ 家具						☐	按视图
☑ 家具系统						☐	按视图
☐ 导线						☐	按视图
☑ 屋顶						☐	按视图
☑ 常规模型						☐	按视图
☑ 幕墙嵌板						☐	按视图
☑ 幕墙竖梃						☐	按视图

全选(L)　全部不选(N)　反选(I)　展开全部(X)

图 3-92　可见性设置

在此可控制模型类别、注释类别、导入的类别、Revit 链接的可见性等。以模型类别为例，选中某一类图元则表示该构件在当前视图中可见，不选中则会被隐藏。选择“半色调”选项，构件将以半透明的形式显示。此外，在“可见性/图形”选项中，还可以设置图形的投影和表面的线型、填充颜色等。

3.5.4　过滤器与视图样板

1. 过滤器

过滤器也是快速修改构件可见性的一种方式，在“视图”选项卡单击“过滤器”选项可展开过滤器列表，如图 3-93 所示。

在“过滤器”对话框中显示了软件默认的一些过滤器，如图 3-94 所示。单击下方的新建命令新建自定义的过滤器，并为过滤器指定新的名称，在过滤器列表中选择过滤器控制一类图元对象，例如，管件、管道、管道附件。

图 3-93　过滤器

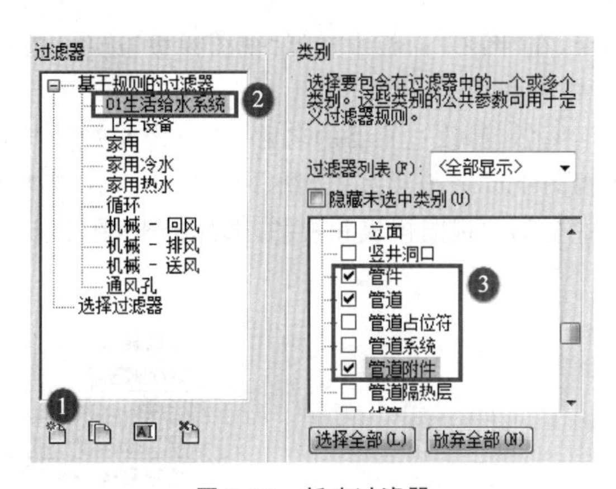

图 3-94　新建过滤器

在“过滤器规则”下方设置相应的过滤条件(如按系统类型过滤，过滤的图元“等于”“01 生活给水系统”，则过滤器可以控制此系统中所有图元的显示状态)，如图 3-95 所示。同样的方法可为其他系统创建过滤器。

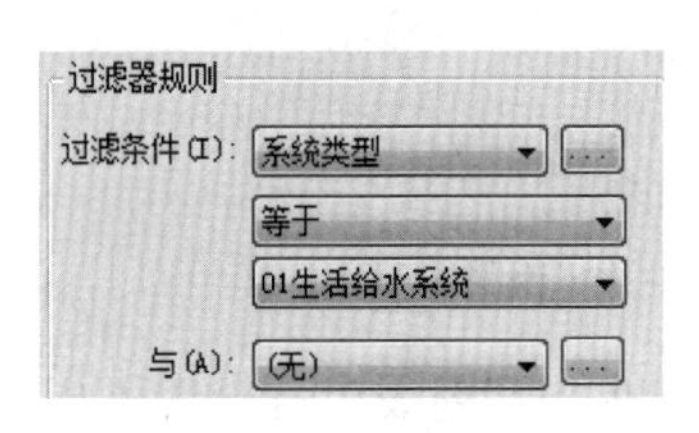

图 3-95　过滤条件

新建的过滤器可在“可见性/图形”中应用到当前视图。可以修改不同系统的颜色和可见性，如图 3-96 所示。

提示：如果使用过滤器，过滤器中一般需包含项目中全部的系统，方便控制显示状态。不同系统的显示颜色可根据第 2 章的颜色规定进行设置。过滤器中的颜色设置一般适用于着色模式。

2. 视图样板

在 Revit 中可通过“视图样板”快速设置某一类视图的属性，包括比例、图形的可见性、规程、视图范围等属性。直接修改视图属性的方式只能设置当前视图属性，使用视图样板可

模型类别 | 注释类别 | 分析模型类别 | 导入的类别 | 过滤器 ❶ | Revit 链接

名称	可见性	投影/表面	
		线	❸ 填充图案
01电缆桥架	☐		
02电缆桥架	☐		
05消防排烟管	☐		
04新风管	☐		
03排风管	☐		
02回风管	☐		
01送风管	☐		
01生活给水管	☐		
02自动喷淋管	❹ ☑		
03水炮给水管	☑		
04消火栓给水管	☑		
05雨水管	☐		
06废水排…	☐		

❷ 添加(D) | 删除(R) | 向上(U) | 向下(O)

图 3-96　添加过滤器

快速修改同类型视图的属性。

切换至“视图”选项卡，在“图形”面板中选择“视图样板”选项，然后在弹出的列表中选择“从当前视图创建样板”选项，如图 3-97 所示。

打开“视图样板”对话框后，修改过滤器的名称为“自定义视图样板”，在弹出的“视图样板”对话框中，可以看到视图中的样板类型，如图 3-98 所示。在视图类型过滤器中，设置为“全部”则可以看到项目中全部的视图样板和视图，选择样板，在下方可以进行复制、重命名、删除等操作。

图 3-97　创建视图样板

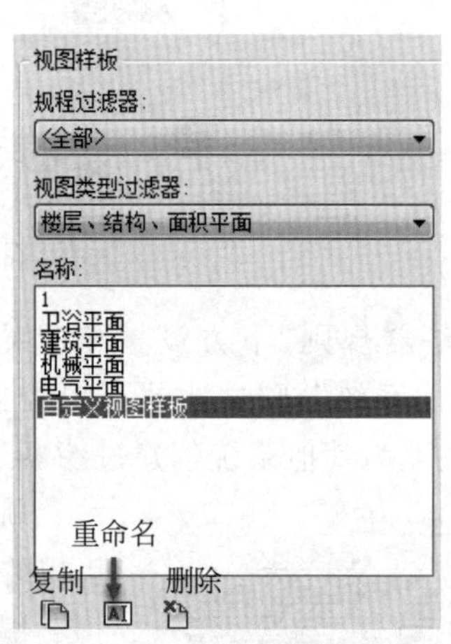

图 3-98　视图样板

在“视图样板”对话框右侧，显示样板控制的“视图属性”。在“值”列表中可设置不同参数的属性，通过选中“包含”复选框确定视图样板控制的参数对象，如图 3-99 所示。

设置完成后单击“确定”按钮关闭对话框。在“属性”对话框中单击“视图样板”后的选项指定视图样板，如图 3-100 所示。也可以在“视图”选项卡下，通过视图样板下拉列表中的“将样板属性应用于当前视图”命令应用视图样板，如图 3-97 所示。

视图样板控制的视图内容只能在编辑视图样板时进行修改，无法通过修改实例属性进

视图属性

分配有此样板的视图数：0

参数	值	包含
视图比例	1:100	☐
比例值 1:	100	
显示模型	标准	☐
详细程度	精细	☑
零件可见性	显示原状态	☑
V/G 替换模型	编辑...	☑
V/G 替换注释	编辑...	☑
V/G 替换分析模型	编辑...	☑
V/G 替换导入	编辑...	☑
V/G 替换过滤器	编辑...	☑
V/G 替换 RVT 链接	编辑...	☑
模型显示	编辑...	☑

图 3-99　视图样板属性

行修改。例如，在新建视图样板时选择了详细程度为精细，没有选择视图比例，则比例可以自由调整，精细程度为灰色显示，不可编辑，如图 3-101 所示。如需单独修改，可在属性栏将视图样板选项设置为“无”，然后进行编辑。

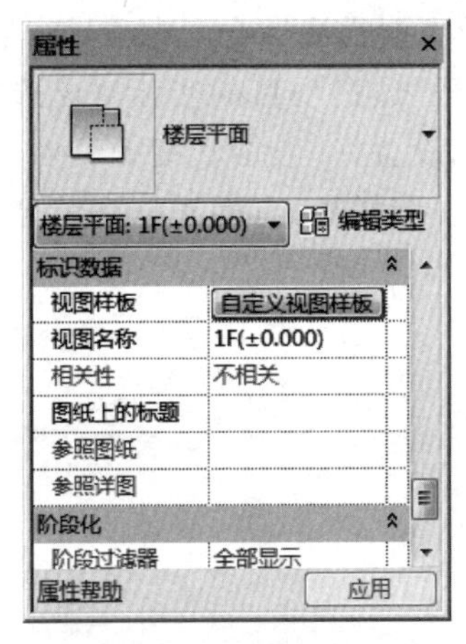

图 3-100　应用视图样板

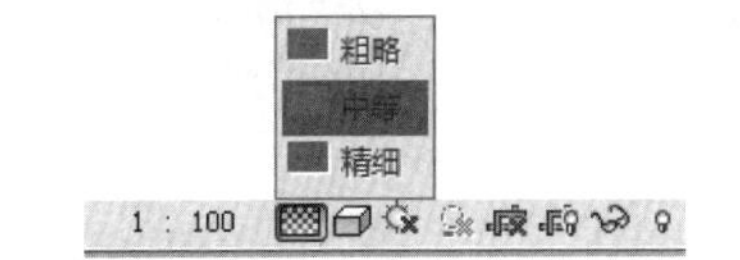

图 3-101　样板控制对象不可编辑

提示：在机电建模时专业多、管道高度不一致、系统分类多，经常出现图元不可见的情况。可通过调整视图范围、图形的可见性、视图样板、规程及子规程、过滤器、视图详细程度等属性使图元可见。

视图样板的应用也是项目标准的一项重要内容，特别是在出图时，设置好不同构件的颜色、线样式、可见性等，可快速处理视图属性，使生成的图纸满足出图规范。

强化训练

第 3 章教材配套资源.rar

请参考“第 3 章>第 3 章 强化训练案例资料”文件夹中提供的案例资料完成项目样板创建，具体要求如下：

1. 使用“03 系统样板文件”文件夹中的“Systems-DefaultCHSCHS. rte”样板文件新建机电项目，并将“02 地下车库土建模型”文件夹中的“DH201805_YHYZ_S_TJ_B1_土建模型(不含主楼)”链接到项目中，然后复制/监视土建模型中的标高轴网。

2. 按“专业”组织项目浏览，专业名称参照“01 地下车库机电图纸”文件。

3. 根据“01 地下车库机电图纸”中的图纸文件，创建案例项目中的管道系统和风管系统。

4. 基于系统缩写或系统类型新增各个专业的过滤器。

5. 将项目另存为项目样板，名称为“DH201805_YHY_MEP 样板. rte”。

本章小结

本章主要讲解了 BIM 模型创建前期的工作内容，前期做好项目规划能减少后期的工作量。项目定位是协同工作的前提，只有模型的位置关系明确了，最终模型成果才能准确无误地整合到一起。协同工作方式能影响建模的效率，分工时需要综合考虑项目体量大小、建模的顺序、不同构件之间的关系及软硬件的配备情况等。通过项目的实际情况选择链接或工作集的方式进行设计。另外，视图样板是软件的基础设置，一般由管理人员创建，不同企业会有不同的标准规范，根据项目的情况设置不同的视图样板，有助于创建满足使用要求的 BIM 模型。

第4章

创建项目给排水模型

建筑给排水的主要组成部分为管道系统，管道系统又包含空调水系统、生活给排水系统、雨水系统、暖通水系统、消防系统等。在 Autodesk Revit 中创建的管道系统不仅是几何模型，还包含了管道的参数，也就是 BIM 中的"information"。本章主要以卫浴系统为例讲解给排水管道及附件的创建方法。

4.1 创建给排水项目

创建给排水项目.mp4

给排水作为机电中的重要组成专业，一般先单独创建项目，然后与暖通、电气模型整合到一起，最终进行管线综合深化设计。

4.1.1 新建项目

创建新的项目需要基于项目样板。打开 Revit 软件，单击"新建"按钮，在弹出的"新建项目"对话框中，默认的样板文件为"构造样板"。单击"浏览"按钮，并浏览至项目样板存放的文件夹，如图 4-1 所示，通过特定的 rte 样板文件创建新的项目(本书选用第 3 章自定义的样板文件)。打开新建的项目，系统默认项目名称为"项目 1"，将其另存为"综合楼_给排水"保存到本地文件中。

图 4-1 新建项目

提示：项目样板包含了创建项目的基准图元和一些基本设置、标准以及规范，企业在使用时可根据本企业的标准样板或项目规范定制样板。

图 4-2　管理链接

在样板模型的传递过程中，可能会出现链接模型存放路径改变而导致链接失效的情况，那么就需重新载入链接的建筑模型。

切换至“管理”选项卡，在“管理项目”面板单击“管理链接”选项，如图 4-2 所示。如果在弹出的“管理链接”对话框的状态显示为“未载入”，如图 4-3 所示，则需要重新载入链接模型。

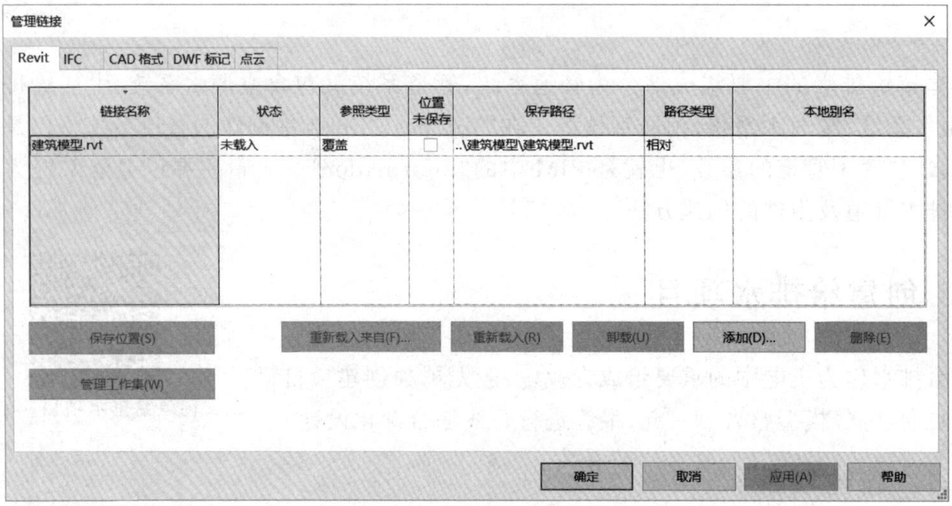

图 4-3　链接文件丢失

重新载入有两种方式，第一种方法是删除原链接重新载入。重新载入时需注意链接模型的定位。第二种方法是选择图 4-3 所示的链接文件，在下方选择“重新载入来自”选项，然后浏览至模型存放位置重新选择链接文件，如图 4-4 所示。

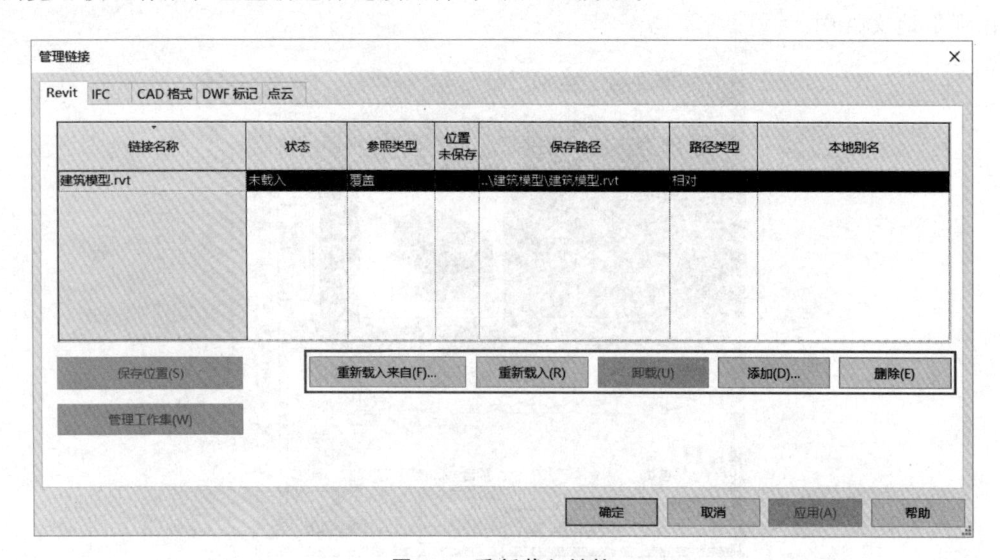

图 4-4　重新载入链接

4.1.2　配置管道

不同材质的管道可设置不同的尺寸，包括内径、外径、公称直径等。一般提前创建不同类型的管道，如排水管、给水管等，在建模时直接使用。

1. 管道尺寸

切换至菜单栏“管理”选项卡，在“设置”面板单击“MEP 设置”选项，如图 4-5 所示。在展开的列表中选择“机械设置”选项，会弹出“机械设置”下拉列表，选择设置对象为“管段和尺寸”选项，弹出管道编辑的界面，也可以按照图 4-6 所示的步骤打开进行新建。

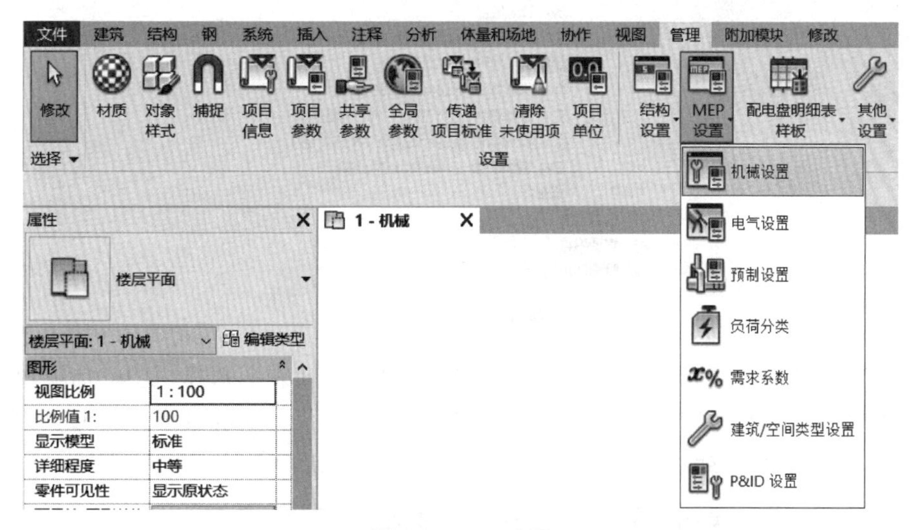

图 4-5　MEP 设置

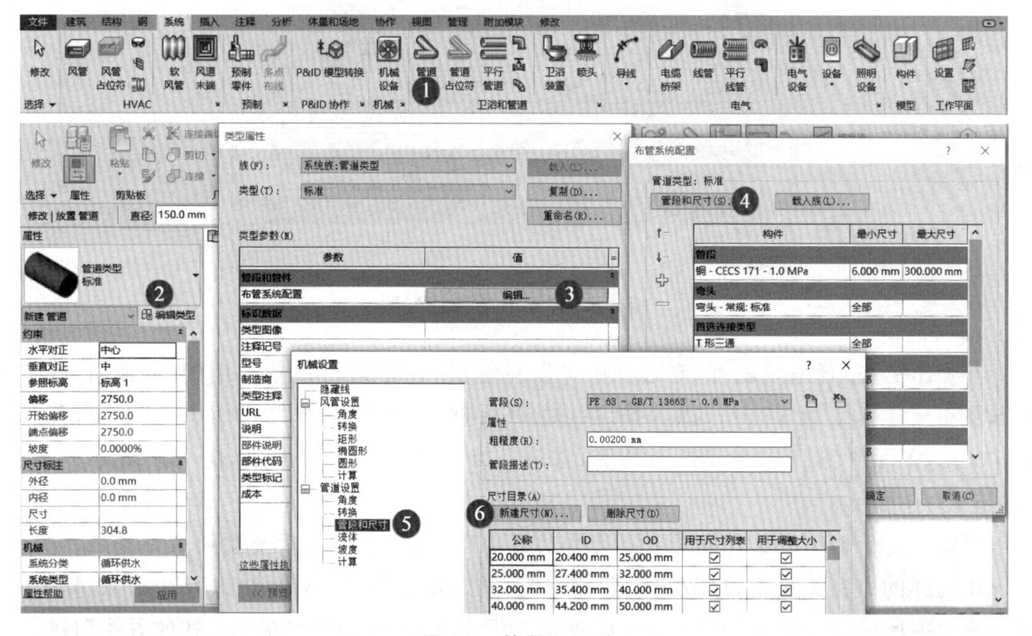

图 4-6　管段和尺寸

注意：ID 表示内径，OD 表示外径，管径需按标准进行设置，如随意设置，在实际安装时可能无法采购到合适的管件。

2. 管道类型

在项目浏览器中展开“族”选项下拉列表，在“管道”选项处单击⊞按钮显示默认的管道类型。当选择某一类型时，被选择的类型会高亮显示，如图 4-7 所示。

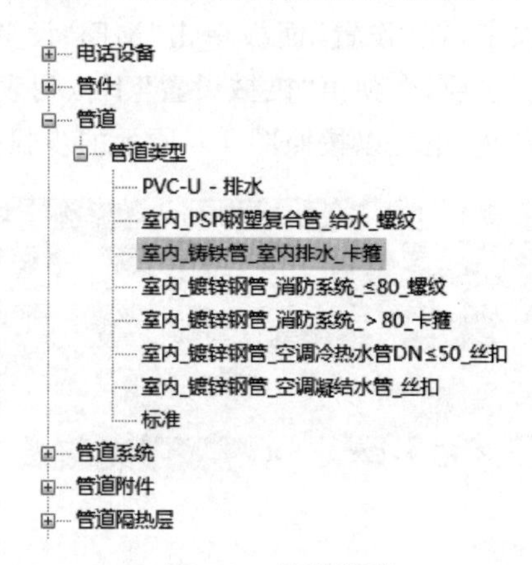

图 4-7 管道类型

选择名称为“标准”的类型并单击鼠标右键，在弹出的列表中选择“复制”选项创建新的类型。默认的名称为“标准 2”，将其重命名为“生活给水管”。双击名称会弹出“类型属性”对话框，单击“布管系统配置”的“编辑”选项对管道的配件进行设置，如图 4-8 所示。

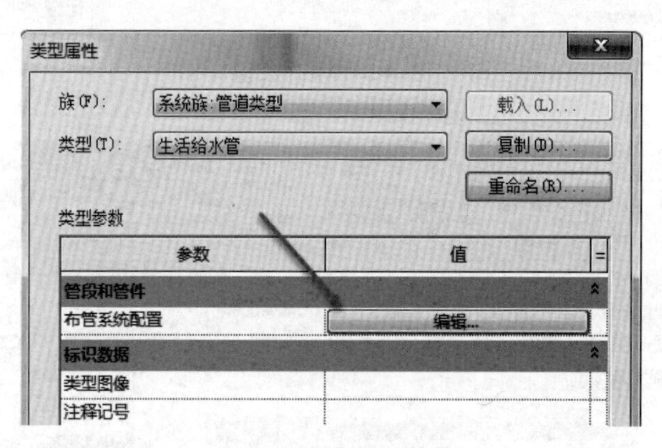

图 4-8 编辑布管系统配置

在弹出的“布管系统配置”对话框中可以对管段、管件进行设置。例如，修改管段为“碳钢”，最小尺寸修改为 15mm（因为图 4-9 中对话框尺寸较窄，所以显示内容不全，显示为 15.000m，实际值为 15.000mm）。弯头、首选连接类型、连接、四通、过渡件等参数按系统默认，如图 4-9 所示。

提示：最小尺寸是创建当前管道允许的最小管径，而不是管段类型的最小直径。

用同样的方法通过 PVC 管道创建排水管，并对排水管的布管系统进行设置（排水管的三通一般为顺水三通），创建完成如图 4-10 所示。污水管、雨水管均可采用上述的方法创建。

布管系统配置

管道类型：生活给水管

管段和尺寸(S)...　载入族(L)...

构件	最小尺寸	最大尺寸
管段		
钢，碳钢 - Schedule 80	15.000 m	300.000 mm
弯头		
弯头 - 常规：标准	全部	
首选连接类型		
T 形三通	全部	
连接		
T 形三通 - 常规：标准	全部	
四通		
四通 - 常规：标准	全部	
过渡件		

确定　取消(C)

图 4-9　“布管系统配置”对话框

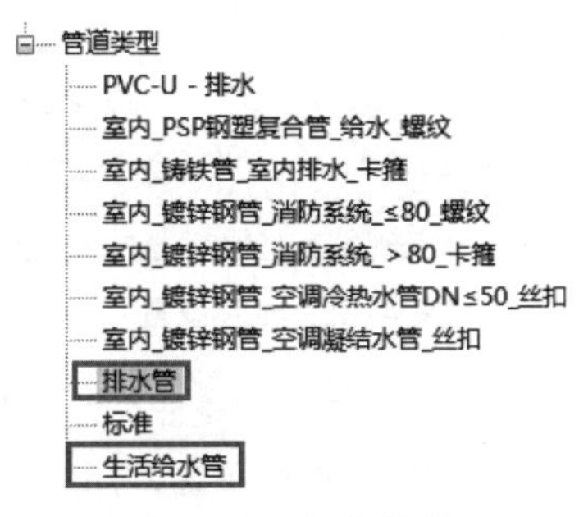

图 4-10　新建管道

4.1.3　导入图纸

管线综合项目如果提供了 CAD 图纸，可将 CAD 图纸导入项目中作为建模的参照。切换至卫浴平面视图，在菜单栏“插入”选项卡“链接”和“导入”面板分别提供了“链接 CAD”和“导入 CAD”选项，如图 4-11 所示。

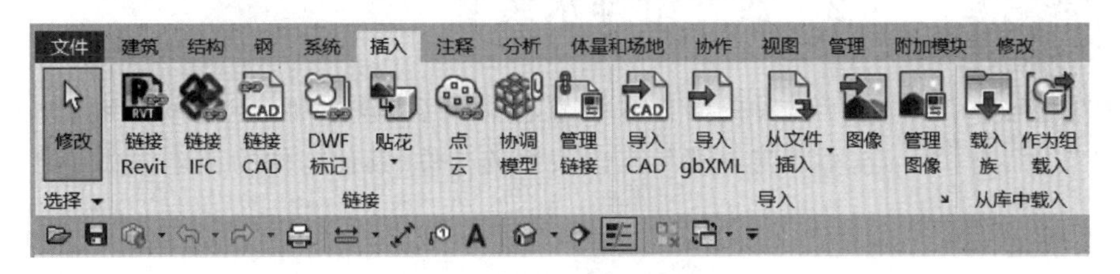

图 4-11　导入与链接

注意：导入是将 CAD 文件导入当前项目，文件与主体模型是一个整体。链接是将 CAD 作为外部参照与当前项目关联，如果只移动模型文件链接文件会丢失。

选择“导入 CAD”选项，在弹出的“导入 CAD 格式”对话框浏览至图纸存放文件夹，设置导入单位为“毫米”，设置对齐方式为“原点到原点”，选中“仅当前视图”复选框，如图 4-12 所示。

图 4-12　导入设置

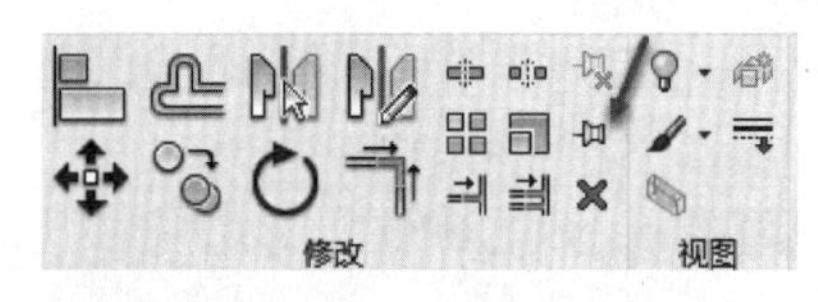

图 4-13　锁定工具

提示：选中“仅当前视图”复选框导入的视图只在当前视图可见，可以避免不同图纸之间的干扰，保证绘图工作区的整洁。

选择需要导入的图纸，单击“打开”按钮将图纸导入项目中，可通过移动、对齐等工具将图纸与项目中的轴网对齐。然后单击菜单栏“修改”选项卡中的 按钮将图纸锁定，如图 4-13 所示。

提示：锁定图纸是避免因建模操作失误移动图纸位置，否则创建的构件会发生偏移。

放置给排水装置.mp4

4.2　放置给排水装置

常见的给排水装置包括便盆、洗手池、卫生间隔断、热水器等。本小节将讲解具有代表性的构件，其他构件的创建方法与之类似。

4.2.1　坐便器

1. 载入族

创建之前首先载入相应的族文件。切换至菜单栏“插入”选项卡，在“从库中载入”面板中选择“载入族”工具，如图 4-14 所示。浏览至族文件存放位置(C:\ProgramData\Autodesk\RVT 2018\Libraries\China\机电\卫生器具)，选择名称为“坐便器-冲洗水箱”的族载入到项目中，如图 4-15 所示。

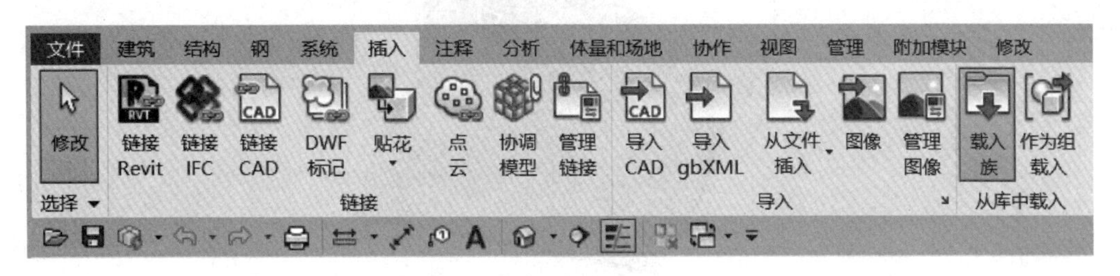

图 4-14　载入族

提示：只有在线安装软件才能在上述位置找到相应的族文件。如果离线安装则需要从外部拷入族库，或修改为自定义的族文件存放位置。

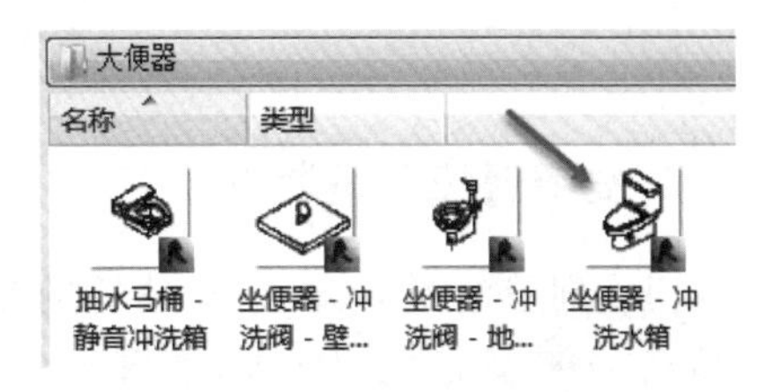

图 4-15　选择族文件

2. 放置卫浴装置

切换至菜单栏“系统”选项卡，在“卫浴和管道”面板单击“卫浴装置”放置卫生器具，如图 4-16 所示。也可通过快捷键“PX”启用“修改|放置卫浴装置”选项卡，拾取到图纸上马桶的位置，单击键盘上的空格键可以调整卫浴装置的方向，并将卫浴装置放在正确的位置。

图 4-16　卫浴装置

3. 局部剖切

切换至三维视图，在属性栏“范围”选项组中选中“剖面框”选项开启三维剖切框，如图 4-17 所示。调整◀|▶按钮至放置卫浴装置的位置，选择蹲便器后可以看到蹲便器的进水口和出水口，如图 4-18 所示。

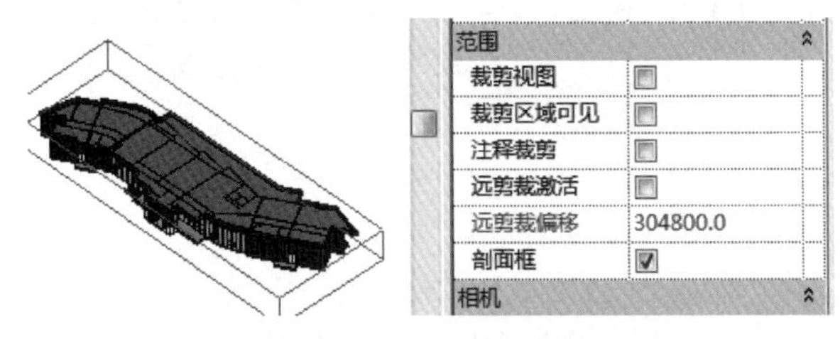

图 4-17　启用剖面框

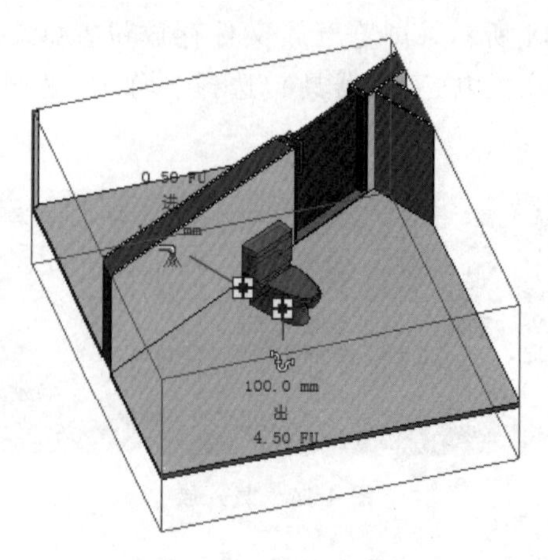

图 4-18　查看连接件

4. 复制创建卫浴装置

切换到卫浴平面图，选择放置的蹲便器，单击菜单栏“修改”选项卡的“修改”面板中的按钮，创建其他的蹲便器，在弹出的“修改|卫浴装置”工具条中选择“多个”可以连续复制，如图 4-19 所示。复制完成后切换至三维视图查看，如图 4-20 所示。

图 4-19　复制多个

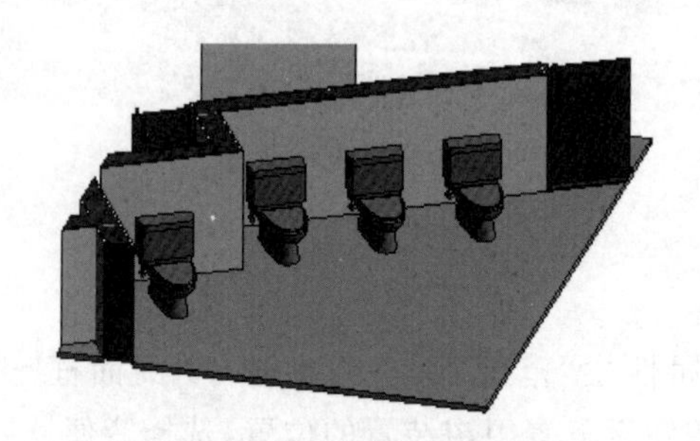

图 4-20　完成蹲便器放置

提示：如果多个图元呈线性布置，且间距相同，可采用修改选项中的阵列工具快速创建。

4.2.2　小便斗

1. 载入并放置

用 4.2.1 小节的方法将小便斗族文件载入到项目中，小便斗默认存放的位置是：“C:\ProgramData\Autodesk\RVT 2018\Libraries\China\机电\卫生器具”文件夹。

系统自带的小便斗是基于面的模型构件，只能基于面进行放置。当光标捕捉到非面的位置将显示禁止放置标识。单击菜单栏“系统”选项卡“卫浴和管道”面板中的按钮弹出卫浴装置属性，在类型选择器列表中选择“小便器_隔间_标准”（也可选择其他类型）的类型，在“修改|放置 卫浴装置”选项卡“放置”面板弹出三种放置方式，分别为放置在垂直面上、放置在面上、放置在工作平面上，如图4-21所示。

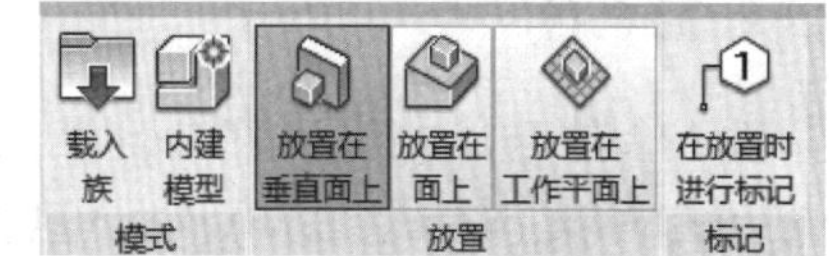

图4-21　选择放置方式

（1）放置在垂直面上：只能将构件放置在与楼层平面垂直的平面上，如墙面、柱表面、参照平面或轴网确定的垂直平面；

（2）放置在工作平面上：可将模型放置在设置的任意工作平面；

（3）放置在面上：将模型放置在表面，如楼板、天花板、墙体表面等。

小便斗一般贴墙安装，所以一般选择放置方式为“放置在垂直面上”，然后逐个拾取图纸上小便器的位置单击进行放置。

2. 参数设置

放置完成后切换至三维视图，同样，调整视图范围至卫生间位置，选择放置完成的小便斗，在属性栏可以看到小便斗的立面为“100”，如图4-22所示。即距离地面的安装高度为100mm，修改立面高度可调整安装高度。例如，修改立面参数为“300”，修改前和修改后的安装高度如图4-23所示。

图4-22 立面参数

(a) 立面高度100

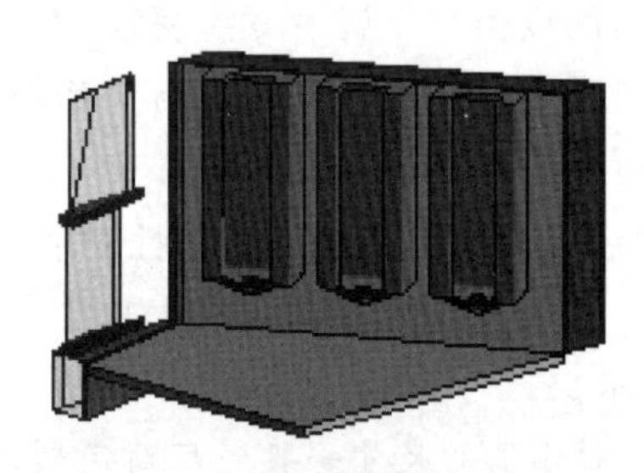

(b) 立面高度300

图4-23　立面高度调整

注意：在属性栏修改的实例参数只影响当前选中图元。单击“编辑类型”选项修改的参数可影响同类型的全部构件。

4.2.3 其他设备

1. 洗手台

洗手台是卫浴的组成部分。载入方式与上述相同，从“C:\ProgramData\Autodesk\RVT 2018\Libraries\China\机电\卫生器具\洗脸盆”文件夹中载入“洗脸盆-梳洗台”族文件，然后通过“卫浴装置”工具放置到卫生间适当位置，切换至三维视图并剖切到相应位置，如图 4-24 所示。

图 4-24 放置梳妆台

2. 盥洗池

盥洗池是清洁洗涤的设施，同样是载入族然后放置。族文件默认放置在“C:\ProgramData\Autodesk\RVT 2018\Libraries\China\机电\卫生器具\洗涤盆”文件夹中。选择合适的类型载入到项目中进行放置，放置方式与前面讲解的方式类似。

3. 热水器

热水器是提供生活热水的设施，默认存放在“C:\ProgramData\Autodesk\RVT 2018\Libraries\China\机电\电器\加热设备”文件夹中，如图 4-25 所示。

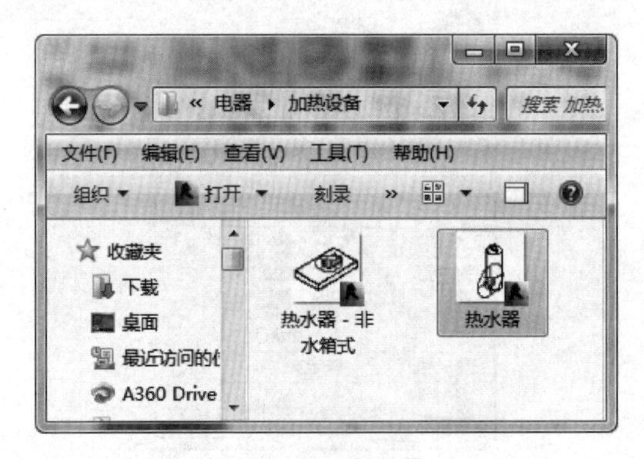

图 4-25 热水器

热水器的族类别不属于卫浴装置，不能使用放置卫浴装置工具进行放置。切换至菜单栏“系统”选项卡，在“模型”面板单击“构件”选项(快捷键 CM)，如图 4-26 所示，选择载入的热水器进行放置。

单击“编辑类型”，弹出类型属性对话框，通过“复制”按钮创建新的类型。在类型属性对话框设置电压、管道尺寸参数等，如图 4-27 所示。

图 4-26 放置构件

提示：热水器的尺寸一般为厂商定制，不要随意修改。如需修改，请按规定的标准设置参数，确保能采购到相应的设备或构件。

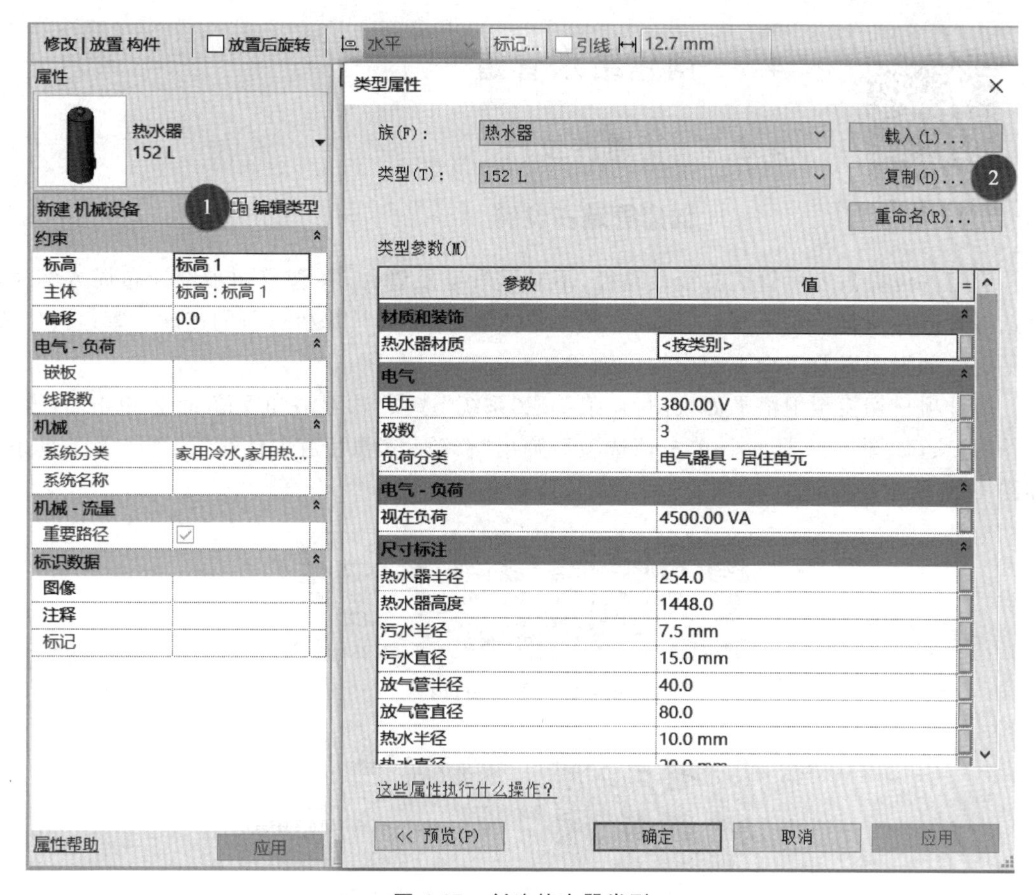

图 4-27　创建热水器类型

设置完成后单击“确定”按钮，放置在适当的位置。电开水与热水器的放置方式类似，放置完成后切换至三维视图，将视图调整为精细模式，如图 4-28 所示。

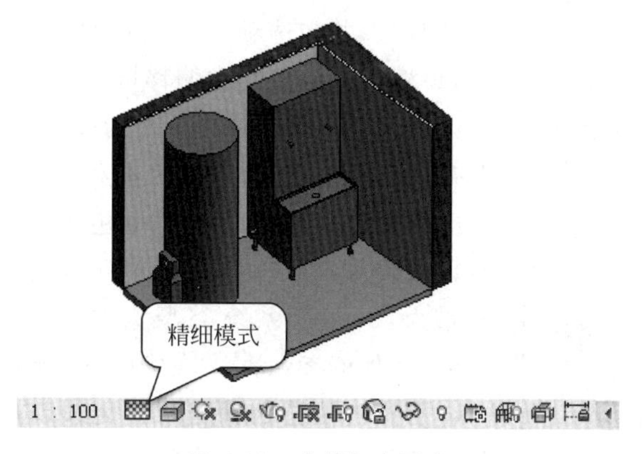

图 4-28　水箱与电开水

给排水中的设备均可以通过放置构件的方式进行放置，放置完成所有的设备后保存项目，完成本节的学习。

创建给水管道.mp4

4.3 创建给水管道

4.3.1 管道占位符

1. 创建管道占位符

管道占位符只表示管道的铺设路径，不显示管道及管件，在管道初步设计布局方案时，可选择管道占位符绘制草图，从而减小模型的体量，并提高计算机运行的速度。管道占位符在平、立、剖视图以及三维视图中均可创建。

打开项目切换至卫浴平面视图，在菜单栏“系统”选项卡“卫浴和管道”面板单击“管道占位符”选项，如图 4-29 所示。单击该选项后弹出“修改|放置管道占位符”选项卡及工具条，如图 4-30 所示。

图 4-29 管道占位符

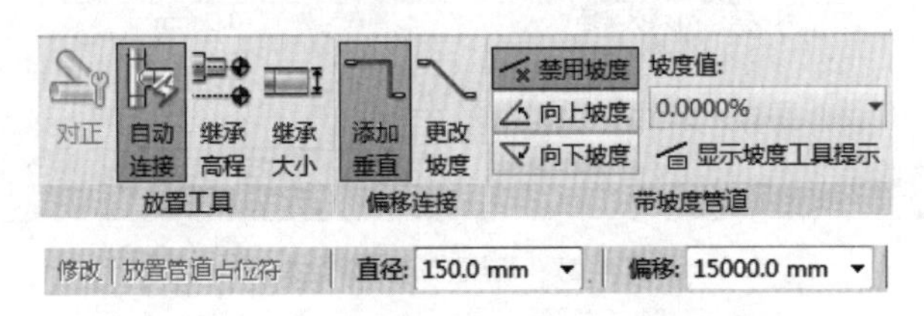

图 4-30 修改放置管道占位符工具

在“修改|放置管道占位符”选项卡中放置管道占位符的工具条，并在选项卡中启用自动连接、添加垂直、禁用坡度，设置管道的直径和偏移量。

提示：此处的偏移量是指管道占位符的中心距离参照标高的高度，直径为管道的公称直径。

管道占位符的属性栏中包含偏移量、管径、系统类型、管段设置等参数。例如设置管道类型为“生活给水管”、偏移量为“3000”、系统类型为“01 生活给水系统”、直径为“25”，其他的参数默认，如图 4-31 所示。

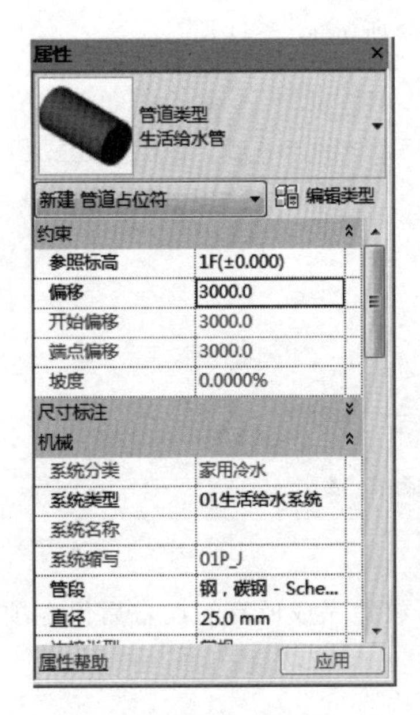

图 4-31 管道占位符属性

管道占位符是管道的简化线，在设置属性时设置的管道参数放置后不会显示管道。管道的系统类型在自定义的样板中已设置完成，如采用的不是本书使用的自定义样板，可在项目浏览器下方的族列表中找到“管道系统”类别，通过复制并重命名的方式新建系统。

在卫浴平面绘制管道占位符，切换至三维视图中管道占位符会以单线的形式显示，如图 4-32 所示。

图 4-32　单线显示管道占位符

2. 转换管道占位符

在项目中创建的管道占位符可直接转换为管道。首先选择需要转换的占位符，在弹出的“修改|管道占位符”选项卡“编辑”面板单击“转换占位符”选项，如图 4-33 所示。单击按钮可将占位符转换为实体管道，如图 4-34 所示。

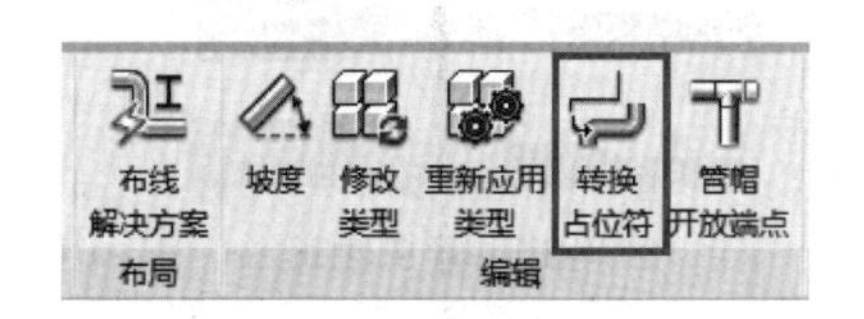

图 4-33　转换占位符

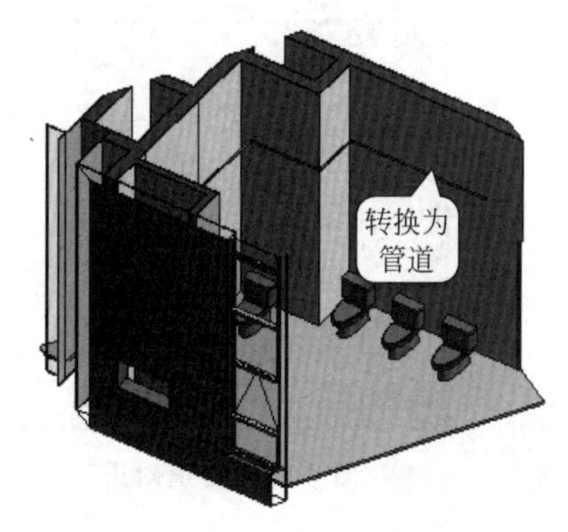

图 4-34　转换为管道

提示：占位符包含了管道的基本属性，在管线综合时，可以做碰撞检查，占位符没有发生碰撞，实际的管道也不会发生碰撞。

4.3.2　管道的对正和连接

管道创建的方法与管道占位符的创建方式类似，在管道创建时需要设置对正方式，对正的方式不同，管道偏移量确定的高度也有一定的差异。

1. 管道对正

切换至菜单栏“系统”选项卡，在“卫浴和管道”面板单击“管道”选项可绘制管道（快捷键“PI”），如图 4-35 所示。在管道属性栏“约束”选项中比占位符多了两个参数，分别为水平对正和垂直对正，如图 4-36 所示。

水平对正有中心、左、右三种方式，垂直对正有顶、中心、底三种方式。不同的对正方式在改变管径和绘制管道时的定位也不同，如图 4-37 所示。

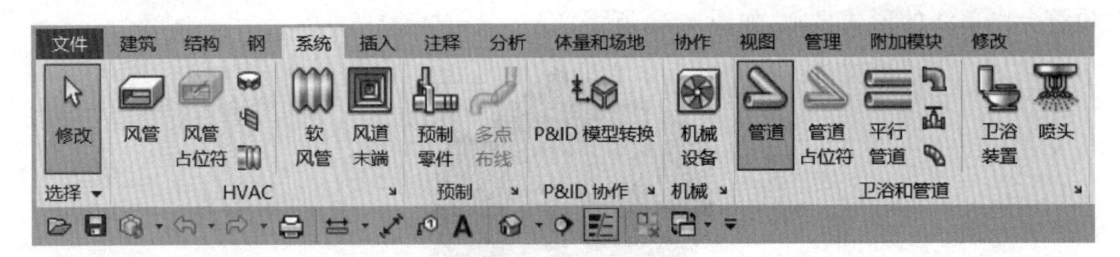

图 4-35 管道工具

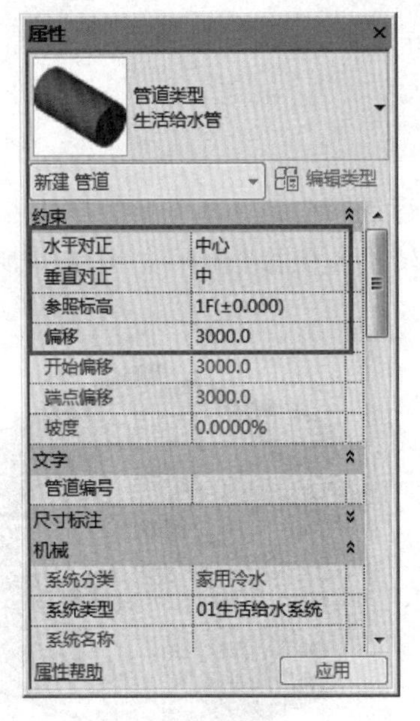

图 4-36 管道对正

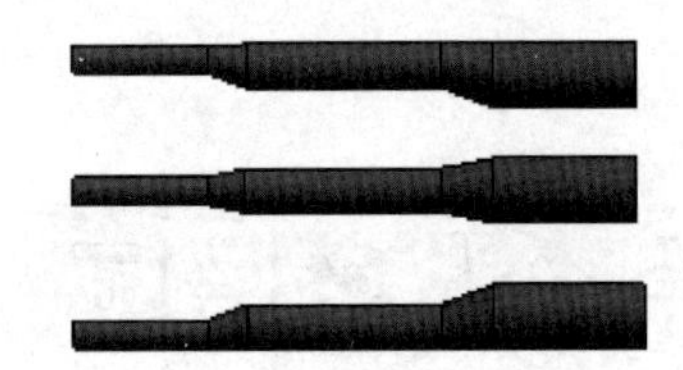

图 4-37 管道对正

提示：*管道的左右以绘制方向区分。垂直对正影响管道的净高，如偏移量为 3000、对正方式为中心，则表示管道底部净高为 3000mm-DN/2(DN 为管径)。*

2. 管道连接

1）自动生成连接件

绘制管道时选中自动连接，在管道交叉、转角、分支位置将自动生成四通、弯头、三通的管道连接件(管件)，如图 4-38 所示。

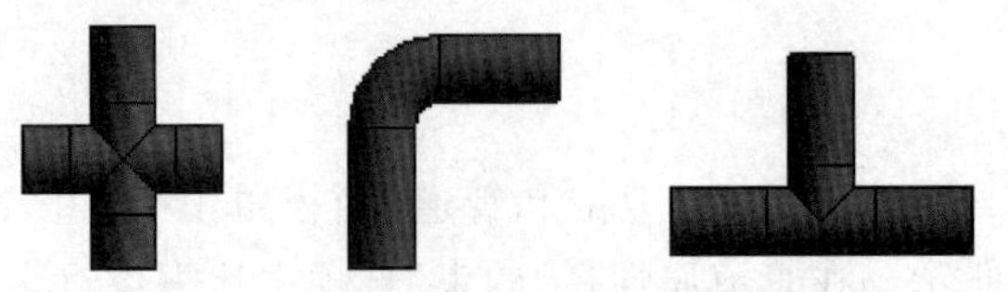

图 4-38 生成管道连接件

2）放置管件

除了自动生成管件之外，也可以手动在管道上放置管件。单击“管件”选项，如图 4-39 所示，在类型选择器中选择管件为“T 形三通-标准”，拾取到管道放置管件，如图 4-40 所示，单击图示的“翻转”按钮 ⇆ 和“旋转”按钮 ↻ 可调整管件的方向。

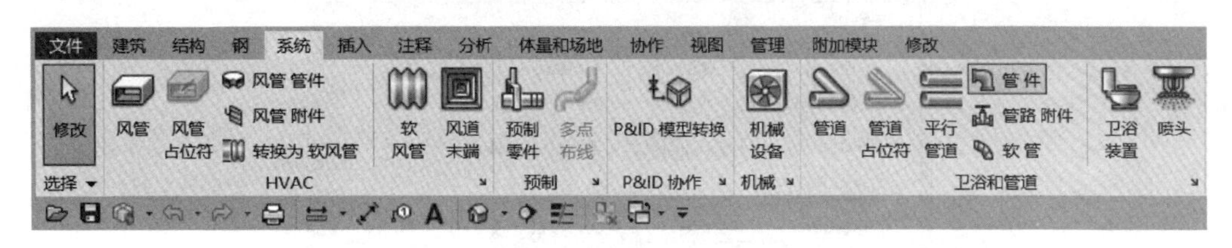

图 4-39　管件选项

3）管件的转换

当选择管件时单击“＋”按钮、“－”按钮可将弯头、三通、四通进行转换。弯头和三通、三通和四通可以直接转换，四通与弯头不能一次性转换，如图 4-41 所示。

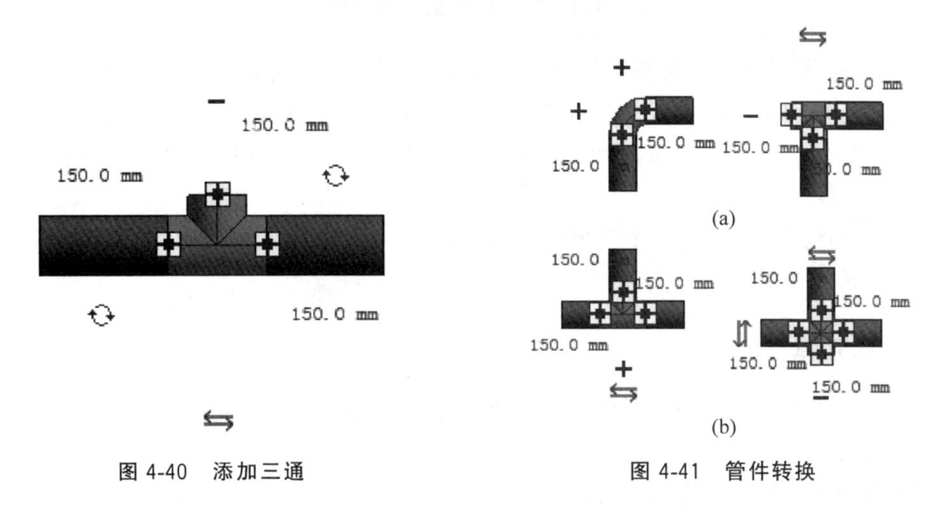

图 4-40　添加三通　　　　图 4-41　管件转换

提示：三通只有在其中一个连接件为开放时能转化为弯头。当三通的三个连接件均与管道连接时才能转换为四通。

4.3.3　创建管道

1. 视图范围

在建模时管道的高度与设计数值有关，一般会超出默认设置的视图范围，如果直接绘制管道，可能导致管道不可见。切换至卫浴平面，不选择任何构件，在属性栏将显示当前视图的属性，如图 4-42 所示。在“范围”参数组中单击“视图范围”后方的“编辑”选项，即可弹出“视图范围”对话框，如图 4-43 所示。

在“视图范围”对话框可设置视图的顶部、剖切面、底部、标高等参数，如图 4-43 所示。由于本项目中给水管道标高在－1000～3000 之间，可设置顶部高度为 3600、剖切面为 3000、底部为－1500、标高为－2000，以保证创建的图元在当前视图可见。

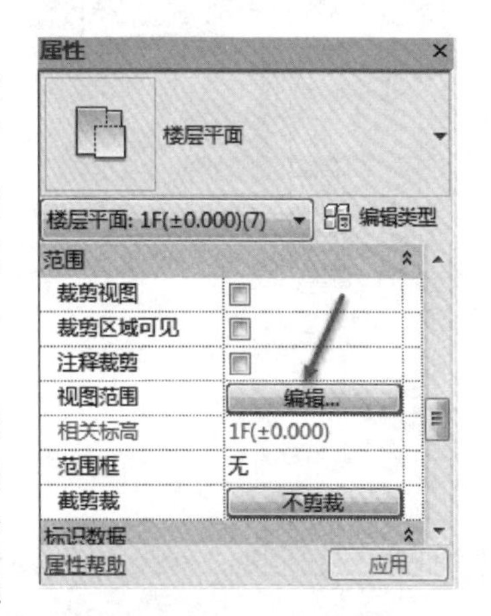

图 4-42　“属性”对话框

图 4-43 “视图范围”对话框

需要注意，视图的顶部需高于剖切面，视图深度需低于底部，并且顶部必须在底部之上，否则无法进行视图范围的设置。管线不可见的因素较多，除了视图范围，其他常见原因有视图规程、图形可见性、视图样板、过滤器、精细程度等。在绘制管道时，可通过调整上述参数控制可见性。

注意：当视图属性中使用了视图样板后，由样板控制的参数不可调整，需修改视图样板或不使用样板才能继续编辑。

2. 布置管道

切换至卫浴平面，单击“管道”选项创建水平管道。为避免绘制时管道回路混乱，一般可由市政给水点引入，按管道回路逐一绘制。

在工具条中设置直径为32、偏移为3000、垂直对正方式为底部、水平对正方式为中心，并选中“自动连接”选项、“添加垂直”选项、“禁用坡度”选项。在属性栏设置管道类型为给水管、系统类型为“01 生活给水系统”，如图 4-44 所示，其他参数默认。按管道的

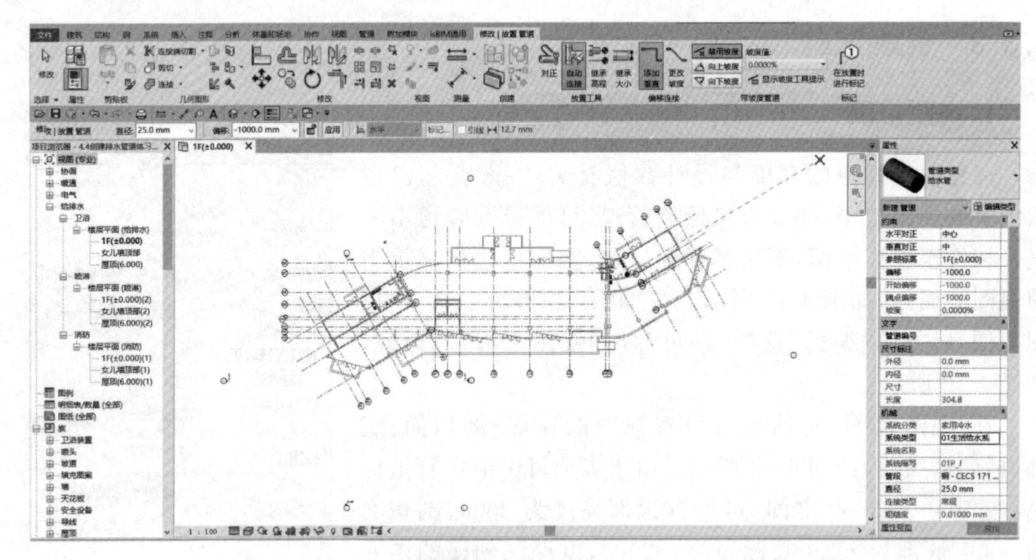

图 4-44 创建管道

路径逐个绘制给水管道。当管道直径有变化时，可以直接修改该直径，管道在变径位置会自动生成连接件。当改变偏移量时，在工具栏修改偏移量并继续绘制。不同偏移量连续绘制管道时，在两个不同高度的管道之间自动生成立管及连接弯头。如只需生成立管不连续绘制，则双击工具条的“应用”按钮，即可完成立管的创建。

两种方式创建完成的管道如图 4-45 所示。依次绘制项目中的给水干管，创建完成后如图 4-46 所示。

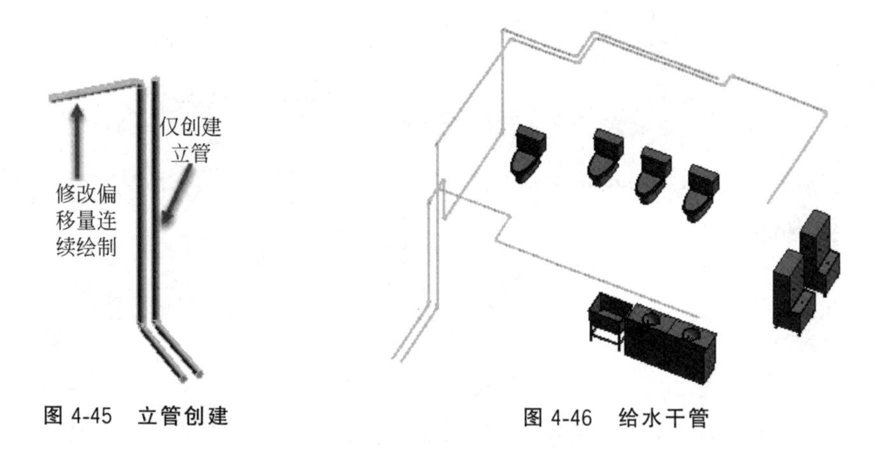

图 4-45　立管创建　　图 4-46　给水干管

4.3.4　管道与设备的连接

1. 手动连接

选择放置的设备（如马桶），可以看到有两个连接件，分别为进水口 和出水口 ，如图 4-47 所示。单击 按钮启用管道创建命令，在属性栏设置管道的系统类型和管件，并将管道连接到卫浴给水干管，如图 4-48 所示。

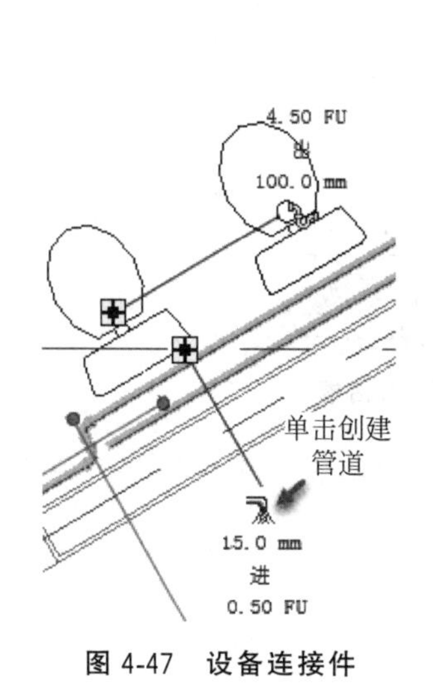

图 4-47　设备连接件

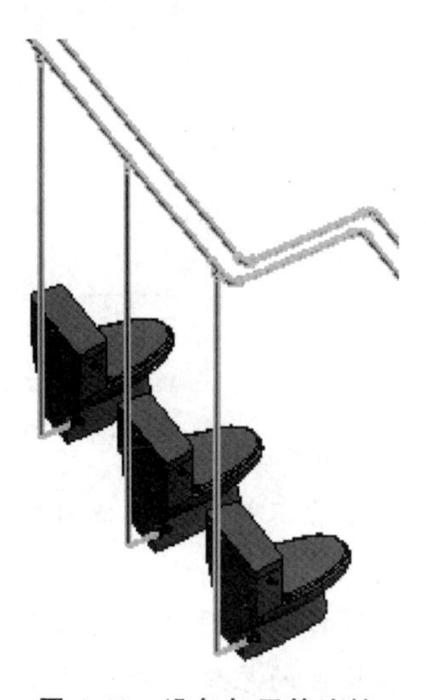

图 4-48　设备与干管连接

2. “连接到”选项

软件提供了“连接到”选项可快速将管道与设备进行连接。首先选择需要连接到干管的设备,可以显示设备的连接件。在弹出的“修改|卫浴装置”选项卡“布局”面板单击“连接到”选项,如图 4-49 所示。

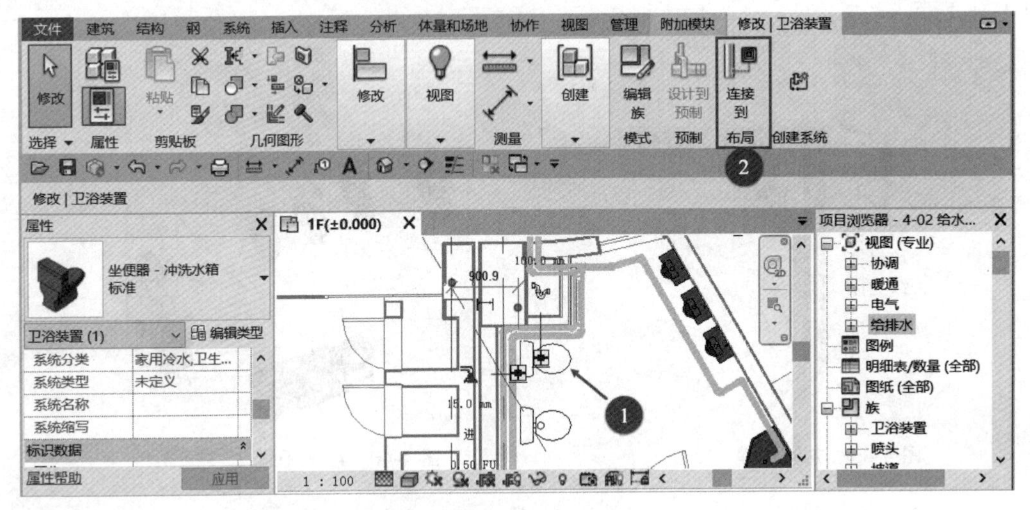

图 4-49 “连接到”选项

在弹出的“选择连接件”对话框会显示全部未连接的管道连接件,如图 4-50 所示。选择“连接件 1”并单击“确定”按钮,关闭对话框,单击需要连接到的干管位置,即可完成自动布管。

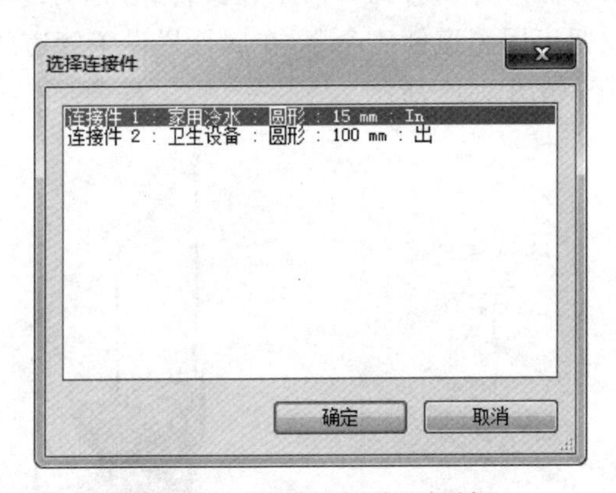

图 4-50 “选择连接件”对话框

提示:自动布管不是任意设备都能生成正确的管道,在以下情况下可能出现生成错误或无法生成的情况:

(1) 干管与设备的相对位置关系不正确。

(2) 管道连接件的系统类型与干管系统分类不一致。

(3) 管道类型中没有与连接件匹配的管道尺寸。

自动创建管道与绘制管道均可以将设备与管道进行连接,自动创建具有布管的快捷性,手动绘制具有准确性。在建模时常采用先自动连接，然后对连接不合理的位置进行手动修改的方式。

4.4　创建排水管道

创建排水管道.mp4

排水管道的创建方式与给水管道基本相似，需要注意项目中的重力排水管应添加坡度，避免管道积水和堵塞。

4.4.1　管道坡度

1. 标准坡度值

管道的坡度创建方式较多，可以在绘制时启用坡度，也可以先创建水平管道后添加坡度，或通过修改水平管道一端的高程生成具有倾斜的管道。

添加坡度之前需定义好默认的坡度值。在 MEP 设置中打开“机械设置”选项，并切换至“坡度”选项，在此默认提供了 8 种预设坡度值，如图 4-51 所示。选择已有的坡度可修改坡度值，单击“删除坡度”选项可删除已有的坡度值，单击“新建坡度”选项可自定义新的坡度样式。

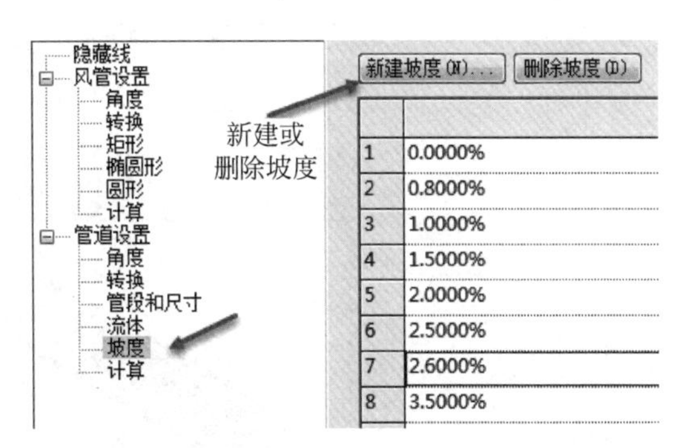

图 4-51　标准坡度值

2. 绘制带坡度的管道

切换至“系统”选项卡并启用绘制管道命令，在弹出的“修改|放置管道”选项卡中关闭“禁用坡度”选项，并启用“向下坡度”选项（如果绘制方向与排水方向相反，则选择“向上坡度”），设置坡度值为 1%，如图 4-52 所示。

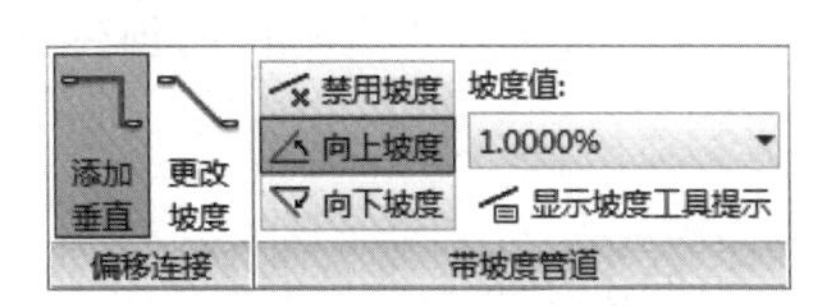

图 4-52　向下坡度

设置管道的偏移量为－500、管道类型为排水管、管径为 100、管道系统为废水排水系统（也可设置为卫生设备），然后沿排水路径绘制排水管道，如图 4-53 所示。

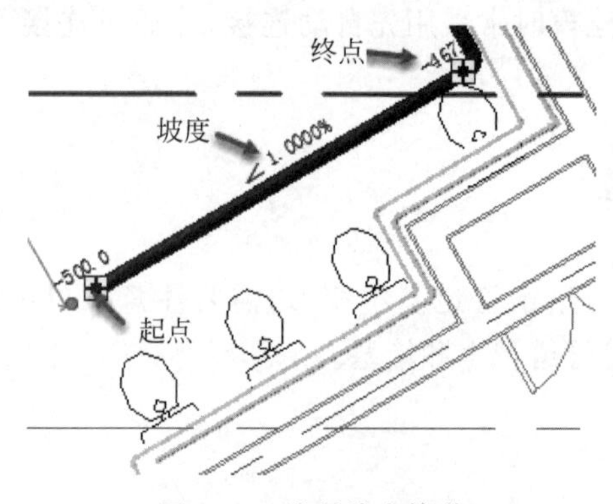

图 4-53　绘制坡度管道

3. 添加坡度

添加坡度是先绘制水平管道，然后选择管道，在“修改|管道”选项卡“编辑连接”面板单击“坡度”选项，启用“坡度编辑器”面板，如图 4-54 所示。

设置坡度值为 1%并单击“坡度控制点”切换坡度的起点，坡度方向箭头将随之改变，如图 4-55 所示。单击✔按钮完成坡度的添加。

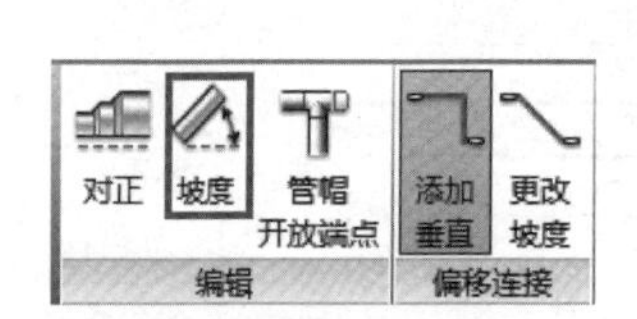

图 4-54　添加坡度

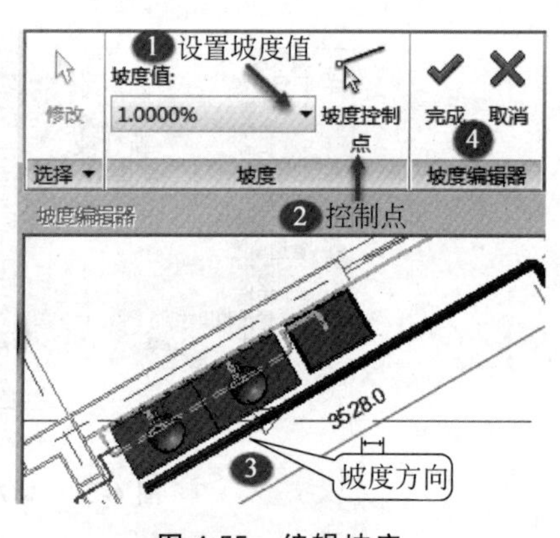

图 4-55　编辑坡度

提示：编辑坡度只能修改坡度的值，不能编辑坡度的方向。

4.4.2　管路附件

在创建精度较高的模型时，不仅要求创建管道，还需要创建管道的附件，如阀门、仪表、检查口等。本小节将以阀门和存水弯来讲解管道附件的创建方法。

1. 阀门

阀门种类较多，用来控制管道的水流量。常见的有截止阀、闸阀、减压阀、止回阀等。做项目时，可以直接从族库中载入阀门族文件，进行放置，本小节使用的是系统自带族。

在“系统”选项卡单击“管路附件”按钮，如图 4-56 所示，会弹出“修改|放置 管道附件”对话框。在属性栏“类型选择器”中选择管道附件的类型为截止阀，然后单击“编辑类型”选项设置阀门的类型属性。

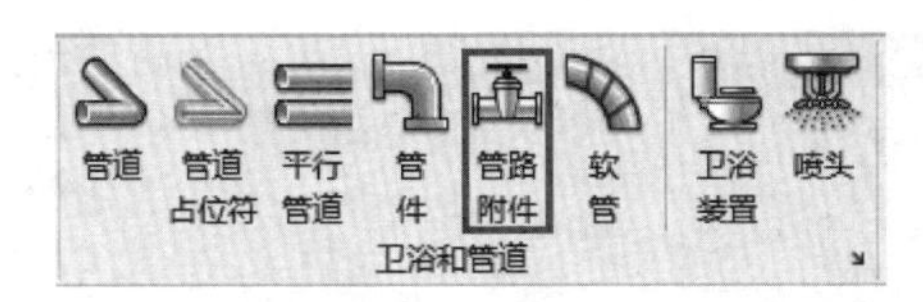

图 4-56　管路附件

在类型属性对话框单击“复制”按钮创建一个新的类型，将其名称修改为“J21-25-32mm”，并修改公称直径为 32mm（或半径为 16mm），如图 4-57 所示。

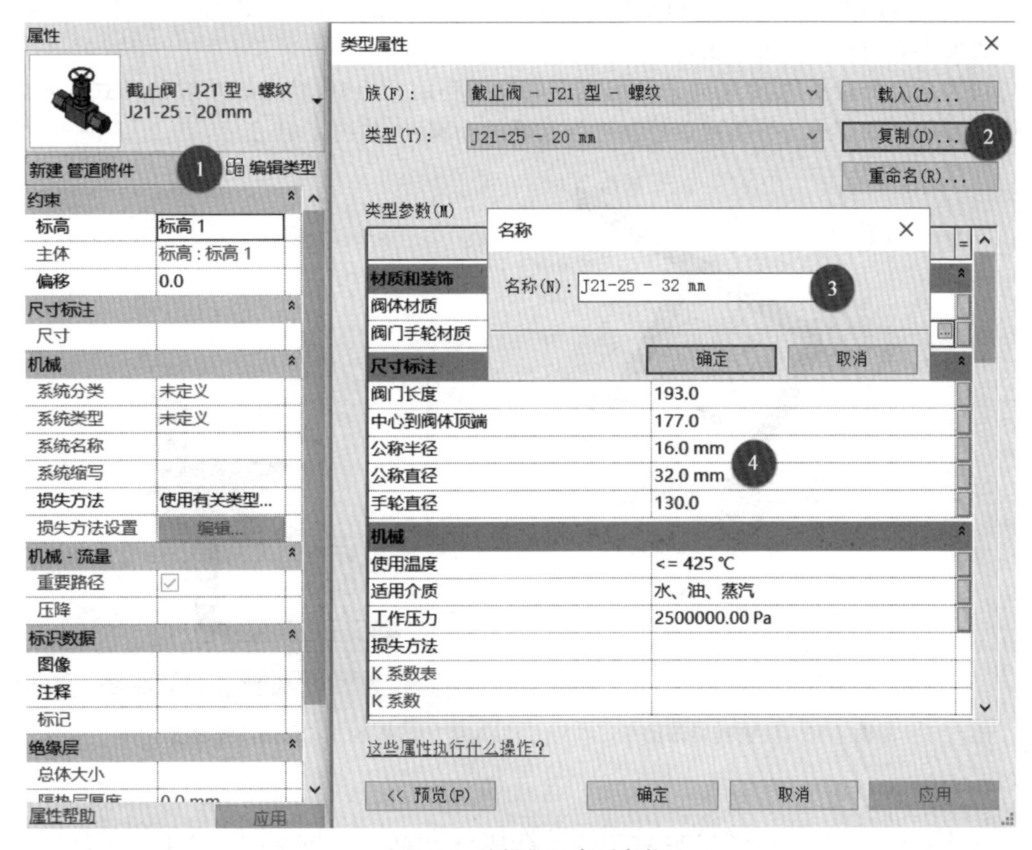

图 4-57　编辑阀门类型参数

光标拾取到需要添加阀门的位置，单击管道中心放置阀门，如图 4-58 所示。选择放置的阀门，单击 ⟳ 和 ⇅ 按钮调整阀门的方向，具体操作与弯头、三通等管件的修改方式相似。

图 4-58　放置阀门

2. 存水弯

1）剖面视图

存水弯常用在排水管道中。将排水管道与设备的排水口连接，为方便观察和绘制管道，可创建剖面作为辅助视图。切换至“视图”选项卡，在“创建”面板单击“剖面”按钮，如图 4-59 所示。

图 4-59　剖面工具

在平面视图创建如图 4-60 所示的剖切符号，并调整剖切范围至适当位置，避免过多管道对当前需要编辑的管道产生视觉上的干扰。

切换至剖面视图，默认创建的剖面视图的精细程度为粗略，管道以单线的形式显示，不方便查看和添加管道。可在视图控制栏将其修改为精细，如图 4-61 所示。

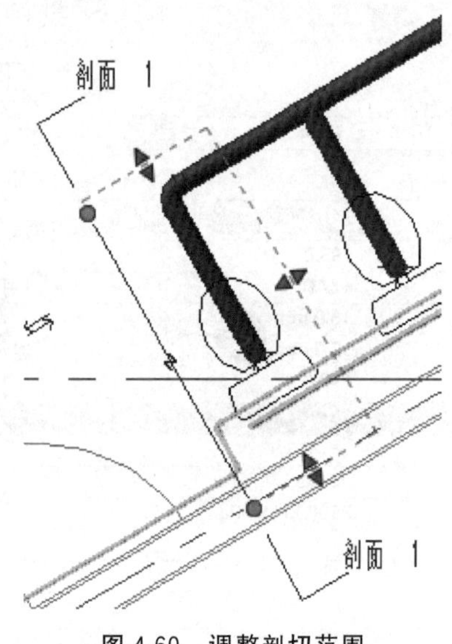

图 4-60　调整剖切范围

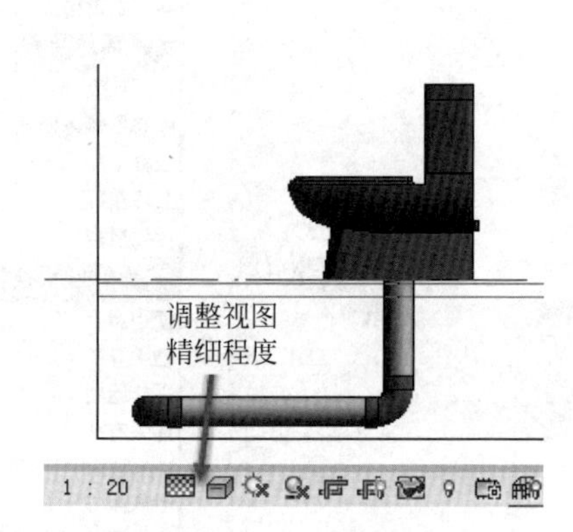

图 4-61　调整精细程度

2）放置存水弯

在“C:\ProgramData\Autodesk\RVT 2018\Libraries\China\机电\水管管件\GBT 5836 PVC-U\承插”文件夹中，提供了两种存水弯的族文件，分别为 P 型存水弯和 S 型存水弯，如图 4-62、图 4-63 所示，选择其中的一种载入到项目中备用。

承插

名称	类型
45 度斜三通 - PVC-U - 排水	Revit Family
P 型存水弯 - PVC-U - 排水	Revit Family
S 型存水弯 - PVC-U - 排水	Revit Family
管接头 - PVC-U - 排水	Revit Family
管帽 - PVC-U - 排水	Revit Family
检查口 - PVC-U - 排水	Revit Family
双 45 度 Y 形三通 - PVC-U - 排水	Revit Family

图 4-62　存水弯存放位置

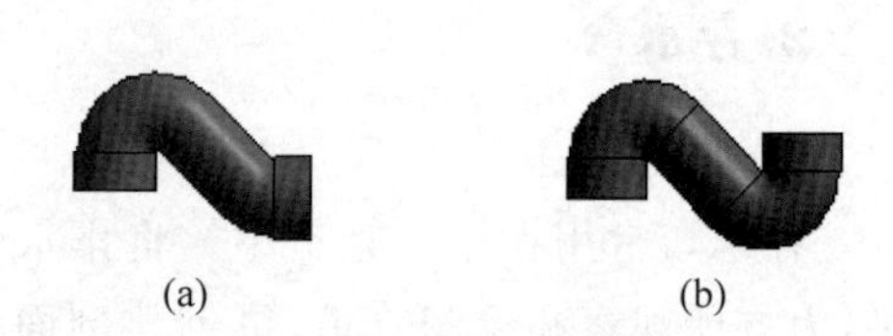

(a)　(b)

图 4-63　存水弯族样式

首先通过“修改”选项卡中的“拆分”命令将已经连接好的管道打断，并删除部分管道及管件。切换至“系统”选项卡，单击“管件”按钮放置管件。在弹出的 S 型存水弯实例属性中修改半径为 50，然后拾取到管道端点进行放置。放置后单击按钮调整存水弯至合适位置，如图 4-64 所示。

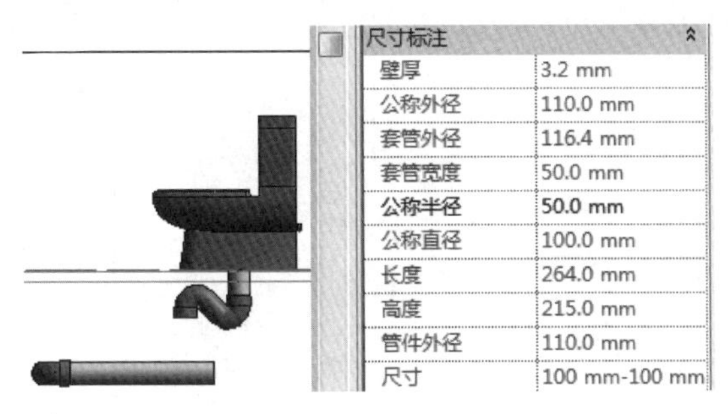

图 4-64　添加存水弯

3）连接管道

接下来以存水弯连接点为起点绘制垂直管道，将存水弯与下方的排水管道连接。在相交位置会生成顺水三通，如图 4-65 所示。删除多余的管道，并将三通转换为弯头，逐一添加其他的存水弯，添加完成如图 4-66 所示。

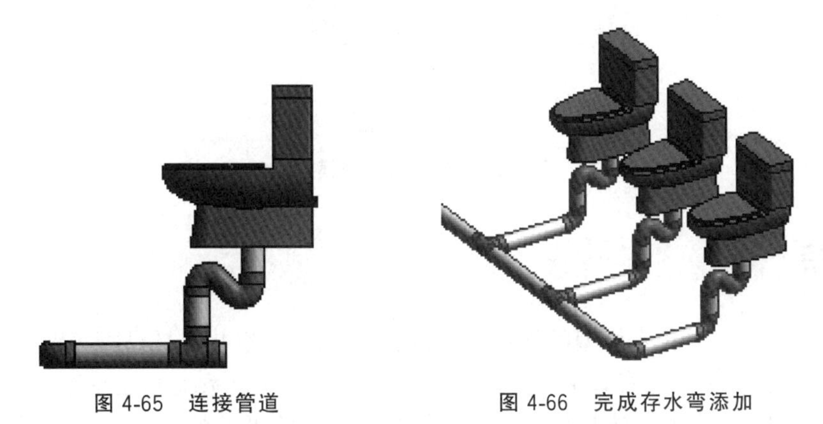

图 4-65　连接管道　　　　图 4-66　完成存水弯添加

项目中一般还包含清扫口、检查口等附件，在建模时根据设计要求创建。

强化训练

第 4 章教材配套资源.rar

请参考“第 4 章>第 4 章 强化训练案例资料”文件夹中提供的案例资料完成给排水系统建模，具体要求如下：

1. 基于“02 机电样板”文件中提供的“DH201805_YHY_MEP 样板.rte”项目样板创建

给排水项目,并将项目另存为"给 DH201805_YHYZ_S_JPS_B1_给排水.rvt"。

2. 根据"03 图纸资料"文件夹中提供的"给排水及消防总图.dwg"资料,完成案例项目中给排水管道的建模。

3. 完成"给排水及消防总图.dwg"中卫浴装置、给排水管道及附件的建模,完成后的给排水系统模型如图 4-67 所示。

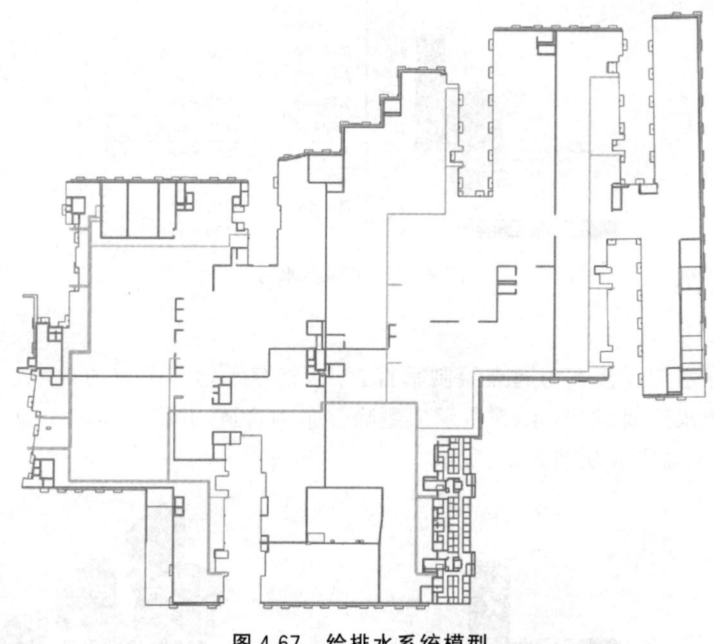

图 4-67 给排水系统模型

本章小结

本章主要学习了给排水模型的创建方法,包括常见的卫浴装置、给排水管道及管路附件等。在创建管道时,需要注意管道系统配置、管道的定位、管道系统的选择等。特别注意管道系统类型的选择,若系统选择错误,可能会影响管道的可见性及最终明细清单统计的结果。

第5章

创建项目消防模型

消防系统是现代建筑物中的重要组成部分，现代建筑物室内的装饰装修材料均为易燃物品，特别是在电路复杂的区域，存在各种安全隐患问题，易引发火灾。现代建筑物楼层高、建筑密度大，发生火灾火势猛、蔓延快，特别是在高层的管井、电梯井、楼梯等与外界通风较好的位置，更容易助长火势。如果没有较好的消防设施，往往会造成严重的人员伤亡和财产损失。

本章将主要介绍基于消防系统建模的方法，包括消防设备的放置、消防管道的铺设、管道附件的设计以及喷淋系统设计等内容。

创建消防设备.mp4

5.1 创建消防设备

5.1.1 消防基础知识

室内消防系统指安装在室内，以扑灭发生在建筑物内部火灾的系统设施，主要有室内消火栓系统、自动喷水消防系统、水雾灭火系统、泡沫灭火系统、二氧化碳灭火系统、卤代烷灭火系统、干粉灭火系统等。据火灾统计资料统计，安装室内消防系统是有效且必要的安全措施。

与其他的消防系统相比，消火栓系统、喷淋系统需要铺设消防管道，会影响建筑内部的管线排布及建筑物的净高，是管线综合设计的重点内容。本书将以消火栓系统、喷淋系统的布置方式来讲解。

5.1.2 布置消火栓

消火栓又叫消防栓(图 5-1、图 5-2)，是灭火的供水媒介。消火栓一般由水枪、消火栓箱、水带组成。消火栓与消防管道连接，是消防系统的组成部分。

1. 新建项目

首先基于自定义的项目样板创建一个新的项目，并将项目保存为“综合_消防模型”，在样板中已经完成了标高、轴网、视图、过滤器的相关设置，并链接了建筑参照模型，如图 5-3 所示。

图 5-1　室外消火栓

图 5-2　室内消火栓

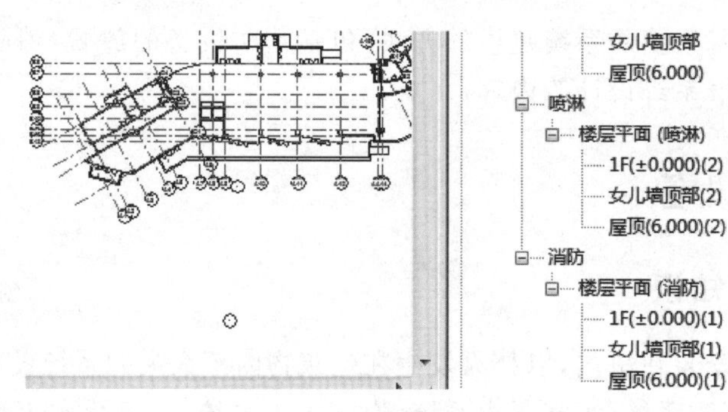

图 5-3　新建消防项目

2. 载入消火栓族

切换至“插入”选项卡，在“从库中载入”面板选择“载入族”选项载入消火栓。默认情况下，消火栓存放在“C:\ProgramData\Autodesk\RVT 2018\Libraries\China\消防\给水和灭火\消火栓”文件夹中，如图 5-4 所示。

在族库中提供了常用的消火栓样式，选择名称为“室内消火栓箱 - 单栓 - 底面进水接口带卷盘”的族文件载入到项目中(也可以使用样板中载入的消火栓)。

提示：如果是离线安装 Revit 软件，单击载入族时打开的族库中没有相应的族文件，需将外部族文件复制到族默认路径，或更改默认路径。

3. 导入图纸

切换至消防楼层平面，将附件(扫章末二维码可打开附件)中的消防 CAD 图纸导入到项目中，并将图纸与项目中的轴网对齐。

图 5-4　载入消火栓族

4. 放置消火栓

切换至“系统选项卡”，在“机械”面板单击“机械设备”选项放置消火栓(快捷键：ME)。

放置之前首先新建消火栓的类型。在属性栏单击“编辑类型”按钮可弹出“类型属性”对话框。单击“复制”按钮新建一个消火栓类型，如图 5-5 所示。

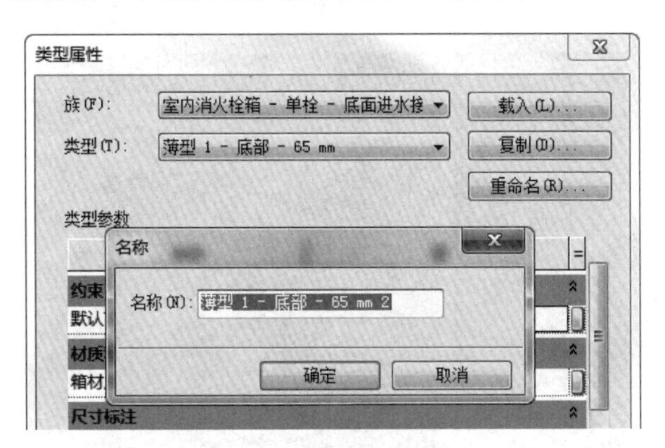

图 5-5　创建消火栓类型

在放置消火栓时，需要使用适当的族类型。本项目中可使用机械样板默认提供的“800×650×200_带卷盘”的消火栓进行放置。修改偏移量为 950，如图 5-6 所示。拾取到图纸中消火栓的位置，单击鼠标放置消火栓。

图 5-6　放置高度

选择放置的消火栓，可以看到"翻转控件"符号⇕，单击可调整消火栓的方向，也可通过键盘空格键进行调整，如图 5-7 所示。

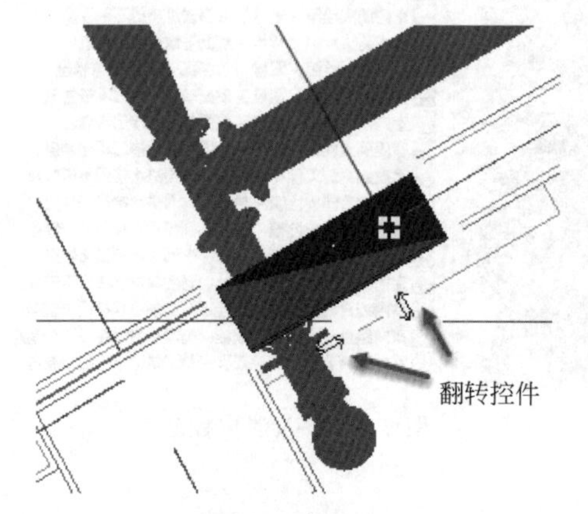

图 5-7 翻转控件

调整完成后，通过"修改|机械设备"选项卡"修改"面板中的移动、对齐等工具修改消火栓至正确位置。其他位置的消火栓可通过上述方法逐一绘制。创建完成的消火栓如图 5-8 所示。

图 5-8 查看消火栓

提示：对于放置方向一致的消火栓可通过"修改"选项卡中的"复制"按钮快速创建，复制时选择"复制多个"选项可连续创建，如图 5-9 所示。

软件默认族库的消火栓，大部分为基于面的模型，放置时需拾取到相应的表面或工作平面上，如图 5-10 所示。

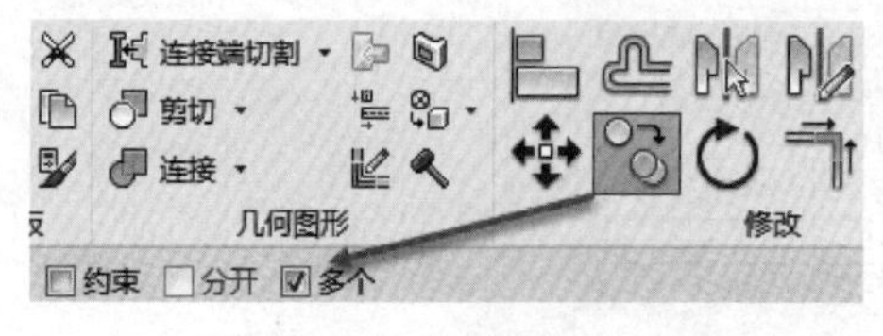

图 5-9 快速创建

图 5-10 放置在面上

5.2　创建消防管道

创建消防管道.mp4

5.2.1　消防系统

消防管道与卫浴管道的创建方式相同，首先在项目浏览器族列表中找到管道系统，并创建新的消防系统类型，系统默认创建了干式消防系统、湿式消防系统、预作用消防系统、其他消防系统等类型，可以基于已有的类型新建消防系统的类型。

右击“湿式消防系统”类型，在弹出的列表中选择“复制”选项创建一个新的系统副本，将其命名为“消火栓给水系统”。并依次创建“自动喷淋系统”等新类型。

本项目样板中已经做好了常用的管道系统，如图 5-11 所示，在绘制时直接使用即可。

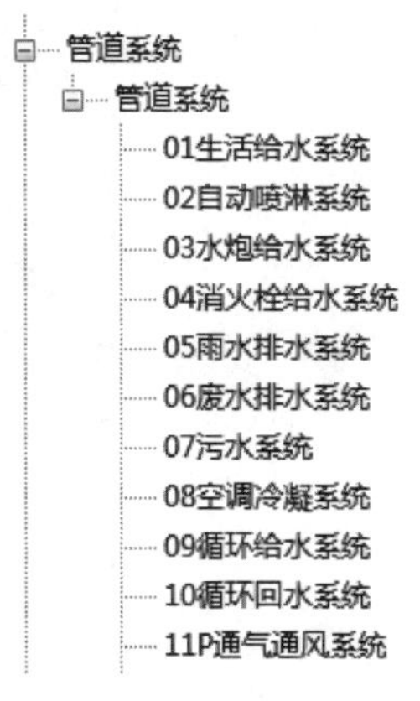

图 5-11　管道系统

5.2.2　管道类型

为区分给排水管道与消防管道，在建模时需新建消防管道的类型，切换至菜单栏“系统”选项卡，如图 5-12 所示，在“卫浴和管道”面板单击“管道”选项会弹出管道属性。

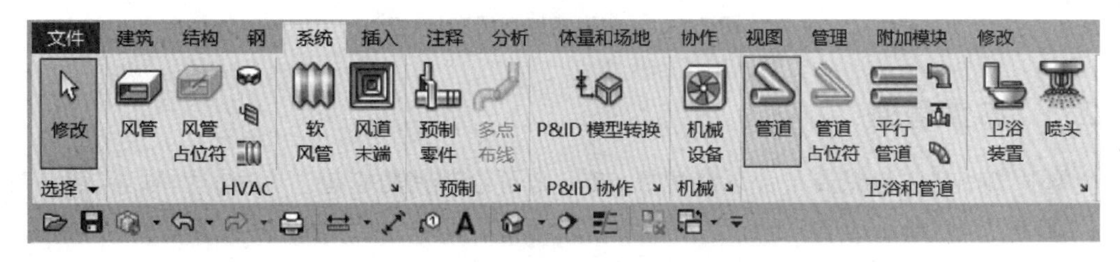

图 5-12　管道选项

在属性栏单击“编辑类型”弹出“类型属性”对话框，选择项目中已有的类型单击“复制”按钮创建新的管道类型，如图 5-13 所示。单击“确定”按钮完成新类型的创建。

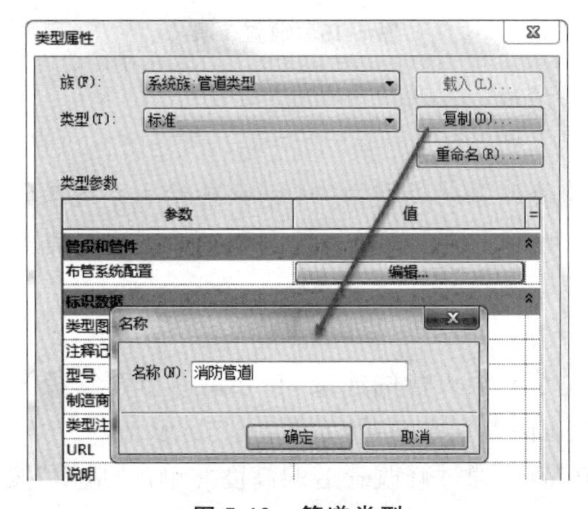

图 5-13　管道类型

单击“布管系统配置”后面的“编辑”按钮进入“布管系统配置”对话框，修改管道的连接、四通、过渡件、活接头等管道附件为消防专用的附件，如图5-14所示。系统自带的管道尺寸一般能满足使用需求，如需新建或修改尺寸，可单击“管段和尺寸”选项进行编辑。如项目中没有合适的管件，也可通过载入族从外部族库载入族文件。

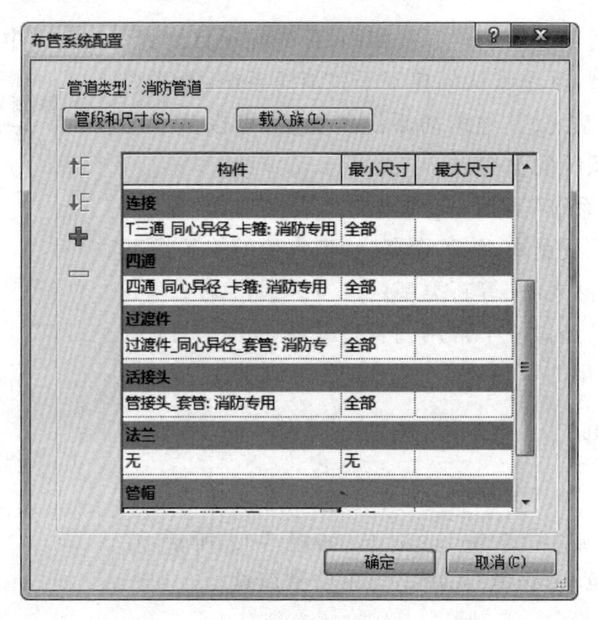

图5-14 “布管系统配置”对话框

5.2.3 布置管道

单击“确定”按钮完成布管系统配置，接下来可绘制消防管道。在“修改|放置 管道”选项卡“放置工具”面板选中“自动连接”选项，并选中“添加垂直”，在“带坡度管道”面板选中“禁用坡度”选项，如图5-15所示，即可绘制管道。

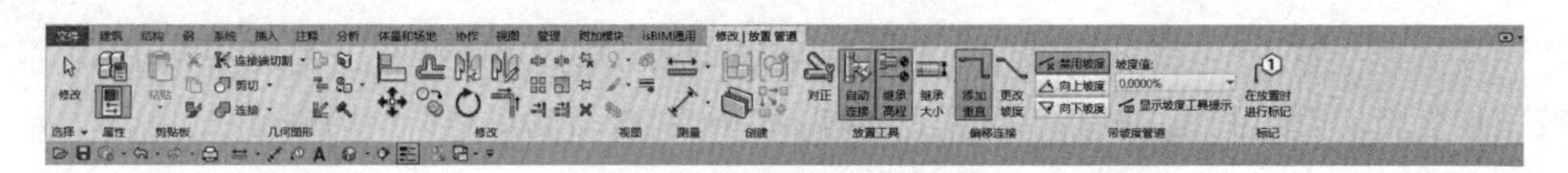

图5-15 放置工具

1. 消防干管

在属性栏和工具条中修改系统类型为“04 消火栓给水系统”、管道直径为150mm、偏移量为4400mm，如图5-16所示。结合管道系统图和平面图绘制消防管道。

2. 消防支管

消防支管主要用于主管与消火栓的连接，在绘制时修改管径为100mm，拾取到干管并创建支管，软件会自动在连接点生成三通，如图5-17所示。

在绘制时，单击管道起点，通过修改管道的高度并单击“应用”按钮创建立管。绘制管道

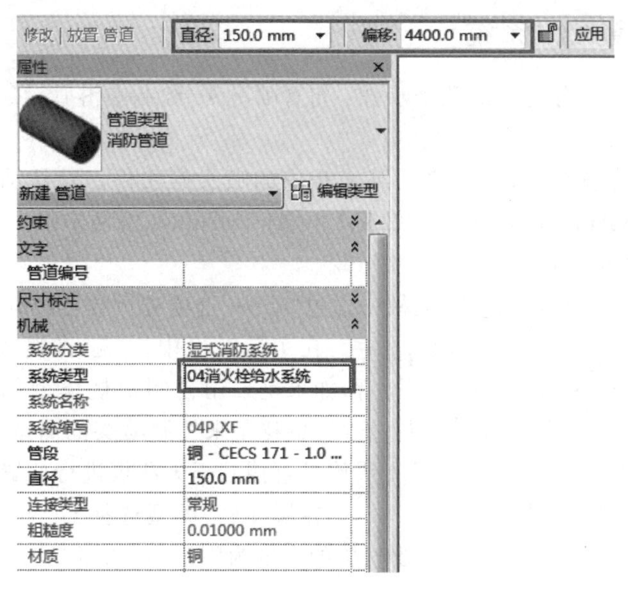

图 5-16 放置设置

并连接到消火栓的进水口位置，如图 5-18 所示。

图 5-17 支管连接到干管

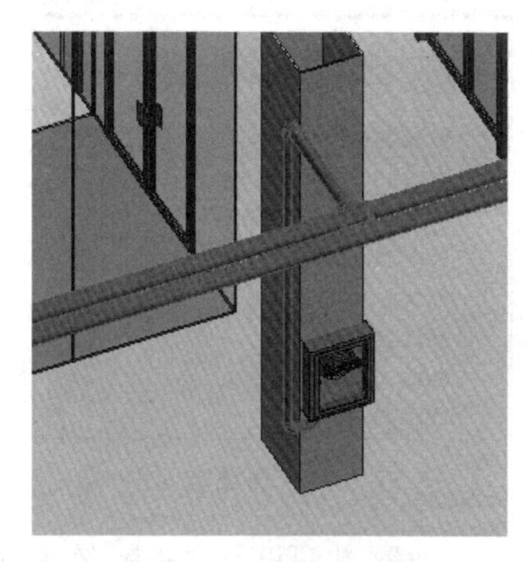

图 5-18 连接至消火栓

提示：除了采用手动连接，也可采用“连接到”命令将管道与消火栓进行连接，具体方法参照给排水管道中的内容。

5.3 创建喷淋系统

创建喷淋系统.mp4

项目中的喷淋管道数量较多，管道布置密度大。但喷淋支管的管道直径小，喷淋支管一般与喷头相连接，当遇到火灾时，喷头会自动喷水灭火。

创建喷淋系统的方式有两种。一种是根据图纸进行手动创建，另一种是根据放置的喷头自动生成方案。第一种适用于布局方案已完成，只需按图纸翻模的情况，第二种适用于方案待定需要单独设计的情况。

5.3.1 手动布置喷淋系统

手动创建喷淋系统分为以下几个步骤：布置喷淋头、绘制喷淋管道、创建水泵等机械设备、添加管道附件等。

首先在项目中布置喷头，布置之前载入相应的喷头族文件。默认情况下，喷头存放在"C:\ProgramData\Autodesk\RVT 2018\Libraries\China\消防\给水和灭火\喷头"文件夹，选择合适的喷头载入作为备用。

在"系统"选项卡"卫浴和管道"面板中通过"喷头"选项进行放置，如图5-19所示。

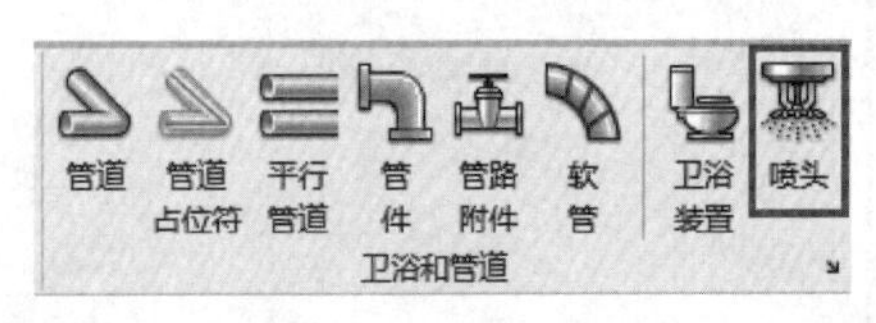

图5-19 创建喷头

在实际工程中，一般将喷头放置在天花板位置，如果是采用公制常规模型创建的喷头，可通过标高、偏移量来控制喷头的高度。基于面创建的喷头族可直接基于天花板进行放置。

在属性栏"类型选择器"列表中选择适当的喷头类型进行放置，如图5-20所示。修改喷头的高度为固定值，如图5-21所示。

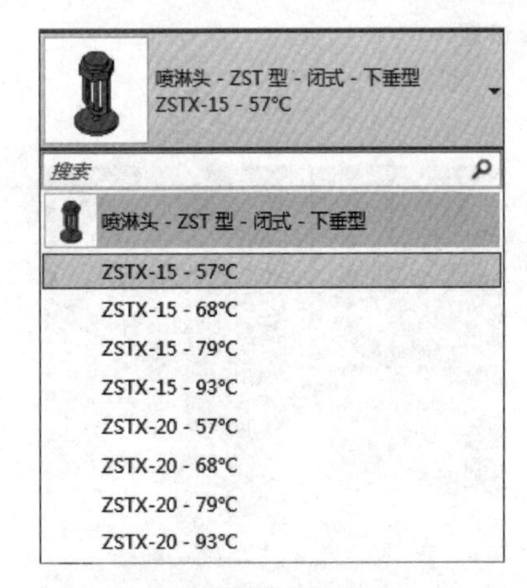

图5-20 选择喷头

图5-21 设置喷头高度

除了直接放置，也可以通过复制、阵列、镜像等修改工具快速创建喷头，完成喷头创建后，需要将喷头与喷淋管道连接。可通过"连接到"命令将喷头与喷淋管道进行快速的连接，在此不再赘述。

接下来创建喷淋系统的机械设备，以喷淋系统中的水泵为例进行讲解，与创建喷头一样，首先载入泵族，如图5-22所示。

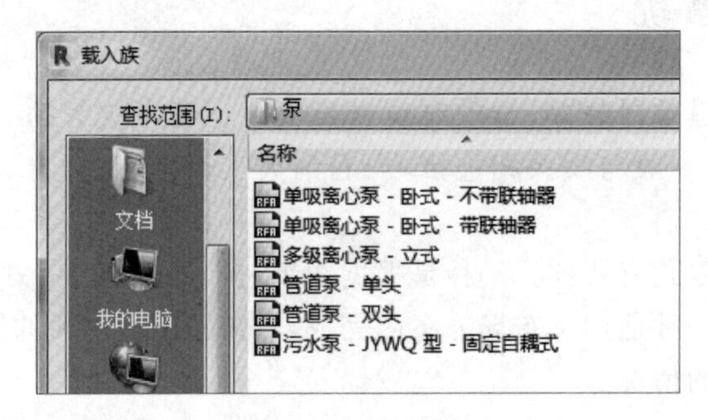

图5-22 载入泵

水泵主要为喷淋系统提供动力源，通过“系统”选项卡中的机械设备放置水泵。放置水泵之前首先新建类型，在类型属性中设置水泵的名称、电气参数、尺寸参数以及型号参数。放置水泵时，设置放置的高度，选择适当的位置进行放置。一般水泵都有进水口、出水口两个管道连接件和一个电气连接件，如图 5-23 所示。

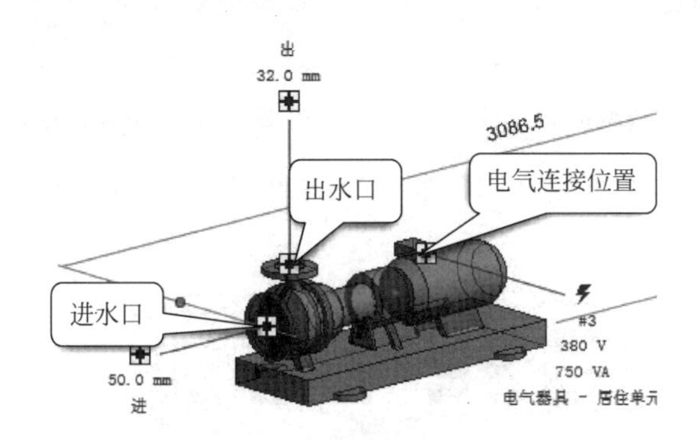

图 5-23　水泵连接件

也可以通过手动创建管道和“连接到”命令将水泵与喷淋管道进行连接(图 5-24)，并为喷淋添加阀门等管道附件。

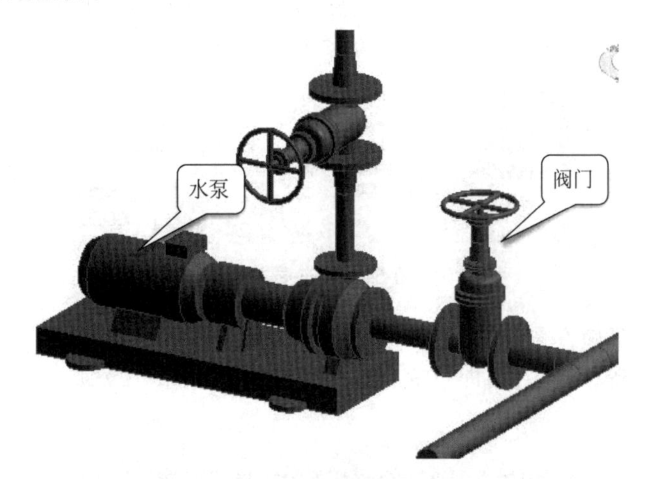

图 5-24　水泵与管道连接

提示：如项目中需要使用水泵接合器可从族库中载入使用，默认存放在“C:\ProgramData\Autodesk\RVT 2018\Libraries\China\消防\给水和灭火\水泵接合器”文件夹中。

5.3.2　自动布置喷淋系统

自动布置喷淋系统可通过放置的喷头、给水管生成多种新的系统布置方案。载入并创建喷头的方式与上一节的方式相同，本小节不再赘述。

选择所有的喷头模型，在“修改|喷头”选项卡“创建系统”面板选择“管道”选项进行创建，如图 5-25 所示。

在弹出的“创建管道系统”对话框中设置系统类型和系统名称，单击“确定”按钮后可以对管道系统进行修改，如图 5-26 所示。

图 5-25 创建系统

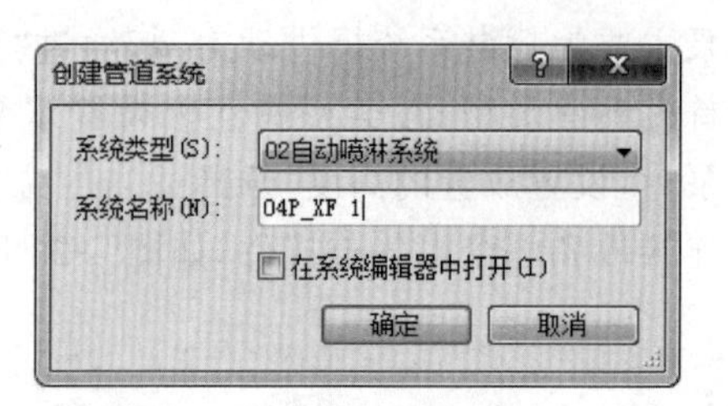

图 5-26 “创建管道系统”对话框

此时,在“修改|管道系统”选项卡“布局”面板中单击“生成布局”选项即可生成布局方案,如图 5-27 所示。

图 5-27 生成布局

在绘图区可以看到生成的布局方案样式。默认的解决方案为“管网”,数量显示为“共 2 个”,如图 5-28 所示。单击“解决方案类型”旁的下三角符号,可切换为周长或交点,每一种对应多个布局方案类型,可以选择适当的方案生成管道。

图 5-28 布局方案

除了布置水平布局方案,还需添加给水主管道,通过修改布局面板中的放置基点进行添加。设置基点的标高和偏移量,即可完成基点的放置,如图 5-29 所示。此时将重新生成布局方案。

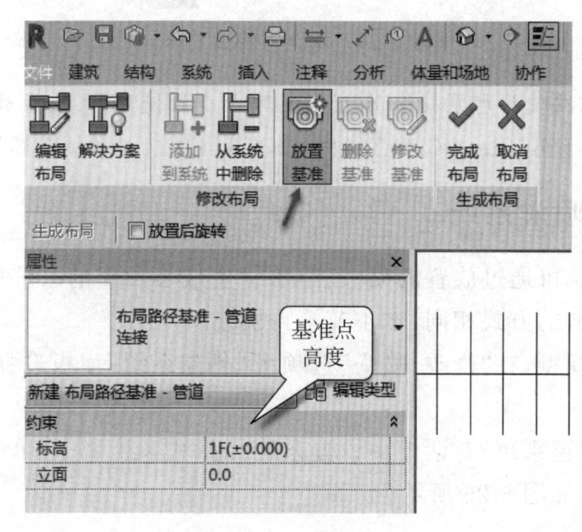

图 5-29 放置基点

设置解决方案类型为“周长”，重新生成多种方案可供选择，单击◀I或I▶按钮对方案进行比选，如图 5-30 所示。

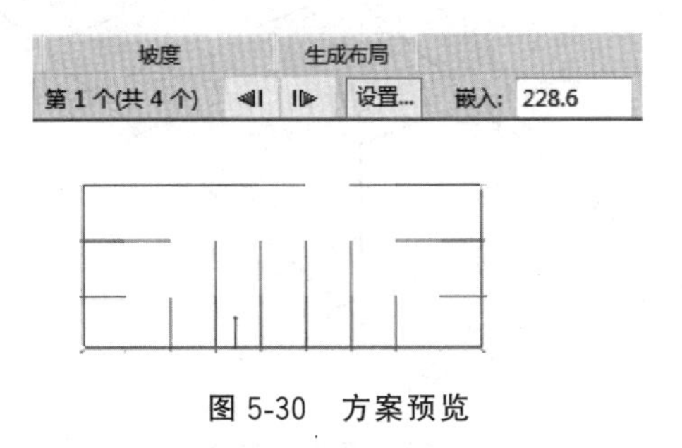

图 5-30　方案预览

在图中可以看到有绿色、蓝色、黄色的线条，绿色的表示支管、蓝色表示干管、黄色表示布局方案不能自动生成。单击“设置..”按钮将弹出管道转换设置对话框，可以对干管和支管进行设置，如图 5-31 所示。

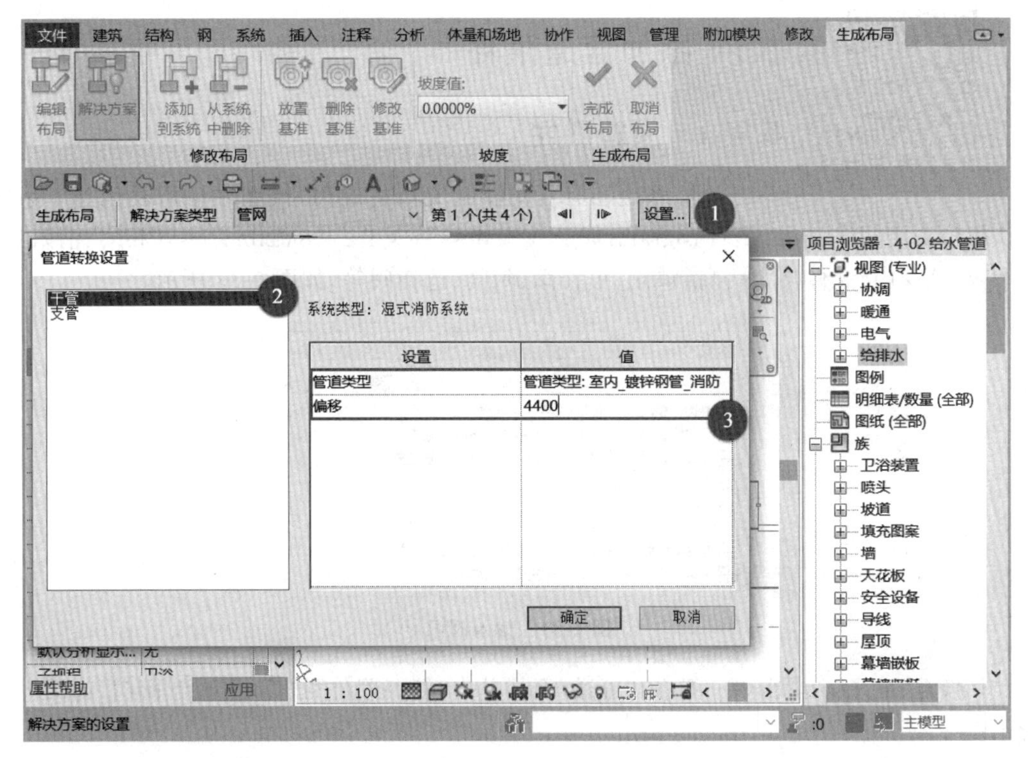

图 5-31　管道类型设置

提示：在此界面中，可以设置支管和干管的管道类型、管道偏移量。需要注意支管的偏移量高于喷头的高度，否则生成的解决方案会有错误。实际高度根据实际的项目来确定。

设置完成管道后可通过◀I或I▶按钮切换布局方案。选择到最优的布管方案，单击✔按钮即可创建喷淋系统的管道。

完成后，在左下角将会显示创建管道的进度。喷头数量越多，创建的时间将会越长，如果此时单击“取消”按钮将停止创建管道系统。为喷淋系统添加阀门、仪表、水泵以及其他的附件和机械设备，即可完成喷淋布管的创建。创建的喷淋系统如图 5-32 所示。

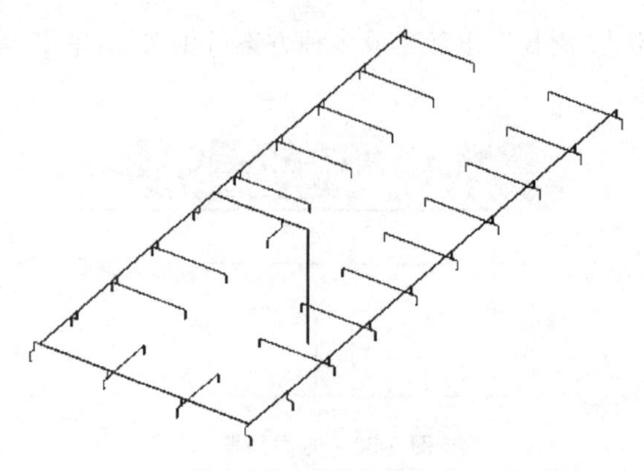

图 5-32　喷淋系统完成

自动创建的喷淋系统如有不合理之处，可以通过手动调整来进行修改。在实际工程项目中需要将两种方式结合使用，创建满足使用规范的喷淋系统。

添加管道附件.mp4

5.4　添加管道附件

5.4.1　添加附件

消防系统还有一些控制流量的阀门，模型中也需要创建。系统默认将消防阀门存放在“C:\ProgramData\Autodesk\RVT 2018\Libraries\China\消防\给水和灭火\阀门”文件夹中，包括蝶阀、报警阀、闸阀、选择阀等，如图 5-33 所示。

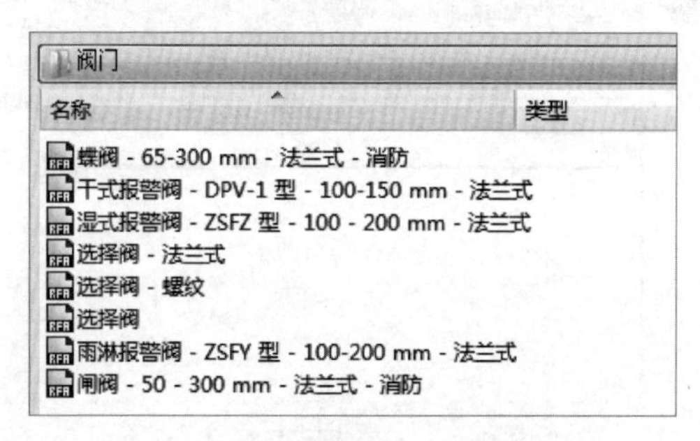

图 5-33　载入阀门

切换至“系统”选项卡，在“卫浴和管道”面板单击“管路附件”按钮 放置阀门，如图 5-34 所示。

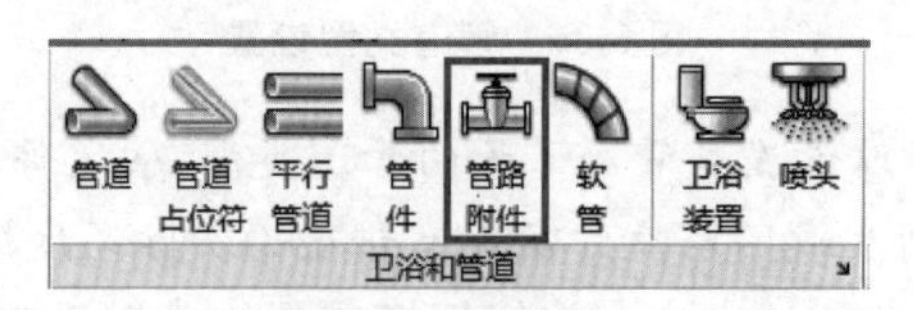

图 5-34　管路附件

在属性栏选择合适的附件类型，并设置相关的参数。以阀门为例，拾取到管道单击放置。放置完成后可在属性栏修改偏移量来调整阀门的高度。选择放置的阀门，单击 按钮调整阀门的方向，如图 5-35 所示。

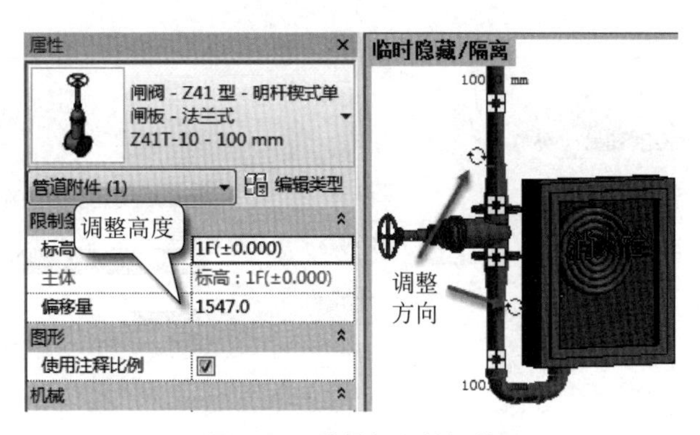

图 5-35　放置阀门并调整

5.4.2　统计管件信息

Revit 具有强大的计算功能，模型中的构件信息均可体现在明细表中。切换至“视图”选项卡，在创建面板选择“明细表”选项，如图 5-36 所示，在明细表列表中选择“明细表/数量”选项创建新的明细表。

图 5-36　创建明细表

在弹出的“新建明细表”对话框可选择创建明细表的类别，如图 5-37 所示。选择“管道附件”，单击“确定”按钮创建一个管道附件的明细表。

图 5-37　设置类别

完成类别设置后会弹出“明细表属性”对话框，在“可用的字段”列表中，将需要在明细表中体现的内容通过 添加(A) --> 按钮添加到明细表字段，或通过 <-- 删除(R) 按钮将字段从列表中删除，如图 5-38 所示；添加完成明细表字段后，可通过 上移(U) 按钮或 下移(D) 按钮对字段进行排序。

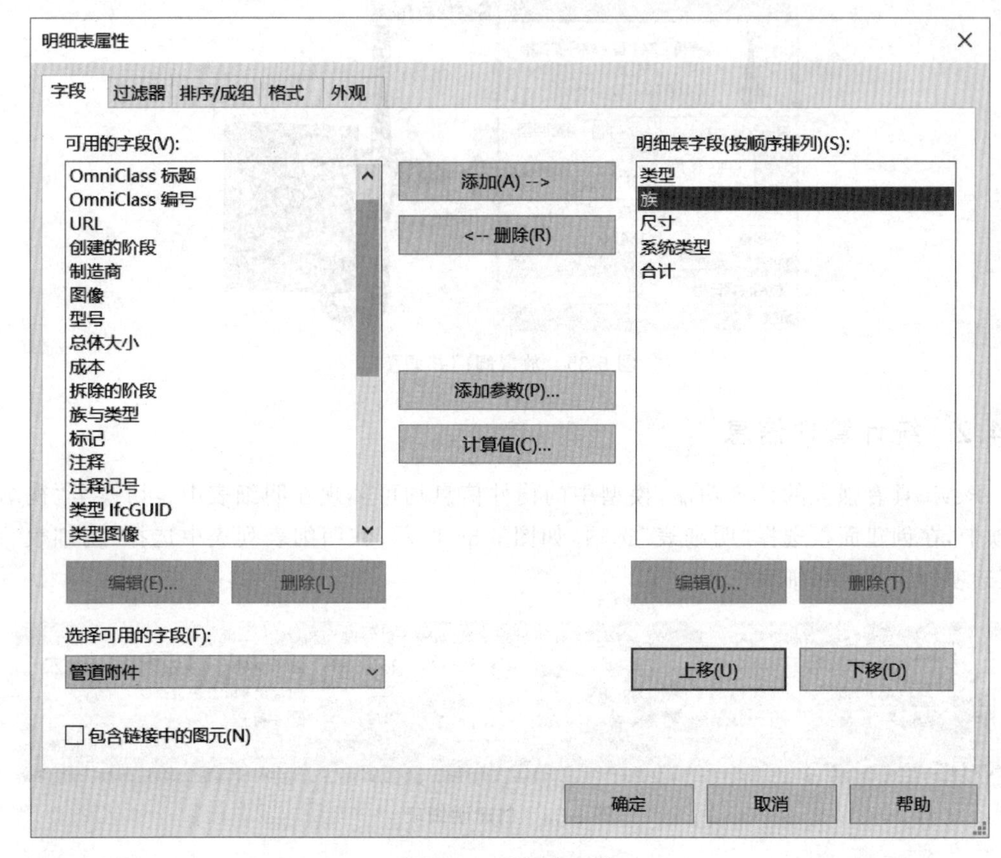

图 5-38　明细表字段

提示：除了字段还可以对明细表的过滤条件、排序/成组、格式、外观进行修改。

切换至“排序/成组”选项，修改排序方式为“类型”，第二排序方式为“系统类型”，选中“总计”、不选中“逐项列举每个实例”，如图 5-39 所示。单击“确定”按钮完成明细表属性的编辑并生成明细表，如图 5-40 所示。

字段 过滤器 排序/成组 格式 外观
排序方式(S): ① 类型 ◉升序(C)
页眉(H) 页脚(F):
否则按(T): ② 系统类型 ◉升序(N)
页眉(R) 页脚(O):
否则按(E): (无) ◉升序
页眉 页脚:
否则按(Y): (无) ◉升序
页眉 页脚:
③ ☑总计(G): 标题、合计和总数
自定义总计标题(U):
总计
④ ☐逐项列举每个实例(Z)

图 5-39　排序/成组设置

<管道附件明细表>

A	B	C	D	E
类型	族	尺寸	系统类型	合计
Z41T-10 - 65 m	闸阀 - Z41 型 -	65 mm-65 mm	04P消火栓给水管	4
Z41T-10 - 100	闸阀 - Z41 型 -	100 mm-100 mm	02自动喷淋系统	3
Z41T-10 - 100	闸阀 - Z41 型 -	100 mm-100 mm	04P消火栓给水管	7
Z41T-10 - 150	闸阀 - Z41 型 -	150 mm-150 mm	02自动喷淋系统	6
Z41T-10 - 150	闸阀 - Z41 型 -	150 mm-150 mm	04P消火栓给水管	4
总计: 24				

图 5-40　管道附件明细表

明细表具有强大的计算功能，能将构件的信息快速以表格的形式提取出来，也是模型价值的体现。

强化训练

第 5 章教材配套资源.rar

请参考“第 5 章＞第 5 章 强化训练案例资料”文件夹中提供的案例资料完成消防系统建模，具体要求如下：

1. 基于“02 机电样板”文件夹中提供的“DH201805_YHY_MEP 样板.rte”项目样板分别创建消防、喷淋系统项目，并将项目分别另存为“DH201805_YHYZ_S_XH_B1_消火栓”、DH201805_YHYZ_S_ZP_B1_自动喷淋。

2. 根据“03 图纸资料”中提供的“给排水及消防总图.dwg”图纸资料，完成消火栓建模。

3. 根据“03 图纸资料”中提供的“给排水及消防总图.dwg”图纸资料，完成消防管道的建模。

4. 根据“03 图纸资料”中提供的“给排水及消防总图.dwg”图纸资料，完成管径大于或等于 50mm 的喷淋管道建模。

5. 根据“03 图纸资料”中提供的“给排水及消防总图.dwg”图纸资料，添加其他的消防设备、喷淋设备，以及相关的附件，完成后的消防系统模型、喷淋系统模型分别如图 5-41、图 5-42 所示。

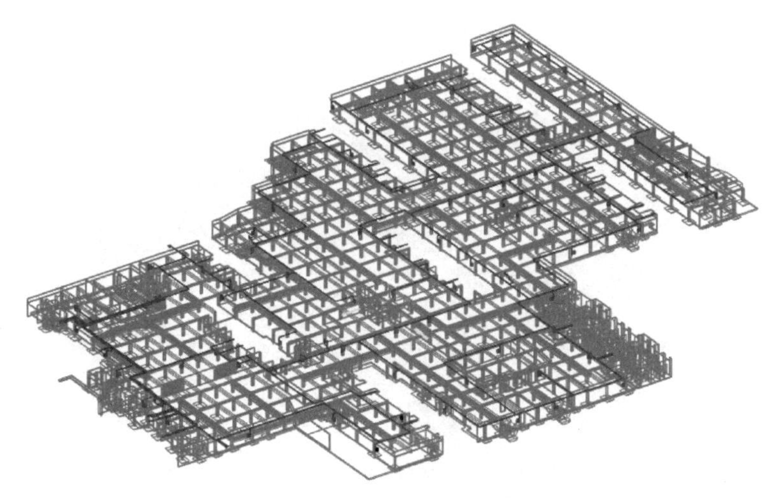

图 5-41　消防系统模型

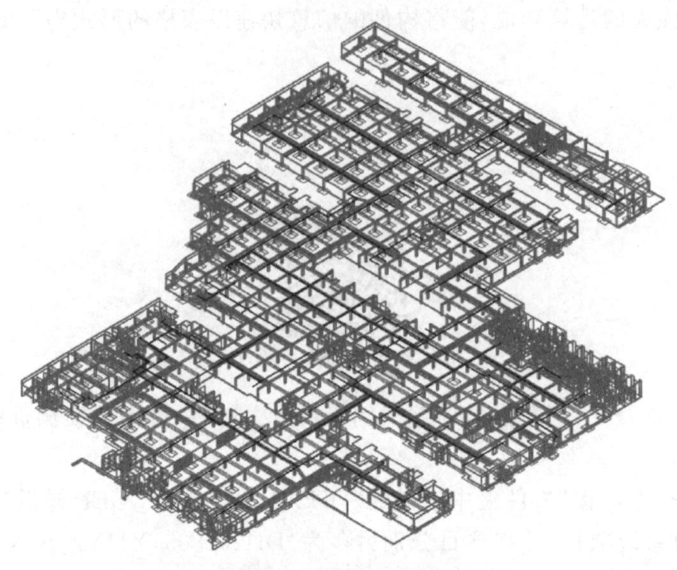

图 5-42 喷淋系统模型

本章小结

在进行消防建模时一般先放设备，后布管道，然后添加附件。在布置管道时一定要注意管道系统的选择，而管件、管路附件会继承管道的系统类型，不需单独设置。喷淋系统的管道数量庞大、管径较小，布置后模型体量大，在实际项目中根据不同的精度要求来选择建模的精细程度，如管径小于某一值时可不创建管道。

第6章

创建项目暖通模型

暖通系统是整个建筑项目中较为复杂的组成部分,特别是在地下室和机房处,暖通系统是施工安装的一大难点。暖通包含供暖与通风,常见的通风排烟、中央空调、供暖系统均属于暖通专业的范畴。二维设计不可避免地会出现较多的错、漏、碰、缺问题,采用 Revit 进行三维设计,可直观地反映管道之间的位置关系,并可以基于创建的 BIM 模型进行分析,统计工程量清单,指导现场施工安装。

6.1 暖通负荷

暖通负荷.mp4

6.1.1 暖通基础

1. 供暖

供暖是以人工的方式提供热量,保证室内的温度,提供舒适的环境。供暖系统一般由热源、管网或热媒、散热设备组成。

供暖的分类方式较多,常见的有热水辐射供暖、电加热供暖、燃气供暖、热空气幕供暖等。在我国北方,集中供暖的形式被普遍采用。

2. 通风

通风系统有自然通风和动力通风两种形式。自然通风指的是利用自然风压、空气温差、空气密度差进行通风输气的方式。自然通风是依靠室外风力造成的风压和室内外空气温度差造成的热压,促使空气流动,使得建筑室内外空气交换;动力通风是以人造动力为基础,通过风机等机械设备实现空气的流通。

自然通风绿色经济,但对环境和建筑物设计要求较高,而动力通风需耗费能源,受环境影响较小,易于形成理想的通风效果。在实际工程中常将二者结合进行设计,以最低的能源消耗,为人们营造最舒适的生活工作环境。

常见的通风系统包括新风系统、排风系统、排烟系统等,本章将主要讲解动力通风系统模型的创建。

3. 空调

空气调节将供暖与通风的功能相结合,既能保证环境温度,也能保证通风;根据环境的变化,选择不同的温度。例如冬天供暖、夏天供冷,保证人们一年四季都能生活在舒适的环境中。

在现代建筑设计中,中央空调被广泛使用,特别是对于面积大、人流量多的公共场所,中央空调能带来更可观的经济效益。

6.1.2 项目设置

1. 位置设置

我国南北地缘辽阔,东西南北气候差异大,不同地区的暖通标准也有所不同。在建立项目模型时,需要对项目位置进行定义。

首先基于项目样板新建一个项目,保存项目,将名称设置为"综合楼_暖通"。切换至"管理"选项卡,在"项目位置"面板选择"地点",如图 6-1 所示。

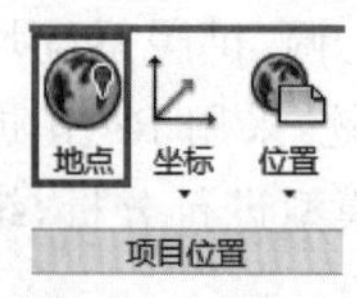

图 6-1 项目位置

在弹出的"位置、气候和场地"对话框中可以对项目的位置进行设置。Revit 提供了两种位置定义的依据,分别为默认城市列表和 Internet 服务映射。Internet 服务映射需要在计算机联网的情况下才能使用,通过搜索项目地址并在 Google 地图中对项目的位置进行定位。如搜索不到城市的位置,可以尝试使用英文的方式进行搜索,如"Beijing"。默认城市列表里提供了全球较大的城市位置,例如"中国北京",系统会根据城市的名称自动匹配经度、纬度以及所在的时区,如图 6-2 所示。也可以通过修改经度、纬度值创建用户自定义的位置信息。

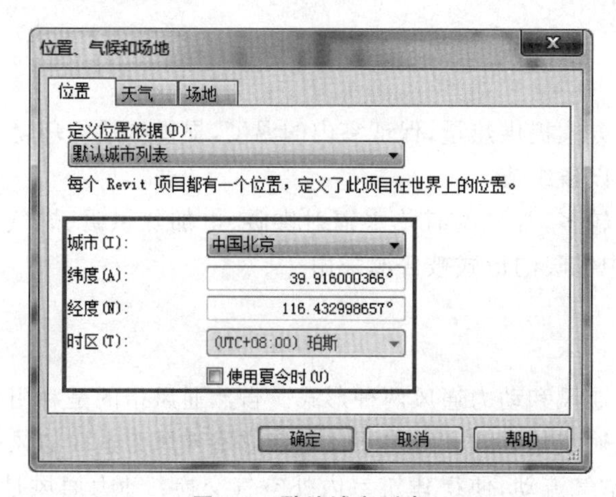

图 6-2 默认城市列表

2. 天气设置

在"位置、气候和场地"对话框切换至"天气"选项卡,可以看到已经根据所设定的位置自动生成了一年四季的制冷设计温度。在对话框下方可设置加热设计温度和晴朗数的设计值。

提示:制冷设计温度用于夏季空气调节的室外温度,由干球温度、湿球温度、平均日较差组成;加热设计温度用于冬季室外计算温度;晴朗数为 0～2 之间的数值,0 表示模糊度最高,2 表示透明度最高。

在默认情况下系统自动选中"使用最近的气象站"复选框,如图 6-3 所示。此时的制冷设计温度不可修改，只能修改加热设计温度和晴朗数。当不选中“使用最近的气象站”时制冷设计温度可以自定义。

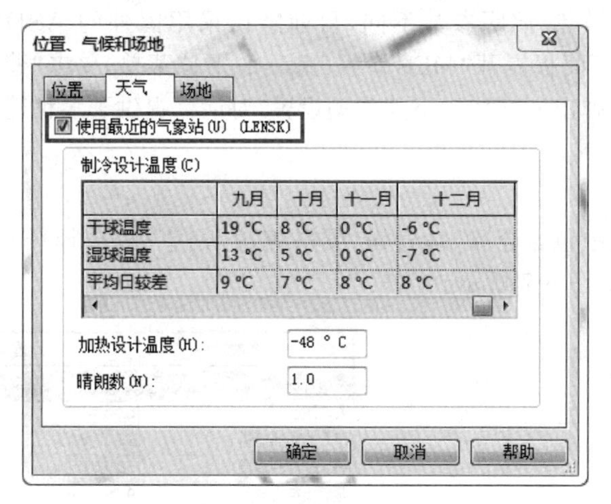

图 6-3　“天气”选项卡

3. 场地设置

“场地”选项卡用于确定项目的方向、位置，如图 6-4 所示，一个项目可有多个共享的场地，以确定和不同参照物的位置关系，在暖通设计时一般不修改场地信息。

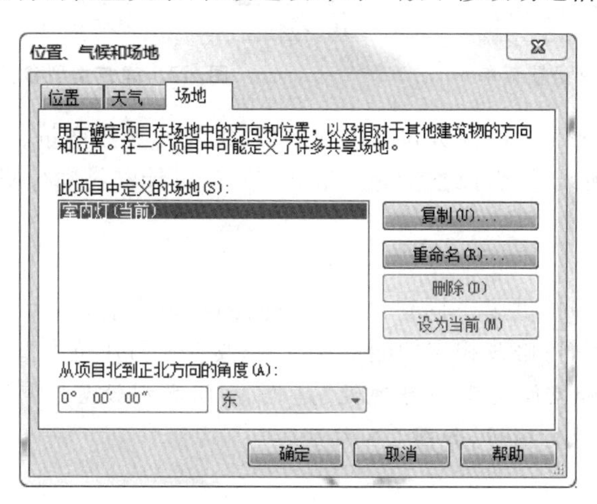

图 6-4　“场地”选项卡

4. 其他设置

其他关于项目的设置可在“管理”选项卡“设置”面板中的“项目信息”选项中进行设置，如图 6-5 所示。“项目信息”设置的内容包括项目状态、名称、编号以及能量分析等。

图 6-5　项目信息

6.1.3 建筑空间

不同建筑空间的散热、照明参数不同，目前默认采用国外的 ASHRAE 手册进行设计。在“管理”选项卡“设置”面板展开“MEP 设置”选项的下拉菜单，单击“建筑/空间类型设置”选项，如图 6-6 所示。在弹出的“建筑/空间类型设置”对话框提供了多种建筑类型和空间类型。

1. 建筑类型

“建筑类型”参数中包含仓库、体育馆、图书馆、办公室等，选择任意建筑类型，会显示当前建筑类型的参数，如图 6-7 所示。

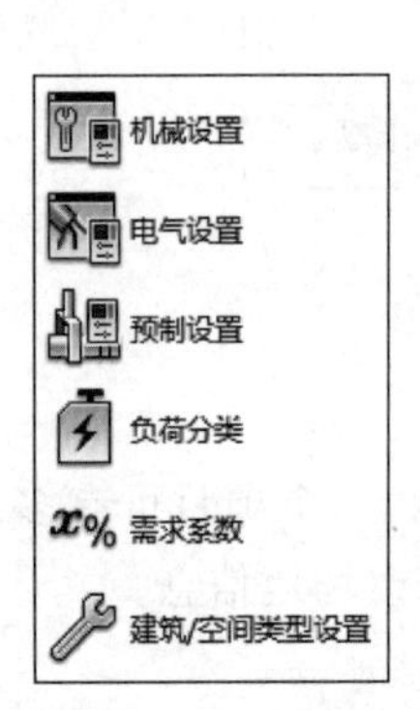

图 6-6 MEP 设置菜单

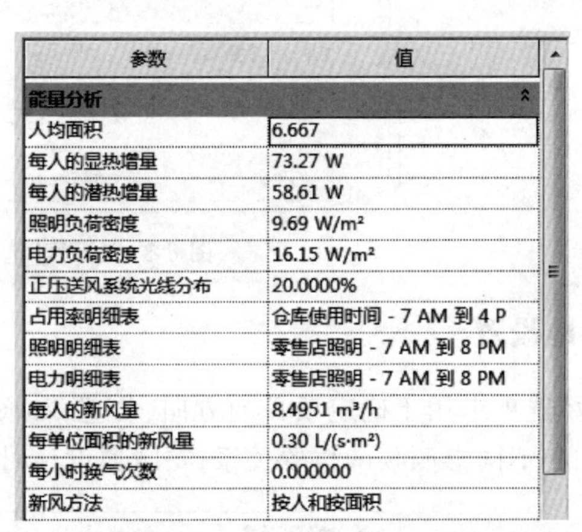

参数	值
能量分析	
人均面积	6.667
每人的显热增量	73.27 W
每人的潜热增量	58.61 W
照明负荷密度	9.69 W/m²
电力负荷密度	16.15 W/m²
正压送风系统光线分布	20.0000%
占用率明细表	仓库使用时间 - 7 AM 到 4 P
照明明细表	零售店照明 - 7 AM 到 8 PM
电力明细表	零售店照明 - 7 AM 到 8 PM
每人的新风量	8.4951 m³/h
每单位面积的新风量	0.30 L/(s·m²)
每小时换气次数	0.000000
新风方法	按人和按面积

图 6-7 建筑类型参数

在暖通设计时需要考虑的参数包括人均面积、每人的显热增量、每人的潜热增量、每小时换气次数、每人的新风量、新风方法等。根据实际的设计资料进行调整修改。

2. 空间类型

“空间类型”参数中提供了不同建筑类型空间的参数列表，如大厅、手术室、教室、楼梯等，选择任意空间类型，可修改相应的能量参数，修改方式与建筑类型的修改方式相同。

提示：建筑类型和空间类型均可通过“建筑/空间类型设置”对话框左下角的新建、复制、重命名、删除按钮进行编辑，如图 6-8 所示。

3. 放置空间

放置空间需基于创建好的建筑结构模型，首先将建筑结构模型链接到当前项目中并绑定链接。切换至 1F 楼层平面，在“分析”选项卡“空间和分区”面板单击“空间”工具，如图 6-9 所示；在弹出的“修改|放置空间”选项卡“标记”面板启用“在放置时进行标记”选项，如图 6-10 所示。

图 6-8 编辑按钮

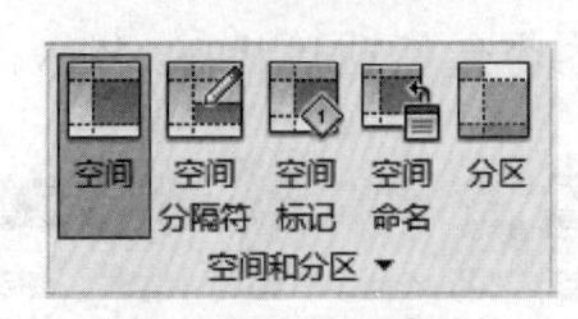

图 6-9 空间

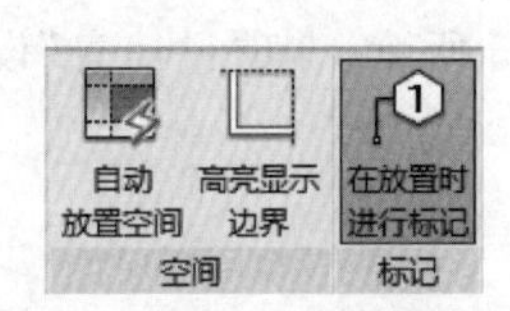

图 6-10 放置空间

在“空间”面板中选中“自动放置空间”命令，软件会根据项目中的墙、柱生成空间，并弹出提示对话框显示创建的空间数量，如图 6-11 所示。没有生成空间的区域可手动进行放置，自动创建出现错误的空间可用“空间分割符”重新划分，重新进行放置。

图 6-11　完成空间放置

选择空间标记，默认情况下名称均为“空间”，双击名称可为空间逐一命名，如图 6-12 所示。

4. 空间设置

设置完成空间名称后需要设置空间能量参数。选择任意放置的空间，在属性栏设置空间的约束参数，包括空间的上限、高度偏移等。在“能量分析”选项中，可设置条件类型、空间类型、构造类型，如图 6-13 所示。

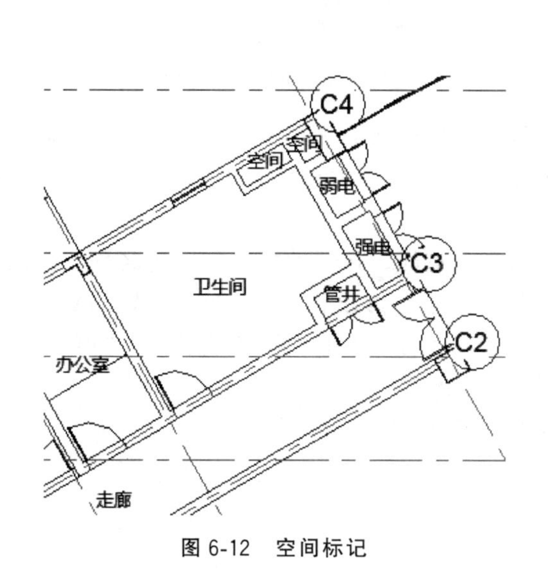

图 6-12　空间标记

能量分析	
分区	默认
正压送风系统	☐
占用	☑
条件类型	仅自然通风
空间类型	公共卫生间
构造类型	<建筑>
人员	编辑...
电气负荷	编辑...
新风信息	从空间类型
每人的新风量	0.0000 m³/h
每单位面积的...	0.00 L/(s·m²)
每小时换气次数	2.000000
新风方法	按人和按面积
计算的热负荷	未计算
设计热负荷	0.00000 kW
计算的冷负荷	未计算
设计冷负荷	0.00000 kW

图 6-13　能量分析参数

单击“人员”后方的“编辑”按钮弹出“人员”对话框。默认采用“按空间类型”设置占用率，如图 6-14 所示，也可以通过下三角符号修改为“指定”选项自定义占用率。每个人的能量（显热与潜热）均有两种设定方式：按空间类型、指定，设置时根据实际项目情况来确定。

5. 空间分区

空间分区是将具有相同环境要求（温度、湿度）的空间划分为一个整体集合，便于集中控制。计算负荷时会根据不同分区的要求进行计算。

图 6-14　人员负荷设置

切换至“分析”选项卡，在“空间和分区”面板单击“分区”选项，如图 6-15 所示。在弹出的“编辑分区”面板可添加或删除空间，如图 6-16 所示。添加或删除完空间后，单击 ✔ 按钮完成对当前空间分区的编辑。

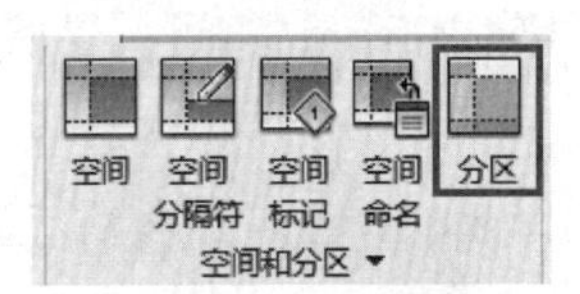

图 6-15　空间分区

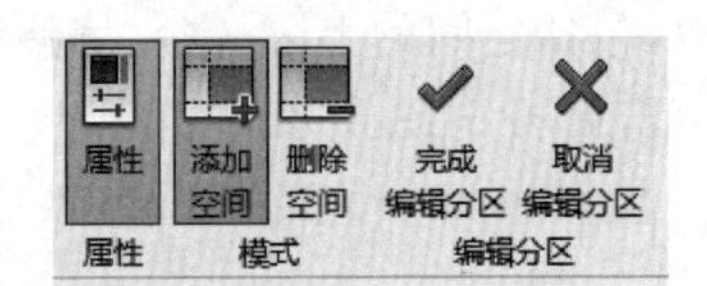

图 6-16　添加或删除空间

在“视图”选项卡“窗口”面板，展开“用户界面”选项的下拉菜单启用系统浏览器。创建完成的分区将显示在系统浏览器列表中，未进行分区的空间会包含在“默认”选项中，如图 6-17 所示。

选择任意分区，将高亮显示当前分区的全部空间。在属性栏对空间的名称、设备类型、盘管旁路、制冷信息、加热信息、新风信息等参数进行修改和编辑。在“修改 | HVAC 区”选项卡“分区”面板单击“编辑分区”选项，如图 6-18 所示，可进入到“编辑分区”选项卡，对分区重新编辑，包括对分区添加新的空间或删除多余的空间。

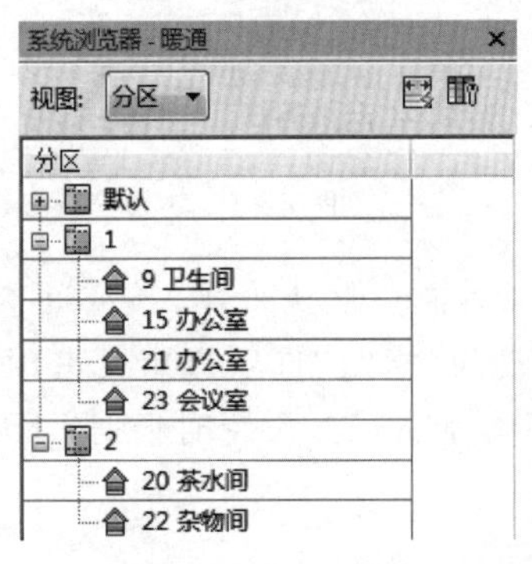

图 6-17　分区查看

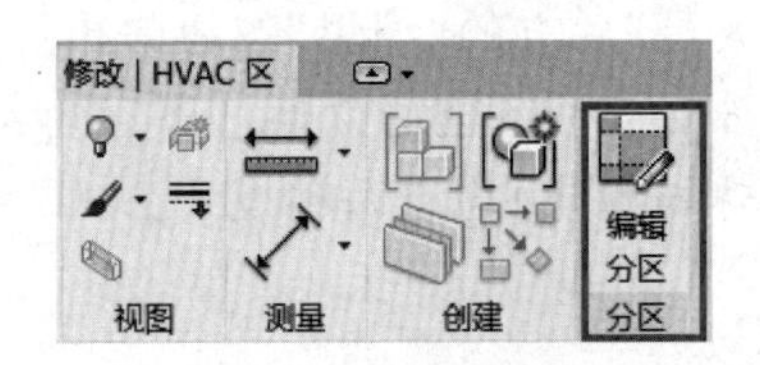

图 6-18　编辑分区

除了上述方法还可以通过明细表对空间的参数进行设置，读者可自行尝试。

6.1.4 负荷计算

模型分区完成后可对负荷进行计算，切换至“分析”选项卡，在“报告和明细表”面板单击“热负荷和冷负荷”工具，如图 6-19 所示。在弹出的“热负荷和冷负荷”对话框中，左侧显示三维模型，右侧显示计算的参数。在常规选项中可以看到建筑物的相关信息并可以逐一编辑，包括位置、地平面、报告类型等，如图 6-20 所示。

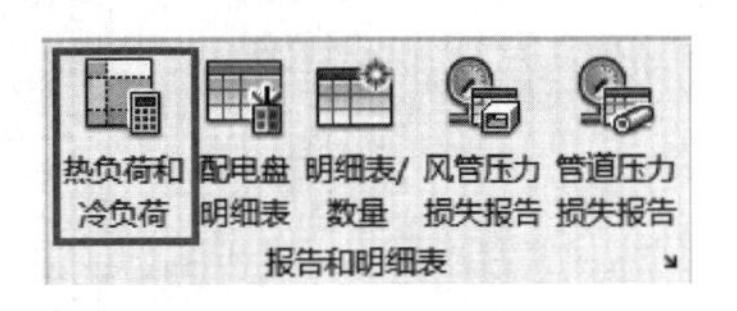

图 6-19　负荷计算

常规　详细信息

参数	值
建筑类型	办公室
位置	用户定义
地平面	1F(±0.000)
工程阶段	新构造
小间隙空间允差	300.0
建筑外围	使用功能参数
建筑设备	VAV - 单风管
示意图类型	<建筑>
建筑空气渗透等级	无
报告类型	标准
使用负荷信用	☐

计算(C)　保存设置(V)　取消

图 6-20　计算参数

建筑空气渗透等级：通过建筑物外围渗透进建筑物内部新风的估计值，包括松散、中等、紧密和无 4 种形式。松散：0.076cfm/sqtf，中等：0.038cfm/sqtf，紧密：0.019cfm/sqtf，无：不考虑空气的渗透。

切换至“详细信息”选项可查看每一个空间的详细计算信息。显示警告提示标记⚠的空间表示该空间存在不合理问题，单击⚠按钮可查看警告提示内容，如图 6-21 所示。

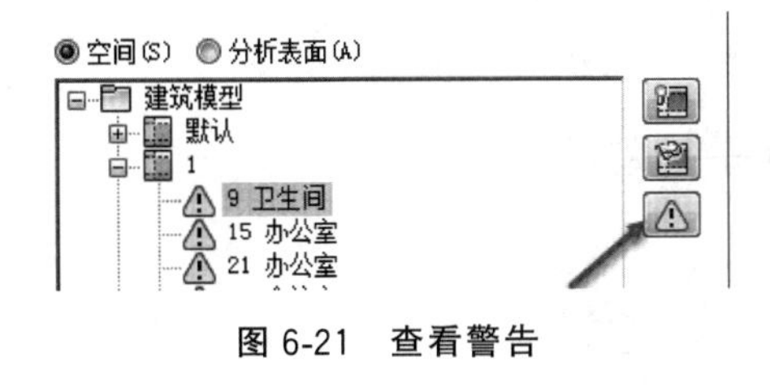

图 6-21　查看警告

单击“计算”按钮自动生成负荷计算报告，拖动滚动条可查看更多计算结果，如图 6-22 所示。在报告中主要分为三大部分，第一部分为项目汇总“Project Summary”，显示项目相关的参数信息；第二部分为建筑汇总“Building Summary”，显示计算的汇总结果；第三部分为空间汇总，显示空间分区的计算结果及各区域的详细计算结果。

暖通负荷的分析结果是设计室内管线及设备排布的依据。一般在进行管线综合时，已经完成了上述的分析计算，只需要依据安装图纸创建设备及管道即可。

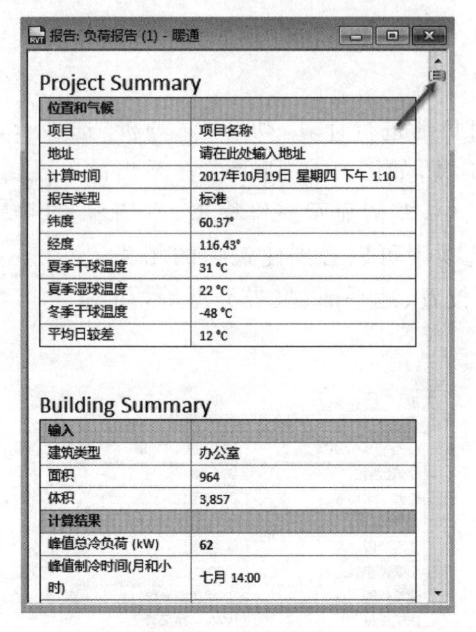
报告: 负荷报告 (1) - 暖通

Project Summary

位置和气候	
项目	项目名称
地址	请在此处输入地址
计算时间	2017年10月19日 星期四 下午 1:10
报告类型	标准
纬度	60.37°
经度	116.43°
夏季干球温度	31 °C
夏季湿球温度	22 °C
冬季干球温度	-48 °C
平均日较差	12 °C

Building Summary

输入	
建筑类型	办公室
面积	964
体积	3,857
计算结果	
峰值总冷负荷 (kW)	62
峰值制冷时间(月和小时)	七月 14:00

图 6-22 负荷报告

6.2 创建暖通机械设备

6.2.1 风机盘管

创建暖通机械设备.mp4

风机盘管是由小型风机、电动机和盘管等组成的空调系统末端装置之一。其工作原理为盘管管内流过冷冻水或热水时,与管外空气进行热交换,使空气被冷却,通过除湿或加热来调节室内的空气参数。它是常用的供冷、供热末端装置。

首先导入空调平面图,将图纸的轴网和项目中的轴网对齐。然后在"插入"选项卡通过"载入族"选项载入风机盘管族,风机盘管默认存放在"C:\ProgramData\Autodesk\RVT 2016\Libraries\Libraries\China\机电\空气调节\风机盘管"文件夹中,如图 6-23 所示。

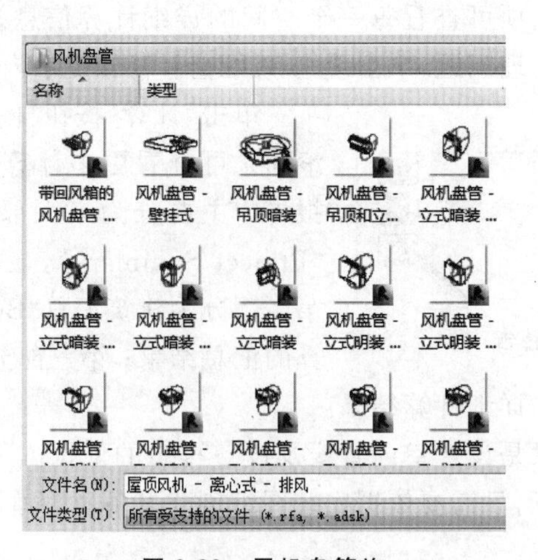

图 6-23 风机盘管族

1. 类型编辑

切换至“系统”选项卡，在“机械”面板单击“机械设备”选项，如图 6-24 所示。

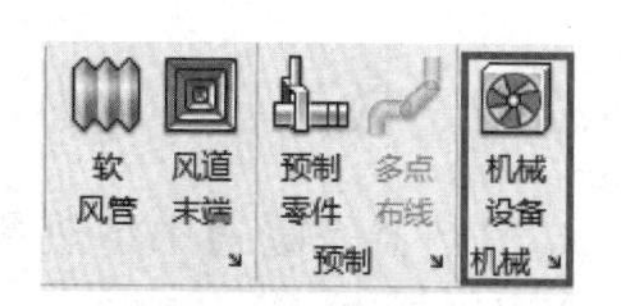

图 6-24　机械设备

在属性栏选择风机盘管族，通过“编辑类型”对风机盘管的类型进行编辑。单机“复制”工具创建风机盘管新的类型，并设置风机盘管的电压、风管尺寸等参数，如图 6-25 所示。单击“确定”按钮完成类型参数的设置。

参数	值
材质和装饰	
风机盘管材质	<按类别>
电气	
电压	220.00 V
极数	1
负荷分类	HVAC
电气 - 负荷	
输入功率	75.00 VA
尺寸标注	
宽度	970.0
送风口宽度	850.0
送风口高度	200.0
回风口宽度	850.0
回风口高度	200.0
高度	254.0

<< 预览(P)　确定　取消　应用

图 6-25　风机盘管类型参数

2. 放置风机盘管

默认以当前所在的平面作为放置标高，可在属性栏修改偏移量为 4600，如图 6-26 所示。拾取到图纸对应的位置放置风机盘管，放置时如方向不正确可通过空格键来调整，或选择工具条中的“放置后旋转”选项进行调整。

放置完成的风机盘管如图 6-27 所示。对于其他位置的风机盘管可逐一进行放置，也可通过“修改”选项卡中的复制、阵列、旋转等工具进行快速创建。

图 6-26　修改偏移量

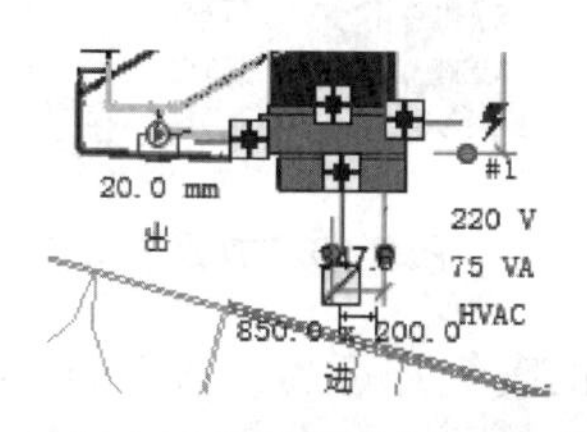

图 6-27　放置风机盘管

6.2.2 散热器

散热器是暖通中将热量传递到环境中的装置，本书以暖气片的放置进行讲解。散热器存放在“C:\ProgramData\Autodesk\RVT 2016\Libraries\Libraries\China\机电\采暖\散热器”文件夹中，选择名称为“散热器 - 焊管式 - 横排 - 异侧 - 上进下出”的族进行练习。

切换至“系统”选项卡，单击“机械”面板中的“机械设备”选项放置暖气片。通过单击“编辑类型”选项弹出“类型属性”对话框，单击“复制”按钮复制一个新的类型，并命名为“暖气片”，修改其尺寸参数，如图 6-28 所示。

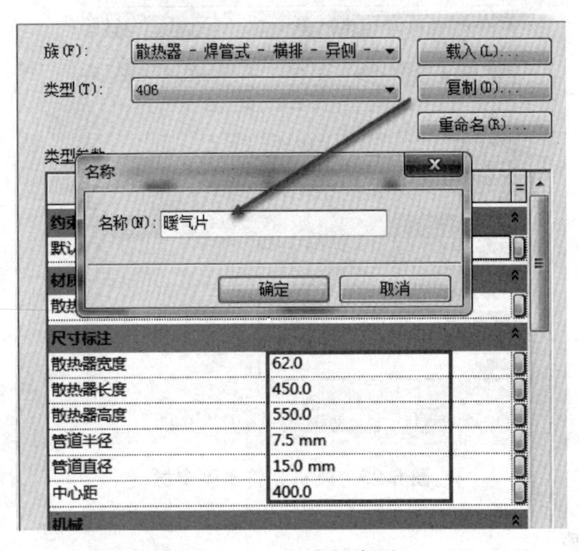

图 6-28　创建新类型

修改完成后，单击“确定”按钮完成类型属性的更改。由于该族是基于面的模型，因此在“修改|放置机械设备”选项卡“放置”面板有三种放置方式：放置在垂直面上、放置在工作面上、放置在面上。可选择第一种方式进行放置，如图 6-29 所示。

拾取到墙体表面放置暖气片，放置时也可通过空格键切换方向。切换至三维视图，剖切至暖气片放置的位置进行查看。选择暖气片，单击空格键，切换进水口和出水口的位置。放置完成的暖气片如图 6-30 所示。

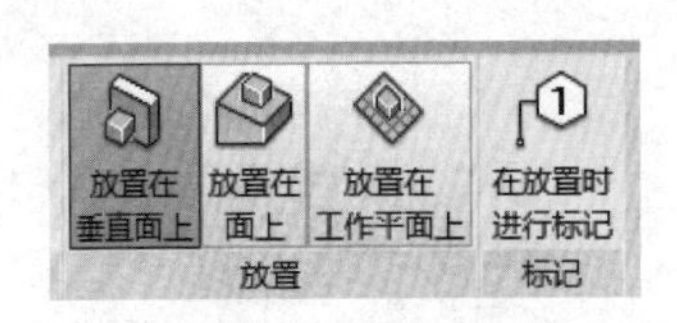

图 6-29　放置方式

图 6-30　完成放置

其他位置的暖气片可逐一放置，也可通过复制来进行创建，在复制时需要注意：如果复制后的位置与原位置是同一平面，可任意复制；如果参照平面不是同一平面或需复制为独立的图元时需去掉“修改|机械设备”工具条中的“约束”选项，同时选中“多个”选项连续进行

复制。如果是在三维视图需选中“分开”选项来进行复制，如图 6-31 所示。

复制多个暖气片后，可以在三维视图中进行查看，如图 6-32 所示。

图 6-31　约束与分开

图 6-32　创建多个暖气片

6.2.3　其他设备

在暖通系统中，还有一些其他的机械设备，如循环水泵、集气罐、热交换装置、冷却塔、冷水机组等。机械设备放置方法与上述两种机械设备的放置方式相同。暖通常用的族文件存放在“C:\ProgramData\Autodesk\RVT 2016\Libraries\Libraries\China\机电\采暖（或空调）”文件夹中，如图 6-33 所示。如果需要载入其他特定的族文件，可从网上下载或使用族库大师、isBIM 族立方中的族，也可以由读者自己新建族然后使用。

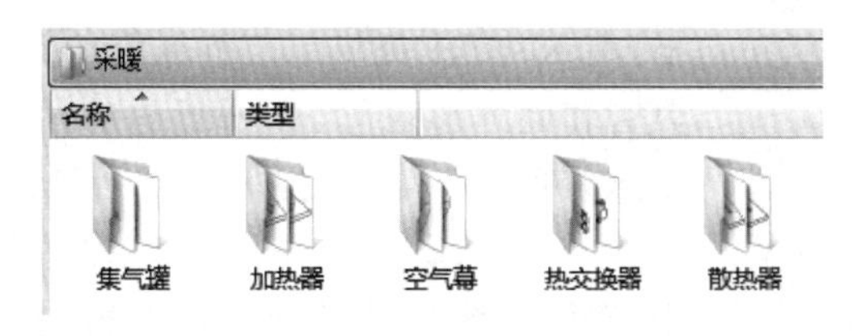

图 6-33　默认采暖族文件

6.3　暖通风管

暖通风管.mp4

6.3.1　风管系统

风管系统分类较多，不同的风管需定义为不同的系统，方便在项目中进行查阅与分类统计。

在项目浏览器中展开族类别，在风管系统中已经创建送风系统、回风系统、排风系统、新风系统、消防排烟系统（自定义样板中已创建），如图 6-34 所示。

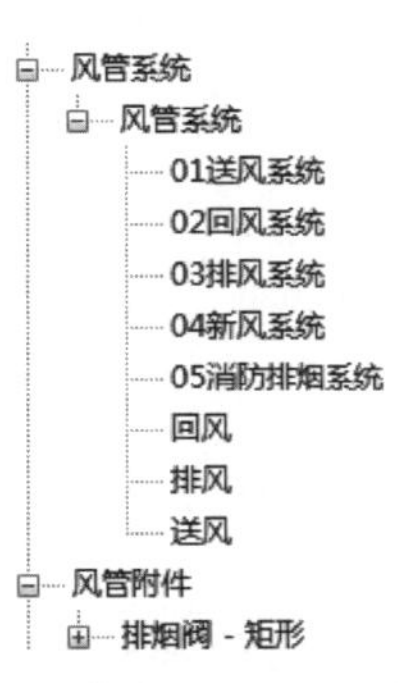

图 6-34　风管系统

如果需要创建新的系统，选择类似的系统连续右击，选择“复制”选项创建并重命名为新的系统。双击相关名称打开“类型属性”对话框，可对颜色、材质、计算等参数进行设置。单击“图形替换”后方的“编辑”按钮弹出“线图形”对话框，从中可对系统的可见性进行替换，如图 6-35 所示。单击“确定”按钮完成系统的设置与编辑。

图 6-35 系统可见性设置

6.3.2 风管类型

除了系统外,风管也需要定义新的类型,切换至"系统"选项卡,在"HVAC"面板单击"风管"选项(快捷键: DT),可激活"修改|放置风管"选项卡,如图 6-36 所示。

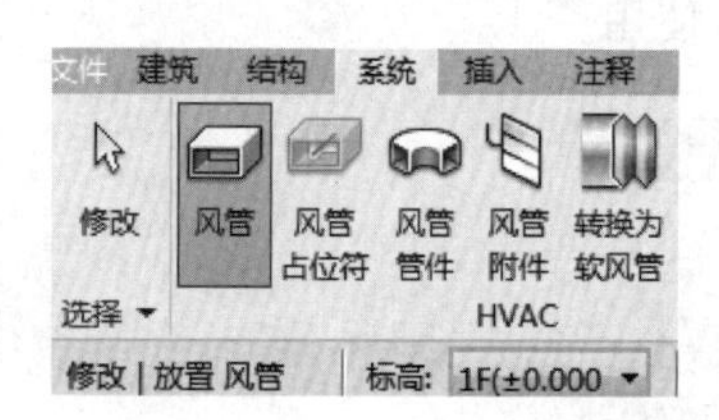

图 6-36 创建风管

单击属性栏中的"编辑类型"选项弹出"类型属性"对话框,在 Revit 中提供了三种风管的族,分别是矩形风管、圆形风管和椭圆形风管,本项目中的风管均为矩形风管。选择矩形风管族,单击"复制"选项创建新的风管类型,将"名称"设置为"送风管",单击"确定"按钮创建一个新的类型。单击"布管系统配置"后面的"编辑"按钮对风管的构件、尺寸进行修改,如图 6-37 所示。

图 6-37 新建风管类型

提示：构件编辑包括弯头、三通、四通以及过渡件的设置，设置完成后在绘制管道时会自动生成管件。

同样的方法，可创建其他风管的类型，包括排风管、新风管、消防排烟管等，管道类型根据实际项目进行设置。

软件中有较多的风管尺寸，在编辑布管系统时，如需要对尺寸进行编辑，可在“布管系统配置”对话框单击“风管尺寸”选项，然后对管道尺寸进行修改、新建和删除，如图 6-38 所示。

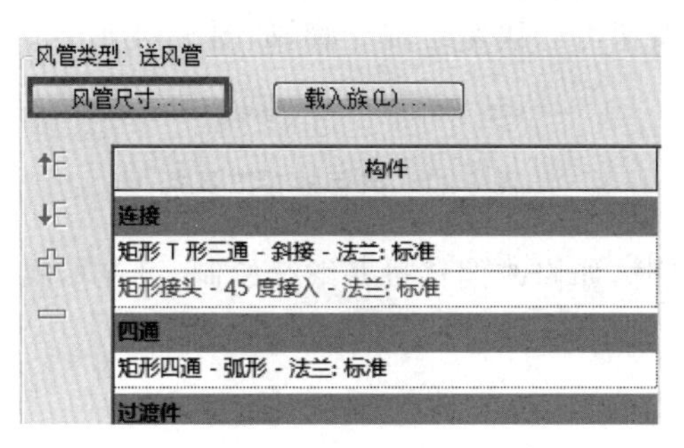

图 6-38　风管尺寸

提示：一般情况下不要随意修改风管的尺寸，因为修改后在建模时没有太大的影响，但在实际施工和采购时可能无法找到合适的供应商。

6.3.3　绘制风管

1. 限制条件

接下来绘制风管，首先在属性栏设置风管限制条件，包括对正、参照标高、偏移，如图 6-39 所示。

风管的对正方式包括水平对正和垂直对正两种，对正方式的选择主要影响放置风管的定位点以及风管变径时的链接方式。水平对正方式包括中心、左、右三种，垂直对正方式包括顶、中、底，不同对正方式的管道连接形式如图 6-40 所示。

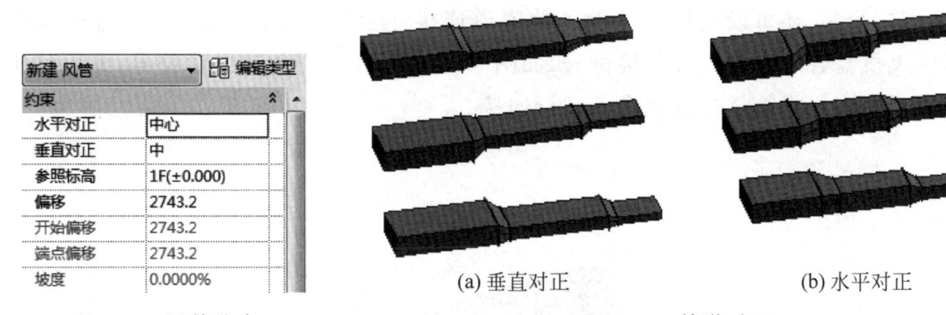

图 6-39　风管约束　　图 6-40　管道对正

管道的偏移量是风管与参照标高的距离。例如管道垂直对正方式为“底”、参照标高为“标高 1”、偏移量为“3000”，则表示管道净高为 3m。垂直对正和偏移量是决定空间的重要因素，因此绘制管道时常将垂直对正设为“底”保证底部始终平整。

2. 系统与尺寸

管道系统的设置影响管道的功能。当绘制送风管时，可设置为送风系统。当设置了按系统分类的过滤器时，可通过过滤器控制管道的显示颜色及可见性。管道的尺寸可边绘制边修改，当改变管道尺寸时，会自动生成变径连接件。

尺寸、偏移量不仅可以在属性栏修改，也可在工具条中修改。首先放置风管起点，然后修改偏移量，双击“应用”按钮可以快速绘制立管，如图 6-41 所示。

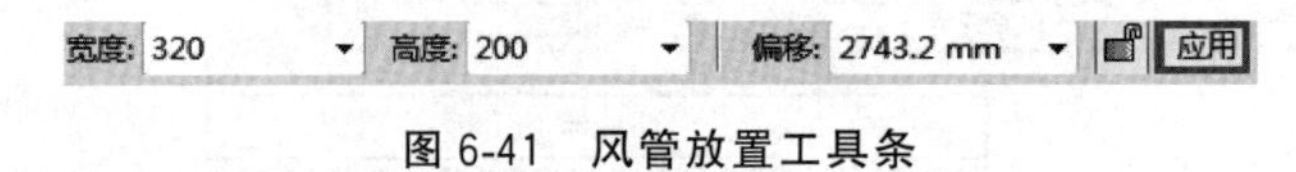

图 6-41　风管放置工具条

在连续绘制水平风管时，如修改偏移量并继续绘制，可在不同高度的风管间自动生成垂直风管，如图 6-42 所示。

3. 放置工具

在“修改|放置风管”选项卡“放置”面板提供了“继承大小”和“继承高程”选项，如图 6-43 所示。“继承高程”可以自动拾取上一个风管的偏移量，“继承大小”可以自动拾取上一个风管的尺寸。根据图纸资料依次绘制完成项目中的风管。

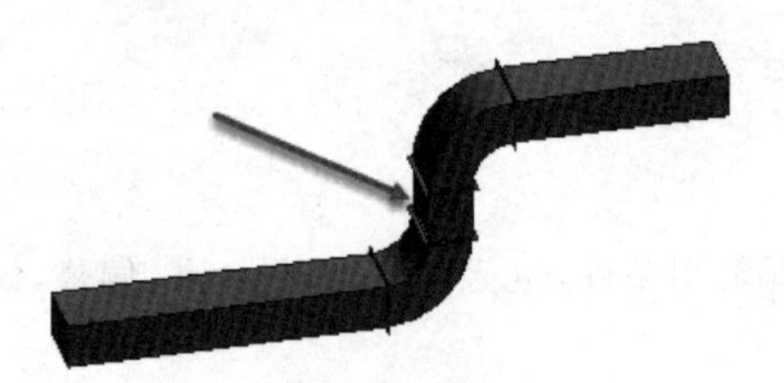

图 6-42　生成垂直风管

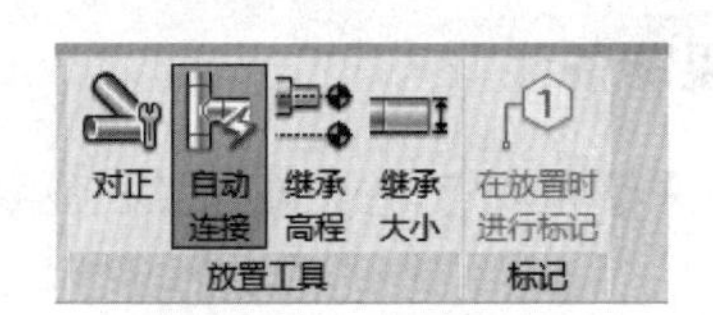

图 6-43　放置风管工具

4. 通过机械设备创建风管

除了直接绘制，还可以通过机械设备的管道连接件创建风管，首先选择放置的风机盘管，会显示风机盘管的连接点及连接符号，如图 6-44 所示。单击创建风管符号，即可从机械设备中引出管道，并将管道与机械设备进行连接。

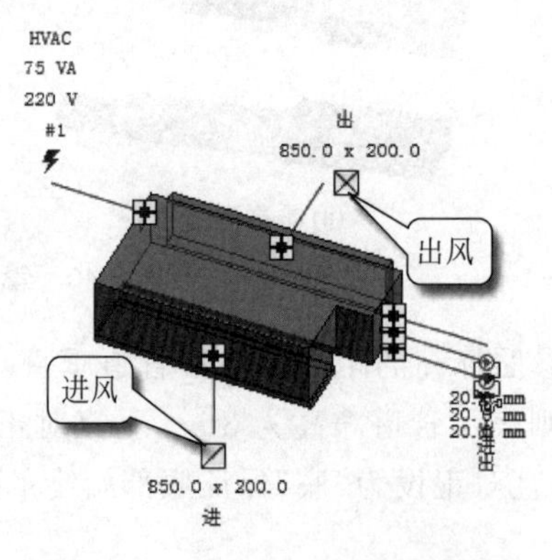

图 6-44　从设备创建管道符号

注意：基于设备的管道尺寸、系统由连接件的尺寸、系统属性决定，一般不可随意修改。

6.4 暖通水管

暖通水管.mp4

暖通水系统一般是指空调水系统和采暖水系统。空调水系统包括风机盘管、冷凝水管、冷却塔、冷水泵、冷水机组等。采暖水系统由供水管道、回水管道、散热器等组成。本小节将以管道的创建进行讲解。

6.4.1 空调水管

1. 绘制主管道

主管道包括热水管道和冷凝管道，切换至空调平面，首先根据项目中导入的图纸绘制热水管。切换至“系统”选项卡，在“卫浴和管道”面板单击“管道”选项，通过“编辑类型”新建一个管道类型，并命名为“空调热水管”；在“修改|放置管道”选项卡选中“自动连接”和“添加垂直”选项，如图6-45所示。

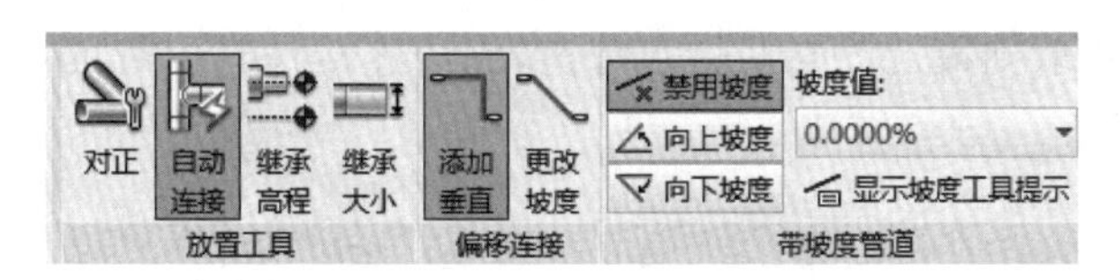

图6-45 自动连接

在属性栏和工具条中设置管道对正方式为中心、偏移量为4500、直径为32mm、管道系统为09循环给水系统，如图6-46所示。然后依据图纸中管道位置绘制管道。

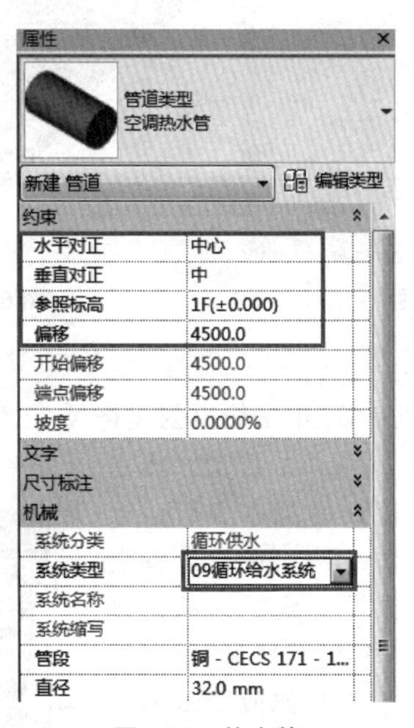

图6-46 热水管

使用同样的方法绘制冷凝管道。在绘制时需要注意，冷凝管道的名称设置为“空调冷凝管”，系统为“08 空调冷凝系统”(管道系统在项目样板中已创建完成)。

注意：如绘制的管道不可见，请检查视图的范围是否包含管道的高度或检查过滤器中是否选中了对应管道的可见性。

2. 设备与管道的连接

设备与管道的连接可选择手动绘制连接和“连接到”工具进行连接。自动连接工具创建管道可提高建模效率。一些不能自动连接或自动连接发生错误的管道需手动进行连接，读者可结合实际情况进行创建。

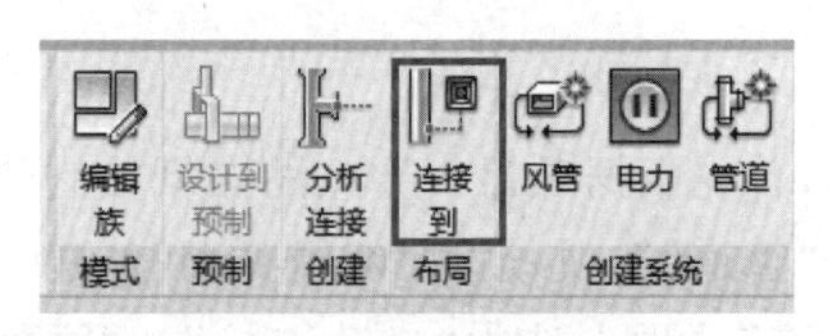

图 6-47 使用“连接到”选项

1)“连接到”工具的使用

选择需要连接的设备(如风机盘管)，在“修改|机械设备”选项卡“布局”面板单击“连接到”选项，如图 6-47 所示。

在弹出的“选择连接件”对话框选择“连接件 2：循环供水：圆形：20mm：进水口”，如图 6-48 所示。单击“确定”按钮并拾取到最近的空调热水管道，完成连接件与主管的自动连接。自动生成的管道如图 6-49 所示。

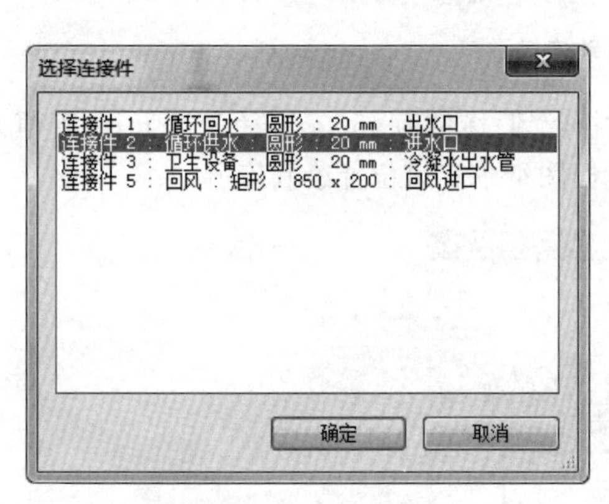

图 6-48 选择连接件

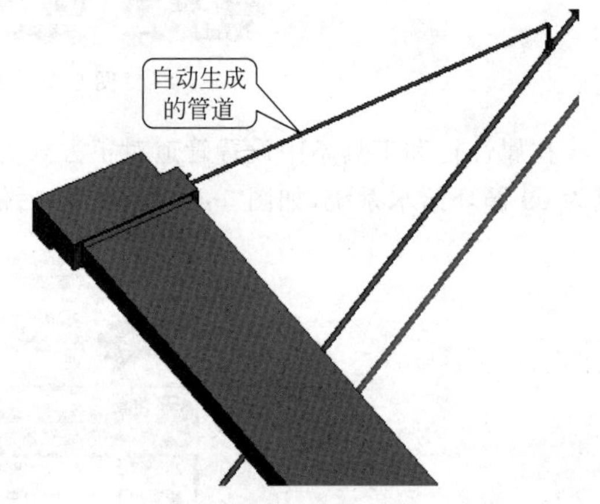

图 6-49 自动生成管道

2) 手动连接

切换至平面图中，选择风机盘管，单击管道创建符号，在弹出的“选择链接件”对话框选择“连接件 3：卫生设备：圆形：20mm：冷凝水出水管”，根据图纸进行绘制，并连接到冷凝水主管。绘制完成后，切换至三维视图查看结构。在从设备引出管道时，管道系统类型与机械设备族添加的连接件有关。默认情况下，冷凝管的系统类型为“卫生设备”。选择创建的冷凝管，可在属性栏修改管道的系统类型为“08 空调冷凝系统”，修改完成后如图 6-50 所示。

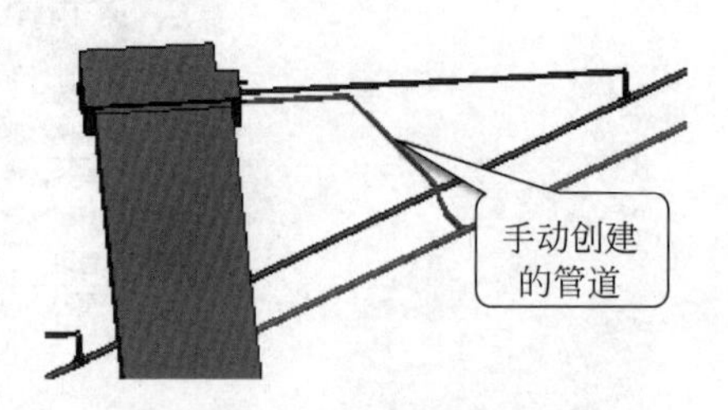

图 6-50 手动创建管道

6.4.2　采暖水管

采暖水管用于项目中的室内暖气供热系统，暖通水管包括循环供水、循环回水管道。

1. 循环供水

循环供水管道可为散热器提供热源，当热水流过散热器时，通过辐射的方式向周围散热。因此距离供热站越远，热量损失也就越大，供热效果越差。

切换至"系统"选项卡，在"卫浴和管道"面板单击"管道"选项绘制供水主管。通过"编辑类型"新建一个名称为"采暖供水管"的管道类型，设置对正方式为"中心"、偏移量为"650"；设置管道的系统类型为"循环供水"，如图 6-51 所示。然后在暖气片位置绘制供水管道。

约束	
水平对正	中心
垂直对正	中
参照标高	1F(±0.000)
偏移	650.0
开始偏移	650.0
端点偏移	650.0
坡度	0.0000%
文字	
尺寸标注	
机械	
系统分类	循环供水
系统类型	循环供水

图 6-51　管道属性

切换至三维视图，选择散热装置，在"修改 | 机械设备"选项卡"布局"面板单击"连接到"选项，会弹出"选择连接件"对话框。选择"连接件 1：循环供水：圆形：15mm：水入口"并单击"确定"按钮，如图 6-52 所示。拾取到绘制的供水主管，将设备与管道进行连接。

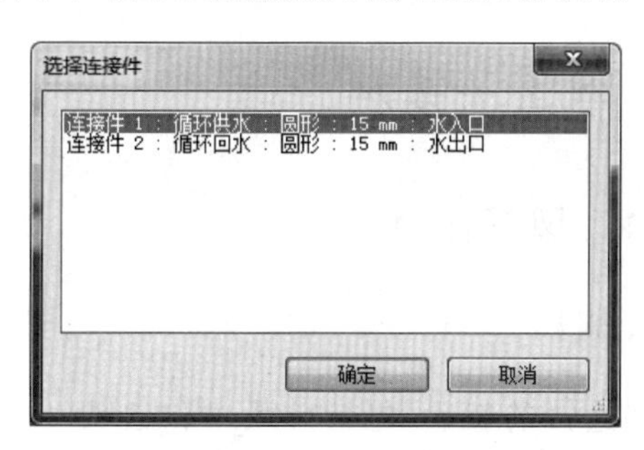

图 6-52　选择连接件

除了自动连接也可选择手动连接。从暖气片供水口中绘制一段水平管道，不退出管道创建命令，在工具条修改偏移量为 600，并双击"应用"按钮，如图 6-53 所示。在"修改 | 放置管道"面板"修改"选项卡单击 选项，如图 6-54 所示。拾取到主管道，完成设备与管道的连接，连接的结果如图 6-55 所示。

图 6-53　创建立管

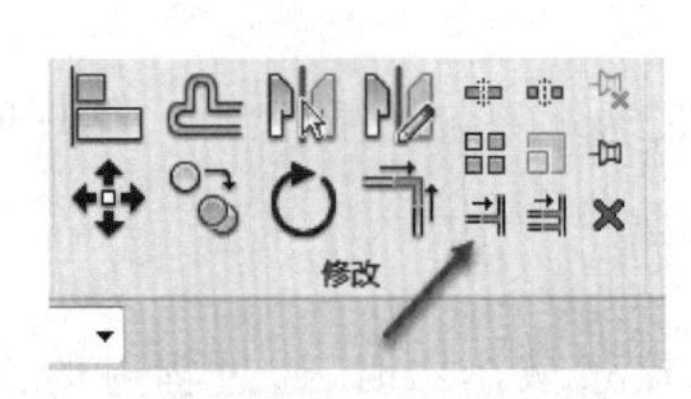

图 6-54 延伸管道

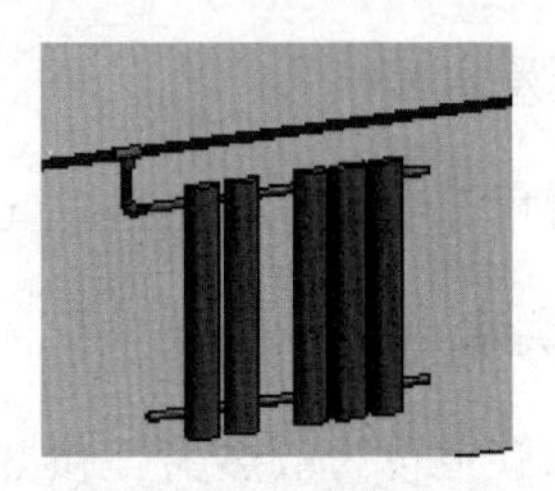

图 6-55 管道连接

2. 循环回水

循环回水管道的创建方式与循环供水管道相同。创建时需注意，循环回水的管道系统类型为“10 循环回水系统”，偏移量为 50，如图 6-56 所示。

绘制完成后将回水接口与回水主管进行连接，连接完成的效果如图 6-57 所示。

图 6-56 循环回水

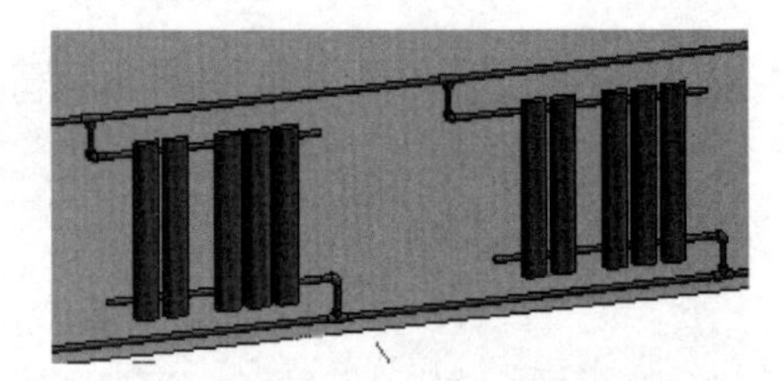

图 6-57 采暖水管连接

提示：采暖系统的热源一般来源于市政供暖，我国北方一般要求在 11 月 15 日前开始供暖。除了暖气片供暖的形式，地暖也是较为普遍的供暖形式。

管道连接件.mp4

6.5 管道连接件

6.5.1 风管附件

1. 风口

风口是风管与环境之间连接的装置，包括排风口和送风口。在 Revit 中，风口可以通过“风道末端”来创建。常见的风口有散流器、矩形风口、百叶风口、格栅风口等形式(图 6-58)。

(a) 散流器

(b) 单层百叶风口

图 6-58 常见风口

切换至“系统”选项卡，在“HVAC ”面板单击“风道末端”选项，如图 6-59 所示，进入“修改|放置风道末端装置”选项卡。

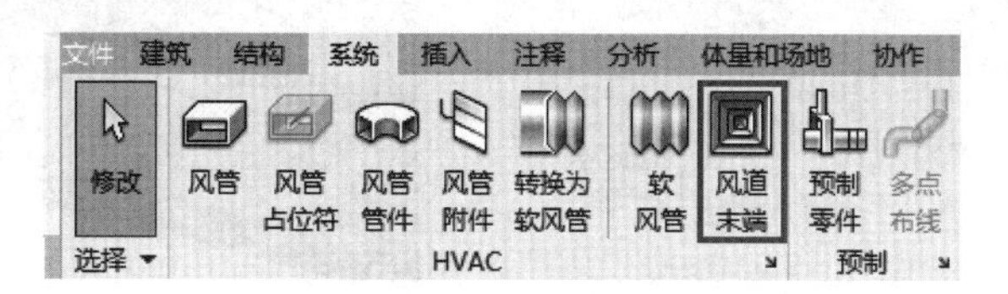

图 6-59　风道末端

在属性栏“类型选择器”中选“单层百叶风口_200×200”类型，设置偏移量为 4600 进行放置，如图 6-60 所示。

查找图纸中有风口图例 的位置进行创建，如果创建的风口正好在风管下方，将会自动生成立管及连接件与风管形成一个整体，如图 6-61 所示。其他类型的风道末端放置方式也与送风口的放置方式相似，在此不再赘述。

默认情况下，风口存放位置为“C：\ProgramData\Autodesk\RVT 2018\Libraries\China\机电\风管附件\风口”。

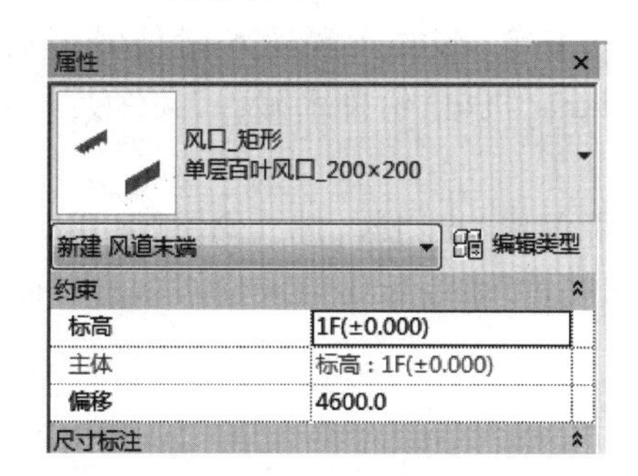

图 6-60　风口属性

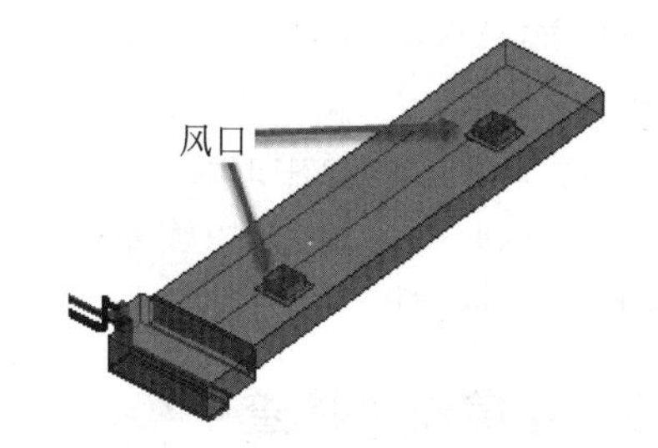

图 6-61　风口与管道的连接

2. 风阀

风阀是调节风量的装置，风阀的形式较多，主要有截止阀、定量阀、三通风阀等，常见的风阀形状如图 6-62 所示。

图 6-62　常见风阀

切换至“系统”选项卡，在“HVAC”面板单击“风管附件”选项，如图 6-63 所示。

在属性栏通过“编辑类型”创建“500×20”类型的矩形阀门，并修改其相应的尺寸。拾取到管道进行放置，放置的风阀会继承主体管道所属的风管系统类型和高程，并自动生成连接件，如图 6-64 所示。

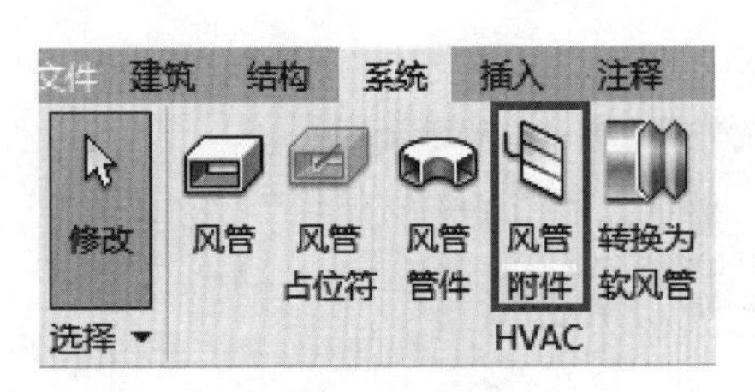

图 6-63　风管附件

图 6-64　创建风阀

3. 其他附件

其他附件包括过滤器、消声器、静压箱等，放置方式与风阀的放置方式一样，可放置在风管上。默认情况下风管附件族存放在“C:\ProgramData\Autodesk\RVT 2018\Libraries\China\机电\风管附件”文件夹中，可载入到项目中使用。

6.5.2　暖通水管附件

暖通水系统的附件也包含阀门、流量表、压力表等，在放置暖通水附件时可从“C:\Program Data\Autodesk\RVT 2018\Libraries\China\机电\给排水附件”文件夹中载入项目使用。

暖通水系统比较通用的阀门有：球阀 、截止阀、闸阀、止回阀、排气阀、过滤器、旋塞阀、柱塞阀、调节阀、保温阀门，如族库中没有所需的阀门，可通过新建族或使用第三方插件(如 isBIM 族立方)获取。

6.5.3　管道连接检查

Revit 提供的分析功能可以对管道连接情况进行分析。管道连接检查是检查模型连接是否存在遗漏的一种方式，对于提高建模精度有重要的作用，在建模时机械设备的连接件只能与一个管道连接。

切换至“分析”选项卡，在“检查系统”面板单击“检查风管系统”“检查管道系统”“显示隔离开关”选项，如图 6-65 所示。

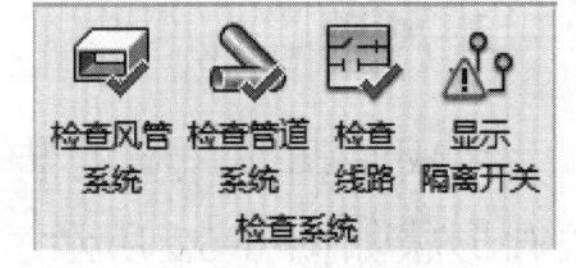

图 6-65　检查系统

1. 检查风管系统

单击选项启用检查风管系统工具，在模型中将以显示有问题的系统，如图 6-66 所示。单击按钮弹出警告内容提示，如图 6-67 所示。

2. 检查管道系统

单击选项可启用检查管道系统功能，在视图中将会显示出提示符号，并用虚线索引到错误的系统位置，如图 6-68 所示。单击按钮弹出警告内容提示对话框，显示错误的内容，供修改参考，如图 6-69 所示。

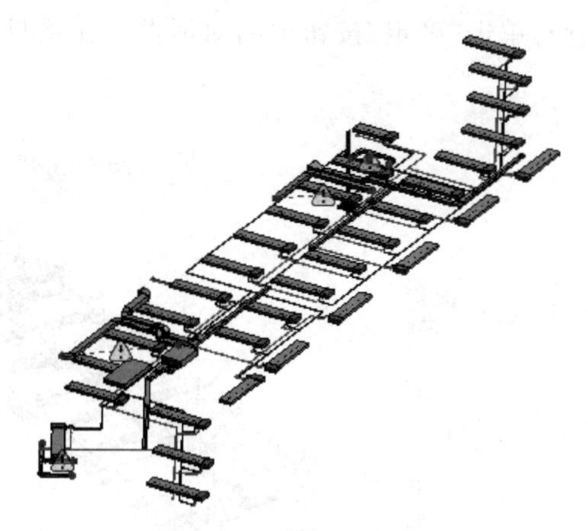

图 6-66　检查风管系统

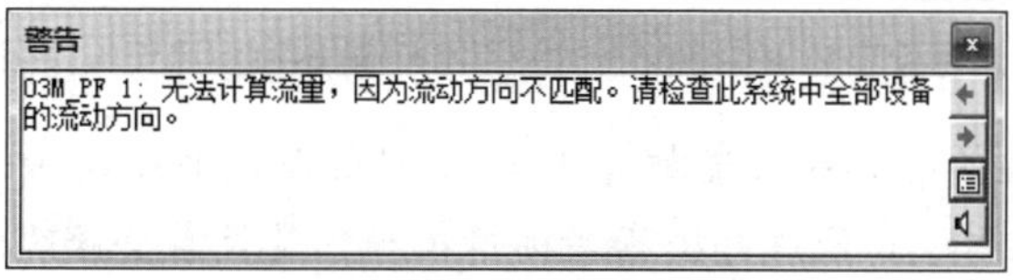

警告

03M_PF 1：无法计算流量，因为流动方向不匹配。请检查此系统中全部设备的流动方向。

图 6-67　警告提示

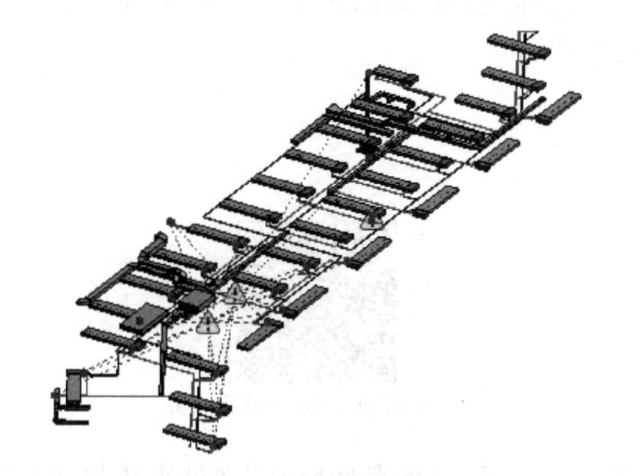

图 6-68　检查管道系统

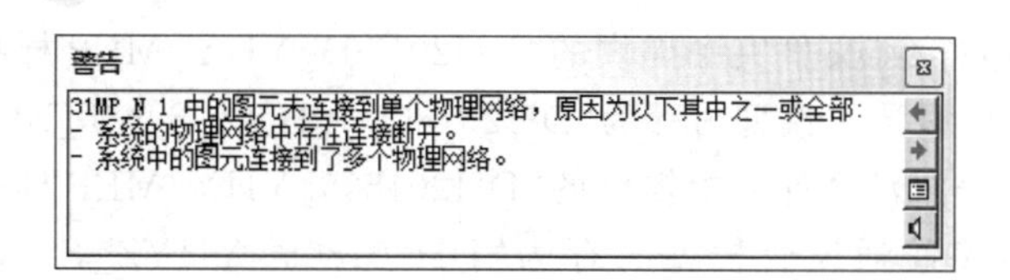

图 6-69　管道系统错误警告

3. 显示隔离开关

隔离开关可显示风管、桥架、管道、机械设备连接件的连接情况，当连接完整时不会显示错误。当管道连接错误或未与机械设备连接件相连时会弹出 ⚠ 警告提示。

单击按钮打开“显示断开连接选项”对话框，如图 6-70 所示。在弹出的对话框里选中需要检查的对象(如风管),单击“确定”按钮关闭对话框。在项目中将会显示连接有问题的位置,如图 6-71 所示。

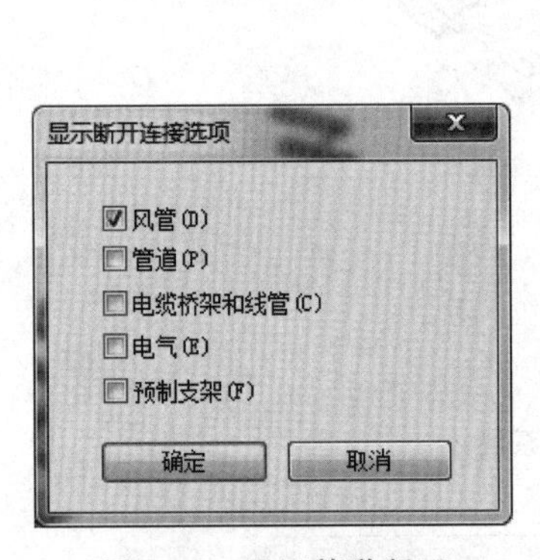

图 6-70 显示管道断开

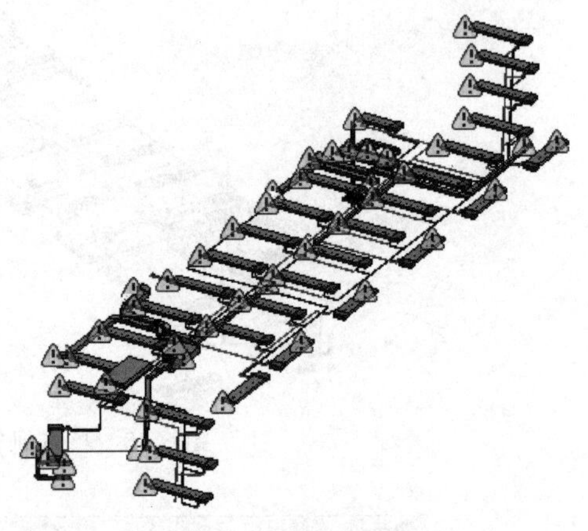

图 6-71 风管连接警告

注意:不是所有显示警告的位置都有错误,如风管与风井连接的位置,风管本应该是开放的,不需连接任何主体。在修改时根据实际情况确定是否需要修改管道。

管道连接检查工具是辅助设计师分析问题的工具,如果在模型中显示连接错误,在实际施工时就可能出现类似的无法连接问题,因此在建模时使用检查系统,能提高模型设计的准确性,减少后期的修改工作量。

强化训练

第 6 章教材配套资源.rar

请参考“第 6 章＞第 6 章 强化训练案例资料”文件夹中提供的案例资料完成暖通系统建模,具体要求如下:

1. 基于“02 机电样板”文件夹中提供的“DH201805_YHY_MEP 样板.rte”项目样板创建暖通水系统项目,将暖通水模型另存为“DH201805_YHYZ_S_NT_B1_暖通(水系统)”。

2. 基于“02 机电样板”文件夹中提供的“DH201805_YHY_MEP 样板.rte”项目样板创建暖通风系统项目,将暖通风管模型另存为“DH201805_YHYZ_S_NT_B1_暖通(消防排烟)”。

3. 根据“03 图纸资料”中提供的“地下车库暖通风总图.dwg”及“地下车库暖通水总图.dwg”图纸资料,完成暖通设备建模。

4. 根据“03 图纸资料”中提供的“地下车库暖通水总图.dwg”图纸资料,完成暖通水管的建模。

5. 根据“03 图纸资料”中提供的“地下车库暖通风总图.dwg”图纸资料,完成暖通风管建模。

6. 根据“地下车库暖通风总图.dwg”及“地下车库暖通水总图.dwg”图纸资料，完成风口、阀门等暖通附件建模。完成的暖通风系统模型和暖通水系统模型分别如图6-72和图6-73所示。

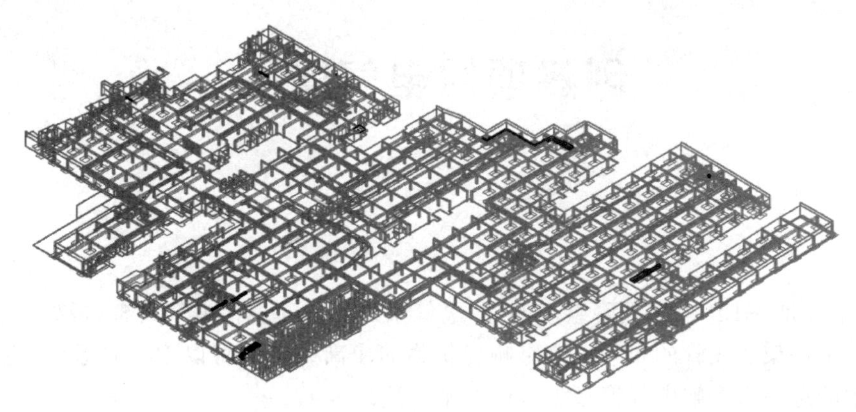

图6-72 暖通风系统模型

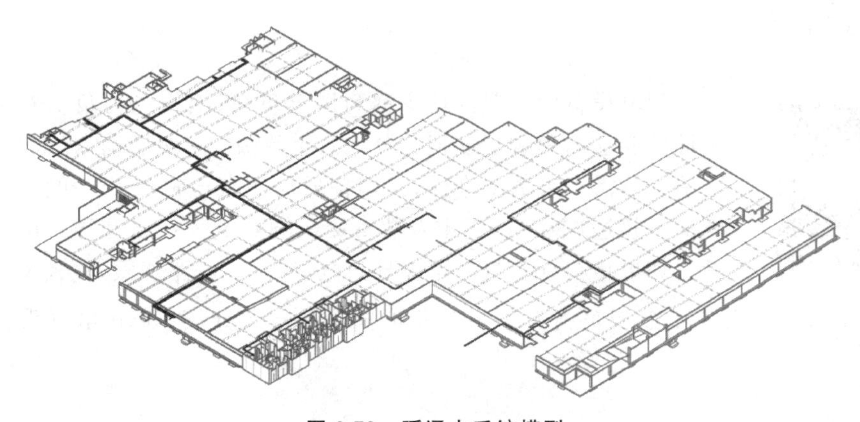

图6-73 暖通水系统模型

本章小结

本章主要学习了暖通分析、机械设备、风管、风管风机、空调水管、采暖系统的创建方式；在创建暖通风管和水管之前，首先要定义好管道的类型及系统类型，方便用过滤器来定义不同系统的颜色及可见性，从而对管道显示状态进行管理；在绘制管道时，需要确定管道对正方式、偏移量以及管道的尺寸；当配置好管道系统后，如果以错误的方式进行绘制，将无法创建管道或管道的配件，软件的自动提醒功能，使我们从设计之初就能避免较多的问题。

第7章

创建项目电气模型

电气系统是 MEP 中的重要组成部分，电气系统的设计包括电气设备、桥架、线管、导线的设计，其中桥架及线管的布局直接影响建筑物的净高。本章将以 Revit“系统”选项卡“电气”面板中的选项来讲解电气模型创建的基本方法。

7.1 电气设置

电气设置.mp4

用电设备所消耗的功率称为用电负荷，根据电力负荷对供电的可靠性的要求与影响程度把它分为三个等级：一级负荷、二级负荷、三级负荷。从需求系数上来讲，我国普通居民楼电源导线一般为 6～10A，负荷不超过 1500W，需求系数直接影响到电气设备和导线电缆的经济性。如果负荷计算过小可能导致电能损耗、电路烧毁，过大又会造成投资与资源的浪费。需求系数与负荷有不可分割的关系。本节介绍 Revit 电气设计的基本设置。

7.1.1 电气参数

建立电气模型之前，需要设置好配线、桥架等电气相关的参数。首先打开软件，基于第 3 章创建的项目样板新建一个项目，并将项目保存为“综合楼_DQ_F1”。

单击“管理”选项卡“设置”面板“MEP 设置”选项，在弹出的下拉列表中选择“电气设置”选项，如图 7-1 所示。

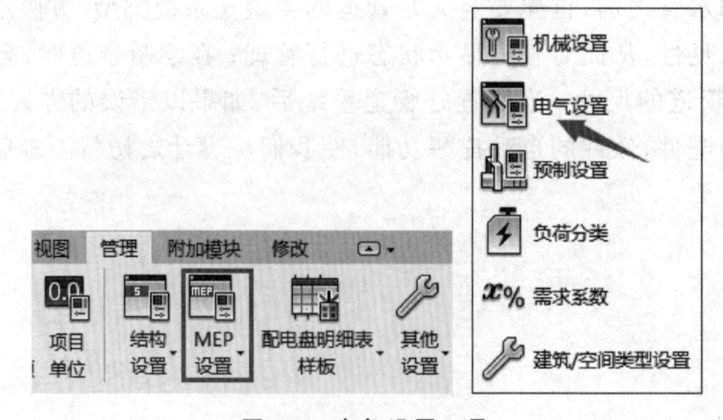

图 7-1　电气设置工具

在弹出的“电气设置”对话框中，包括配线、电缆桥架、线管、电压定义、负荷计算、配电系统等设置选项，如图 7-2 所示。

1. 配线

首先在“配线”选项中调节环境温度，并调节“分支线路”与“馈线线路”导线尺寸的电压降，如图 7-3 所示。

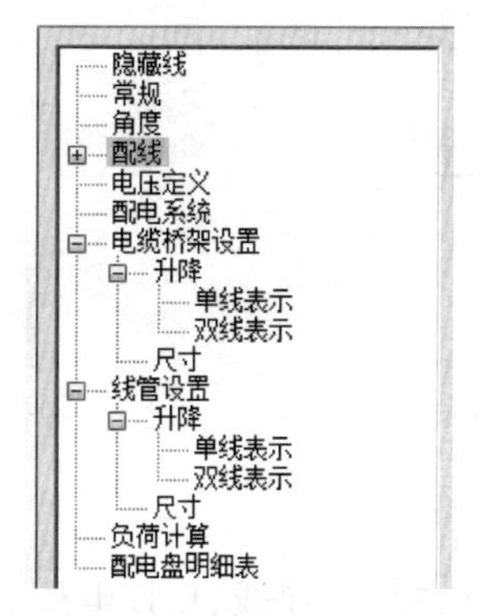

图 7-2　电气设置的内容

设置	值
环境温度	30 °C
配线交叉间隙	2
火线记号	长导线记号
地线记号	长导线记号
零线记号	长导线记号
横跨记号的斜线	否
显示记号	始终
分支线路导线尺寸的最大电压降	2.00%
馈线线路导线尺寸的最大电压降	3.00%

图 7-3　配线

双击“配线”展开配线列表，下方包括导线尺寸、配线类型、地线、校正系数的设置。以导线尺寸为例，可对导线的材质、温度、绝缘层类型、载流量、尺寸、直径进行编辑、新建和删除，如图 7-4 所示。

材质：铜
温度：60
绝缘层类型：FEP
新建载流量(N)...　删除载流量(D)

载流量	尺寸	直径	调整大小时使用
15 A	14	1.628 mm	☑
20 A	12	2.053 mm	☑
30 A	10	2.588 mm	☑
40 A	8	3.251 mm	☑
55 A	6	4.674 mm	☑
70 A	4	5.893 mm	☑
85 A	3	6.604 mm	☑
95 A	2	7.417 mm	☑
110 A	1	8.433 mm	☑

图 7-4　导线尺寸

小提示：一般电缆的允许载流量是按单根地埋或在空气中敷设的条件考虑的，但是穿管、多根并敷、环境温度过高等情况时，应分别乘以相对应的校正系数 K。

2. 电压定义与配电系统

在“电压定义与配电系统”选项卡中，对电压与配电方式进行设置。例如，需要 36kV 的三相电供电，首先在“电压定义”里添加一个名称为 36000、电压值为 36000V 的电压，并根据设计要求填写最大电压与最小电压(此处出现错误将不能正常使用)如图 7-5 所示。

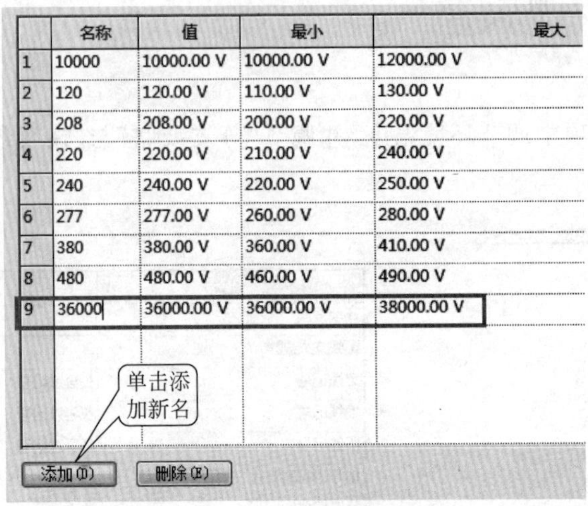

	名称	值	最小	最大
1	10000	10000.00 V	10000.00 V	12000.00 V
2	120	120.00 V	110.00 V	130.00 V
3	208	208.00 V	200.00 V	220.00 V
4	220	220.00 V	210.00 V	240.00 V
5	240	240.00 V	220.00 V	250.00 V
6	277	277.00 V	260.00 V	280.00 V
7	380	380.00 V	360.00 V	410.00 V
8	480	480.00 V	460.00 V	490.00 V
9	36000	36000.00 V	36000.00 V	38000.00 V

单击添加新名

添加(D)　删除(E)

图 7-5　添加电压

然后在“配电系统”里添加一个新的配电系统,并对相位、配置、导线、L-L 电压、L-G 电压进行设置,如图 7-6 所示。注意,如果不在电压定义里添加电压参数,在配电系统里将没有对应的 L-L 或 L-G 电压参数。

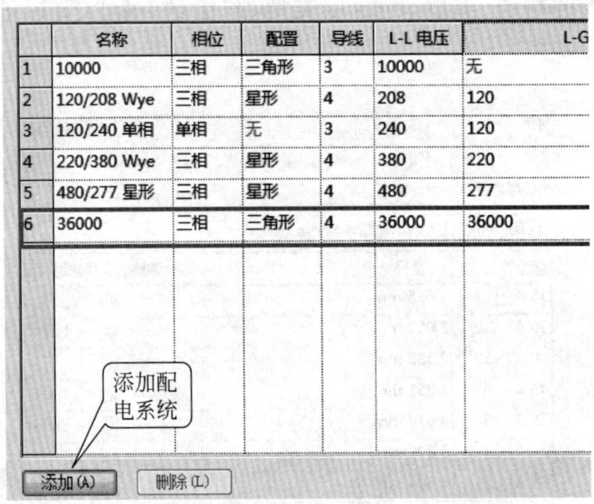

	名称	相位	配置	导线	L-L 电压	L-G
1	10000	三相	三角形	3	10000	无
2	120/208 Wye	三相	星形	4	208	120
3	120/240 单相	单相	无	3	240	120
4	220/380 Wye	三相	星形	4	380	220
5	480/277 星形	三相	星形	4	480	277
6	36000	三相	三角形	4	36000	36000

添加配电系统

添加(A)　删除(L)

图 7-6　添加配电系统

小提示:N 是零线、L 是火线、G 是地线。

这样就生成了一个可以用于 36kV 的配电系统,在放置电气设备时可供选择。

7.1.2　负荷分类

单击“管理”选项卡“设置”面板的“MEP 设置”选项,在弹出的下拉列表中选择“负荷分类”选项,即可打开负荷分类对话框。

系统自带的负荷分类有两种,一种是适用于照明的负荷,另一种是应用于电力的负荷,可在“选择用于空间的负荷分类”下拉列表中切换,如图 7-7 所示。

在“负荷分类类型”对话框左下侧可通过“新建”“复制”“重命名”与“删除”按钮对负荷的种类进行编辑，如图 7-8 所示。

图 7-7　默认系统分类

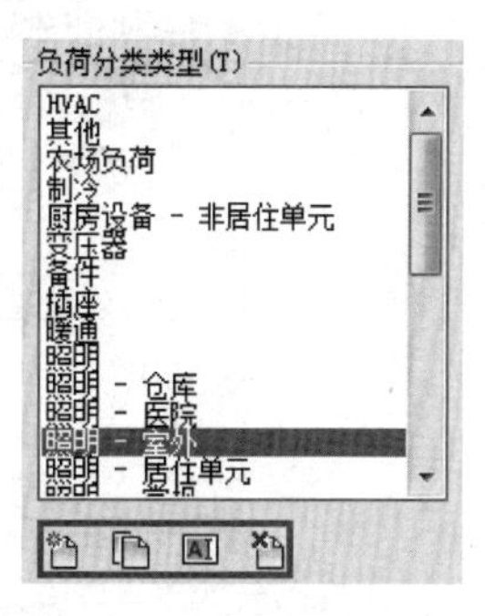

图 7-8　负荷分类类型

负荷分类主要是基于“需求系数”与“系统分类”（电力、照明）的参数化名称。

7.1.3　需求系数设置

需求系数应按照图纸要求进行设定，需求系数只取一次，在末端配电箱系统图里取，一般取 0.8，最小不低于 0.6。如果没有电动机负荷，一般配电按 0.8 取值。

单击“管理”面板“MEP 设置”中“需求系数”选项，可打开需求系数对话框，Revit 提供了三种需求系数计算方法，分别为固定值、按数量、按负荷。不同类型可选择不同的计算方式。

“固定值”方法直接添加固定的需求系数与负荷系数，全部参数参考一个数值，适用于简单、工作时间短的项目，如采暖、室外照明等，如图 7-9 所示。

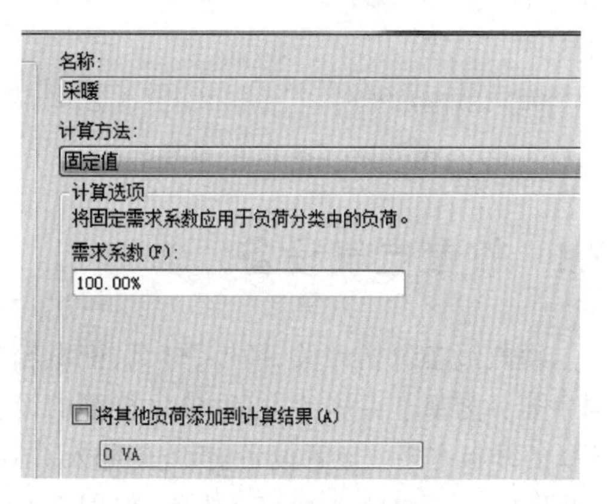

图 7-9　按固定值计算

“按数量”计算提供两种选项：按一个百分比计算总负荷和每个范围递增，适用于多个设备固定功率的需求系数，例如电梯、居住单元电气器具等，如图 7-10 所示。

“按负荷”计算与“按数量”计算相似，适用于设备数量固定而功率不固定的需求系数，如插座、医院照明等，如图 7-11 所示。

在实际项目中设置需求系数时根据图纸资料及设计规范来确定。通过需求系数对话框左下角的“新建”“复制”“重命名”“删除”按钮对需求系数进行编辑。

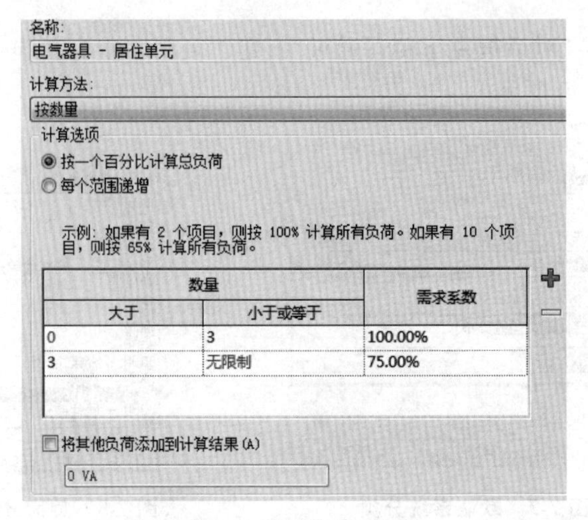

图 7-10 “按数量”计算

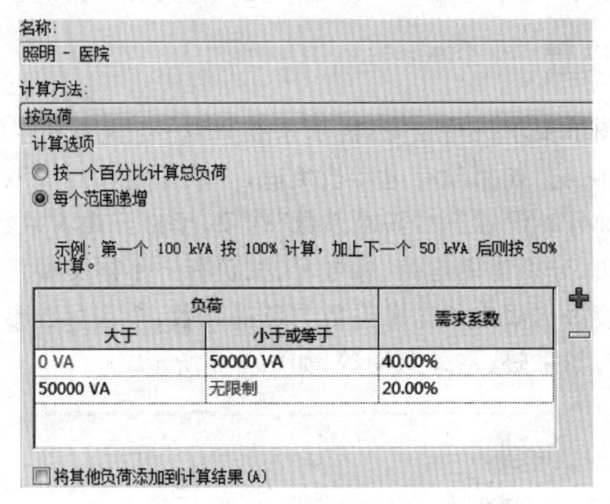

图 7-11 “按负荷”计算

放置电气设备.mp4

7.2 放置电气设备

电气设备包括开关、插座、灯具、配电箱柜、通信设备等。在建模时主要分为基于主体的设备、独立放置的设备两类。在 Revit 中设备的放置方式与创建族时选择的样板有关。放置设备前，首先导入 CAD 参照图纸(图 7-12)。

在“插入”选项卡“导入”面板单击“导入 CAD”选项，如图 7-12 所示。设置定位方式为原点到原点，保证 CAD 轴网完全对齐。并通过“载入族”命令将“第 7 章\7-1\03 电气族”(扫章末二维码)中的电气设备族载入当前项目中，如图 7-13 所示。

图 7-12 导入 CAD

图 7-13 载入族

7.2.1　基于主体的模型

1. 基于水平面的构件

大多数灯具是基于天花板来进行创建的。需要先新建天花板，然后再放置灯具。在“建筑”选项卡“构建”面板单击“天花板”选项，如图 7-14 所示，在需要添加天花板的位置绘制闭合的区域即可完成天花板的创建。

注意： 如天花板创建后不可见，可通过调整视图的规程、视图范围以及图形可见性，使天花板可见。

接下来放置灯具，在“系统”选项卡“模型”面板单击“构件”选项（快捷键：CM），如图 7-15 所示。

图 7-14　创建天花板

图 7-15　放置构件

在弹出的属性栏中选择名称为“双管吸顶灯具-T5”的灯族（可从族库中载入其他的灯具），单击“编辑类型”按钮弹出“类型属性”对话框，通过“复制”按钮复制一个新的类型“FA”，如图 7-16 所示。其他参数根据实际需求设置，单击“确定”按钮完成类型参数的设置。

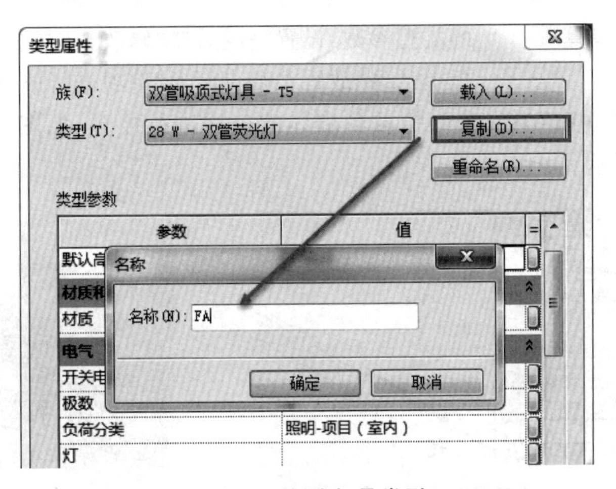

图 7-16　新建灯具类型

由于此族为基于面的模型，在“修改|放置构件”选项卡“放置”面板中提供了三种放置方式：放置在垂直面上、放置在面上、放置在工作平面上，如图 7-17 所示。需要注意如果是基于天花板的族文件，将不会有此项，只能放置在天花板上。

选择“放置在面上”选项拾取到需要放置灯具的位置，使用 Tab 键切换灯具的方向和角度，如图 7-18 所示。基于天花板的灯具、烟感、摄像头、火灾报警器均可采用上述方法放置。

注意： 放置地插、地面网络出线口时也可以采用上述方法进行放置。但需要调整视图范围在“天花板”以下，保证放置时准确地放置在地面。

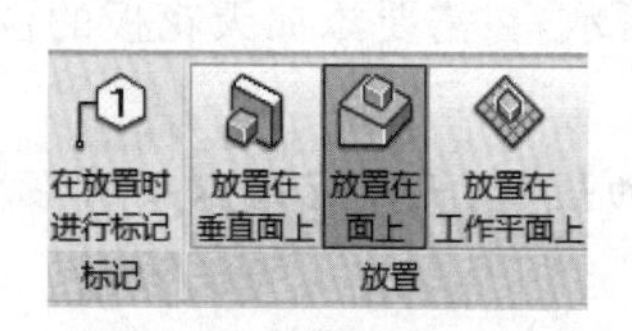

图 7-17 放置方式

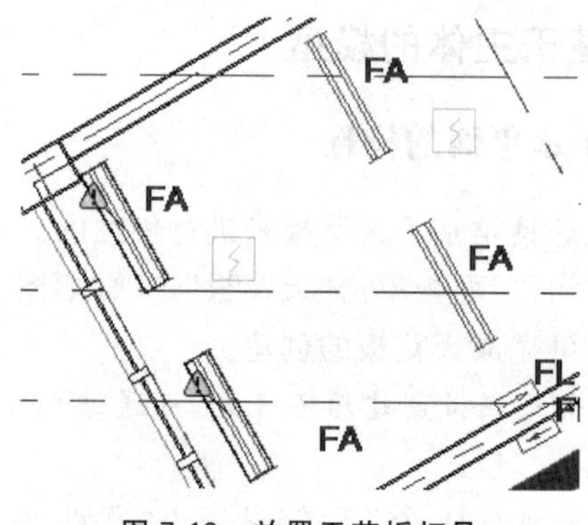

图 7-18 放置天花板灯具

2. 基于垂直面的构件

在项目中,常见的壁灯、插座、开关、安全指示灯一般贴墙(或贴柱)安装。可采用"放置在垂直面上"选项来创建。

与灯具放置方法类似,首先单击"放置构件"选项弹出构件属性栏,在属性栏"类型选择器"中选择"五孔插座"并拾取到墙体表面,通过 Tab 键循环切换,直到插座位置与墙体平行时单击放置插座。

图 7-19 放置在垂直面

接下来放置网线接口,单击"放置构件"选项并在属性栏选择"网络地面出线口",单击"编辑类型"选项设置网线接口的类型参数,设置完成后在"修改|放置构件"选项卡"放置"面板上选择"放置在垂直面上"选项进行放置,如图 7-19 所示。

在属性栏设置"立面"为"350",拾取到墙体的表面进行放置,如图 7-20 所示,放置完成的效果如图 7-21 所示。

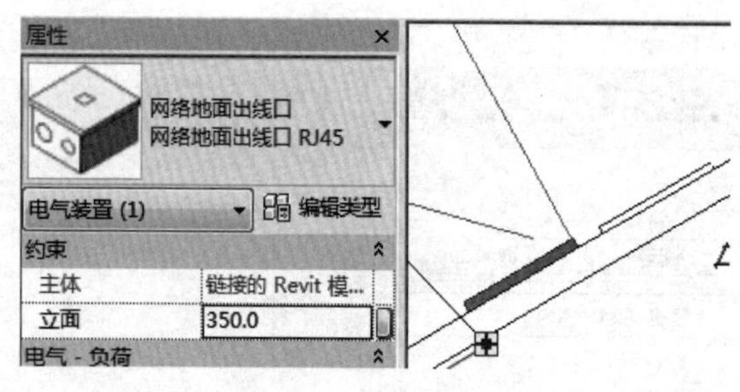

图 7-20 设置立面高度

图 7-21 插座与网线接口

同样的方法在墙体表面放置开关,设置开关的立面高度为"1200"。放置完成后切换至三维视图相应位置查看放置的电气构件,如图 7-22 所示。

3. 基于工作平面的构件

除了上述两种放置方法以外,还可以采用"放置在工作平面上"的方法进行放置。首先在"工作平面"面板单击"设置"选项,如图 7-23 所示。

图 7-22　开关放置

图 7-23　"设置"选项

在弹出的"工作平面"对话框选择"拾取一个平面"单选按钮指定当前的工作平面，如图 7-24 所示。然后选择"放置在工作平面上"选项进行放置。选取"放置在工作平面上"选项可将模型放置在标高、参照平面确定的工作面以及构件表面确定的平面上。

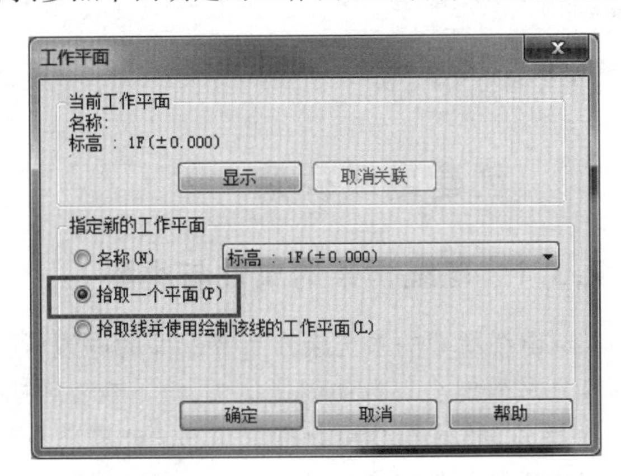

图 7-24　拾取工作平面

7.2.2　独立设备模型

放置独立设备模型时无需依附已有的主体模型进行放置，其放置方式简单，放置时需注意设备的参数设置。

在"插入"选项卡"从库中载入"面板单击"载入族"选项，将族库中的"配电箱"载入到当前项目中。单击"放置构件"选项，在属性栏单击"编辑类型"设置配电箱的类型参数，设置完成后将配电箱放置在配电间，如图 7-25 所示。

除了采用"构件"选项放置电气设备，也可以通过"系统"选项卡"电气"面板中的"电气设备"选项放置配电箱等电气设备，如图 7-26 所示。

在此面板中，展开"设备"选项下拉列表，快速选择常用的电气设备构件进行放置。其中包括电气装置、通讯、数据、火警、照明、护理呼叫、安全、电话等类别，如图 7-27 所示。在使用时需注意只有在新建族时将电气族分类为电气设备后才能使用此命令。同样也可使用

“照明设备”快速放置项目中的灯具设备，放置方法与“构件”选项的放置方法类似，在此不再赘述。

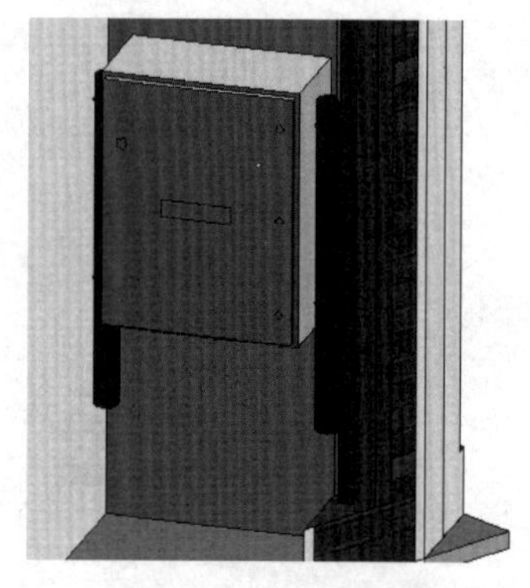

图 7-25　放置配电箱

图 7-26　电气设备

图 7-27　其他设备

创建电缆桥架.mp4

7.3　创建电缆桥架

7.3.1　电缆桥架的属性与类型

电缆桥架的系统族分为带配件的电缆桥架、无配件的电缆桥架两种。带配件的电缆桥架在放置时会有自动创建接头、上下弯头、三通、四通等。无配件的电缆桥架在放置后是一个整体，整体部分可以通过 Revit 计算出总长度，从而计算出需求量。带配件的电缆桥架是常用的桥架建模工具。

带配件的电缆桥架又分为实体底部电缆桥架、梯级式电缆桥架、槽式电缆桥架。而无配件的电缆桥架分为单轨电缆桥架、金属丝网电缆桥架。此外还可以基于系统自带的族类型，创建新的电缆桥架类型。

图　7-28

在“系统”选项卡“电气”面板单击“电缆桥架”选项，如图 7-28 所示。在属性栏单击“编辑类型”选项弹出“类型属性”对话框。

在“类型属性”对话框可通过“复制”按钮新建一个电缆桥架类型，将“名称”设置为“动力桥架”，并单击“确定”按钮新建一个桥架类型，如图 7-29 所示。在“管件”选项中可为新的桥架设置弯头、三通、四通等连接件。

此外，也可在项目浏览器下方的“族”中找到电缆桥架，并单击 ⊞ 按钮展开桥架类型列表，在“带配件的电缆桥架”族中可以看到刚刚新建的“动力桥架”类型。选中并右击，然后选择“复制”按钮可新建一个名为“动力桥架 2”的类型。选择“动力桥架 2”并右击，选择“重命名”按钮，将其“名称”修改为“弱电桥架”，修改完成后如图 7-30 所示。

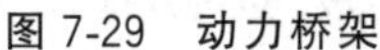
图 7-29　动力桥架

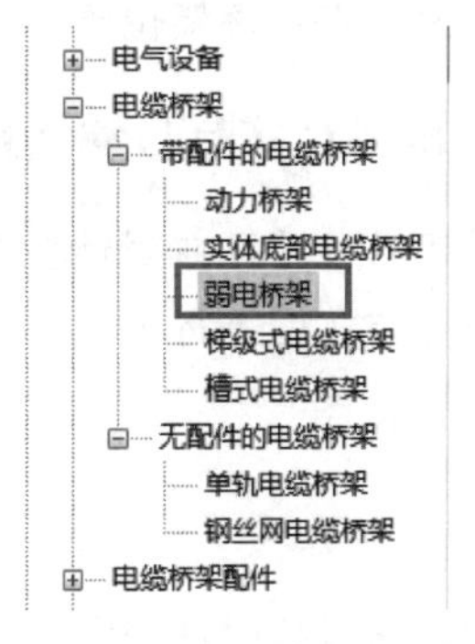

图 7-30　弱电桥架

双击“弱电桥架”弹出“类型属性”对话框，从而可以对弱电桥架的配件进行设置，设置方法与前面讲解的方法一致。在族列表中不仅可以新建桥架类型，也可以新建桥架配件的类型。如果需要更多的配件类型，需从族库中载入，并通过编辑电缆桥架类型进行配置。

7.3.2　布置电缆桥架

首先从附件(扫章末二维码可打开附件)中导入“电缆桥架平面布置图”，在图中可以看到桥架的高度为 4150mm。桥架的编号有 QD、RD 两种。本小节以 QD 为例来讲解桥架的创建方法。

1. 桥架对正

单击“系统”选项卡“电气”面板中的“电缆桥架”选项，在属性栏“类型选择器”中选择“动力桥架”创建强电桥架。在“约束”选项中提供了多种对正方式，如图 7-31 所示。

垂直对正方式有中、顶、底三种，垂直对正方式与桥架的高度有关，一般情况下可设置为“底”对正，便于计算净高，如图 7-32 所示。水平对正有中心、左、右三种，主要影响桥架创建时的捕捉点，如图 7-33 所示。当桥架变径时，不同的对正方式会自动生成不同桥架配件，在绘制桥架时根据实际需要进行设置。

新建 电缆桥架　编辑类型

约束	
水平对正	中心
垂直对正	中
参照标高	1F(±0.000)
偏移	2743.2
开始偏移	2743.2
端点偏移	2743.2
电气	

图 7-31　桥架约束参数

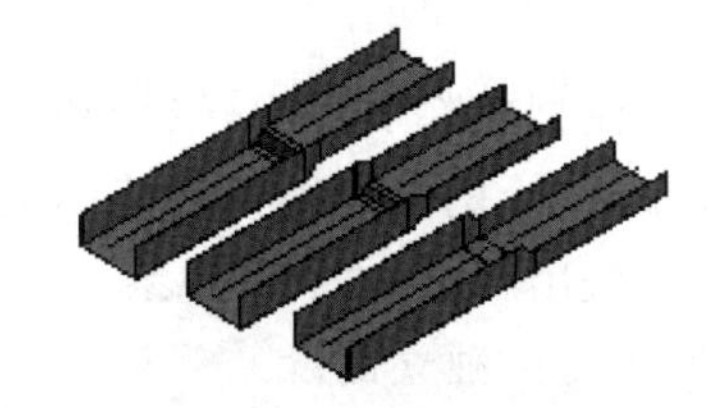
图 7-32　垂直对正

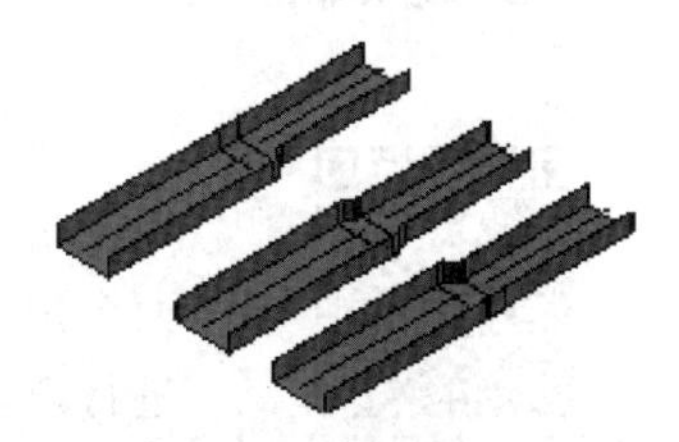
图 7-33　水平对正

2. 偏移量

桥架的高度由两个因素决定，一方面是前面讲解的垂直对正方式，另一方面是绘制时的偏移量。偏移量是指桥架与参照标高的垂直距离，偏移量为正表示桥架位于参照标高上方，偏移量为负表示桥架位于参照标高下方，起点和终点的偏移量不同则为倾斜的电缆桥架。

3. 桥架尺寸与自动连接

桥架的尺寸可在属性栏进行设置，也可以在工具条中设置，如图 7-34 所示，可分别对桥架的高度与宽度进行定义。单击 ▼ 按钮可以选择需要的桥架尺寸。

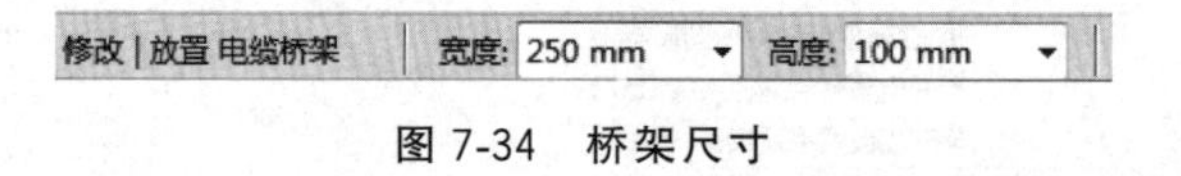

图 7-34　桥架尺寸

在创建桥架时选中“放置工具”面板中的“自动连接”选项，如图 7-35 所示，可自动在转角、交叉、T 型连接位置生成弯头、四通、三通等连接件，如图 7-36 所示。

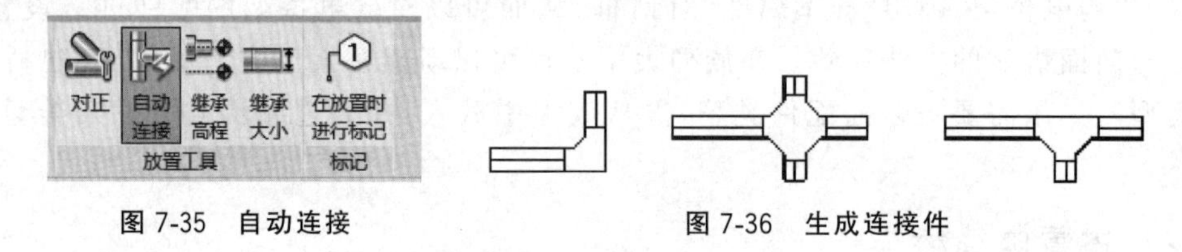

图 7-35　自动连接　　图 7-36　生成连接件

选择自动创建完成的 T 型三通，单击 + 按钮将三通转换为四通。选择四通构件，单击 − 按钮可以将四通转换为三通。同样的方法可将弯头转换为三通，三通转换为弯头，拾取到新增的构件的连接点位置 ⊞ 可继续创建电缆桥架(图 7-37)。

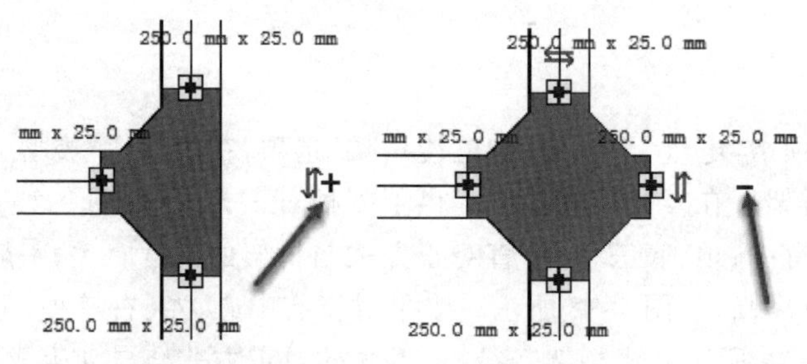

图 7-37　添加/删除连接点

7.4　创建线管与导线

创建管线与导线.mp4

在电气模型中除了桥架，线管和导线也是常见的构件。线管常用在暗线布局中，例如沿楼板或墙体敷设的暗线。暗线在墙面或地面会预留一些出线口，供后期电线安装时操作。导线可沿桥架、线管进行敷设，也可以独立铺设。

由于明装线管和导线在敷设时易于调整位置，在做管线综合时一般不考虑线管及导线的布局。但合适的线管布局方案及导线排布能减少材料的浪费,从而降低成本,对指导现场施工也有重要的意义。

7.4.1　线管的类型

在 Revit 中提供了带配件的线管和无配件的线管两种线管族,在建立模型时可以基于这两种族创建其他的线管类型。

创建线管类型的方式与创建桥架的类型相似,切换至“系统”选项卡,在“电气”面板选择“线管”选项,如图 7-38 所示。

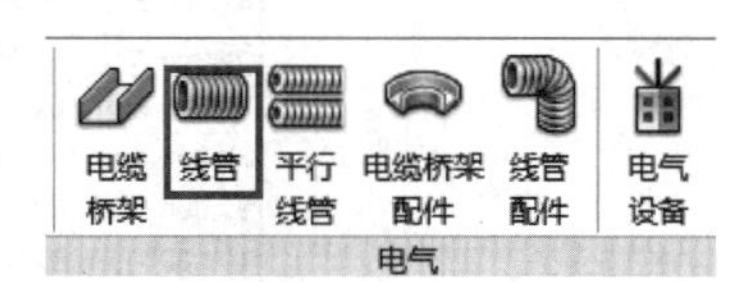

图 7-38　“线管”选项

在属性栏单击“编辑类型”按钮弹出“类型属性”对话框,单击“复制”按钮新建一个线管类型,将“名称”设置为“PVC 线管”,如图 7-39 所示。单击“确定”按钮完成新类型的创建。接下来可修改线管的弯头、三通、活接头等管件。如果项目中没有相应的族,需要从族库载入到当前项目中使用。

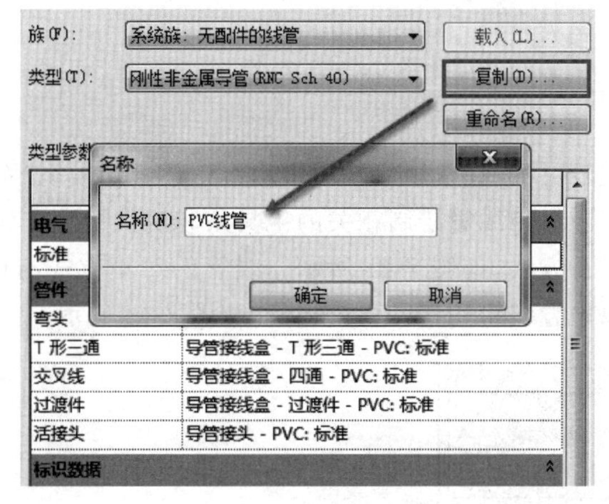

图 7-39　创建新类型

Revit 提供了 RNC、RMC、EMT 三类线管配件族,默认存放在“C:\ProgramData\Autodesk\RVT 2018\Libraries\China\机电\供配电\配电设备\线管配件”位置。

除了通过“类型属性”中的“复制”命令新建线管类型外,还可以通过项目浏览器中的线管类型进行复制并重命名,创建新的线管类型。操作方式与桥架的操作一样,在此不再赘述。

7.4.2　线管设置

在电气设置中已经提及配线的相关设置,本小节主要讲解线管尺寸的设置方式。

切换至“管理”选项卡,在“设置”面板展开“MEP 设置”选项下拉列表,单击“电气设置”选项,弹出“电气设置”对话框。在“线管设置”下方选择“尺寸”选项可对尺寸进行编辑,单击按钮新建需要的标准尺寸,单击“新建尺寸(M)”按钮新建线管尺寸,如图 7-40 所示。

新建的标准只影响某一类型的尺寸。如在 EMT 标准中创建的尺寸,在使用 RMC 标准中将不能使用,并且当不选中对应尺寸选项时,该尺寸的线管也不能使用。新建的尺寸不能与已有尺寸重复,可通过右上方的按钮删除不需要的尺寸,但需要注意模型中已经被使用过的尺寸不能被删除。

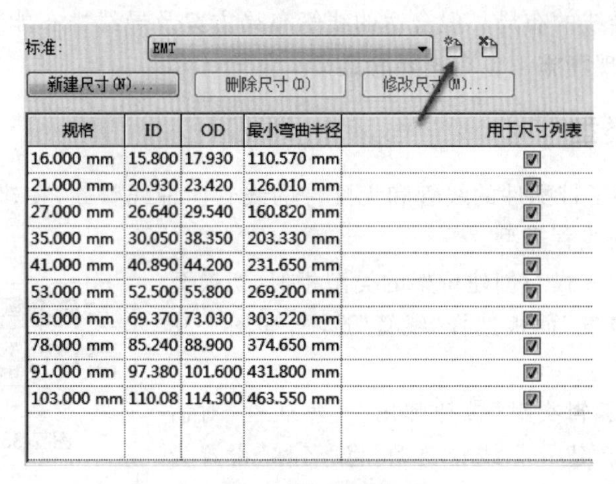

规格	ID	OD	最小弯曲半径	用于尺寸列表
16.000 mm	15.800	17.930	110.570 mm	☑
21.000 mm	20.930	23.420	126.010 mm	☑
27.000 mm	26.640	29.540	160.820 mm	☑
35.000 mm	30.050	38.350	203.330 mm	☑
41.000 mm	40.890	44.200	231.650 mm	☑
53.000 mm	52.500	55.800	269.200 mm	☑
63.000 mm	69.370	73.030	303.220 mm	☑
78.000 mm	85.240	88.900	374.650 mm	☑
91.000 mm	97.380	101.600	431.800 mm	☑
103.000 mm	110.08	114.300	463.550 mm	☑

图 7-40　新建标准及尺寸

提示：列表中的“ID”表示线管内径，“OD”表示线管外径，最小弯曲半径指线管在弯折时允许的最小半径。

7.4.3　创建线管

管线创建的方式比较灵活，在常用的视图中均可创建。切换至“系统”选项卡，在“电气”面板中单击“线管”选项激活与线管绘制相关的工具条和属性栏。在属性栏中提供了线管绘制的垂直对正和水平对正方式，如图 7-41 所示。线管的对正方式与桥架相同，在此不再赘述。在工具条中也可以设置线管的直径和偏移量，如图 7-42 所示。

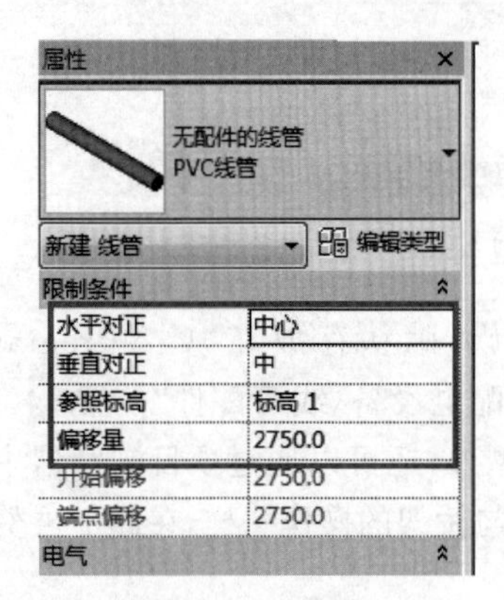

图 7-41　线管对正

图 7-42　工具条

设置完成直径、偏移量、对正方式、弯曲半径后，在“放置工具”面板中单击“自动连接”选项，并在“偏移连接”中启用“添加垂直”选项，如图 7-43 所示。

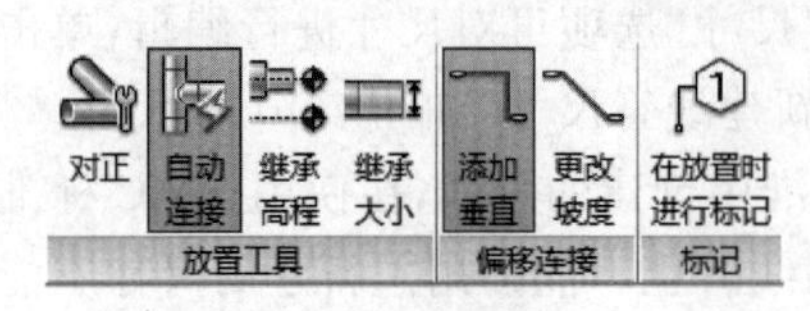

图 7-43　自动连接

当选择“自动连接”并配置了管线管件后，在绘制时可自动生成接线盒、弯头等连接件。其效果与桥架的配件相同，并可以将接线盒的三通、弯头、四通进行相互转换。

切换至三维视图，可在视图导航栏切换视图的精细程度，如图 7-44 所示。视图的精细程度对线管的可见性有影响。当视图的详细程度为“中等”或“粗略”时，管线显示为单线，如图 7-45 所示。当视图显示精细程度为“精细”时，管线显示为实际尺寸，如图 7-46 所示。

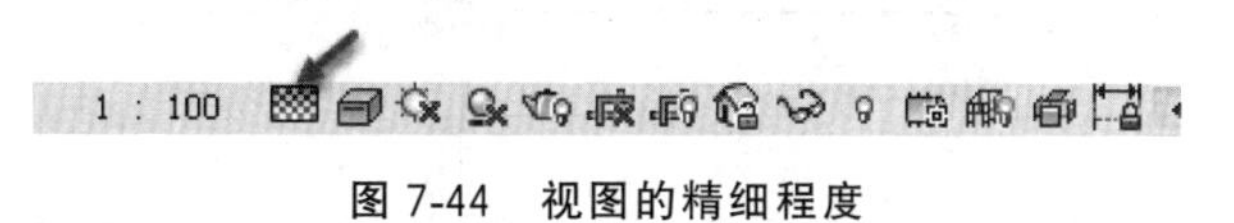

图 7-44　视图的精细程度

创建管道时，启用“添加垂直”，首先绘制一段管道，然后修改工具条中的“偏移量”创建第二段管道，可以在两段线管之间自动生成垂直的线管将两段线管连接到一起，如图 7-47 所示。

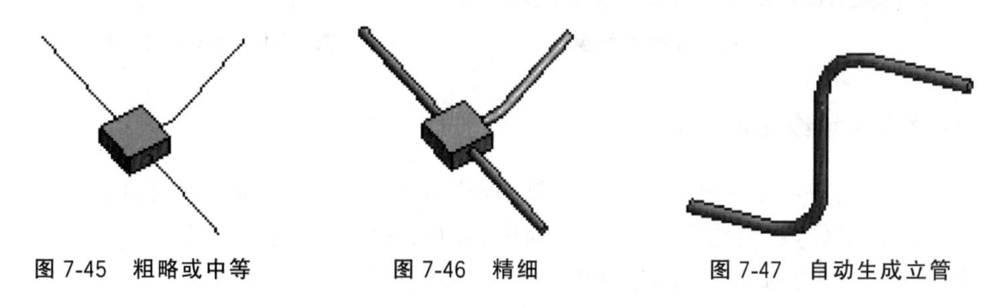

图 7-45　粗略或中等　　图 7-46　精细　　图 7-47　自动生成立管

7.4.4　创建导线

导线是连接设备和电源的导电设施，常见的火线、零线以及其他的一些电缆都可以用导线来创建。导线只能在平面视图中进行布置，在三维视图和立面视图中，导线布置工具为不可选状态。

导线布置有两种方式，一种是手动创建导线，另一种是根据创建的开关、插座、灯具等电气设备自动生成导线的布局方案。在建模时根据项目需要来选择布置方式。

1. 手动布置导线

在 Revit 中提供了弧形导线、样条曲线导线、带倒角导线三种手动布置导线的工具。切换至楼层平面，在“系统”选项卡“电气”面板单击“导线”选项，如图 7-48 所示。软件默认提供了“导线类型”的系统族。

图 7-48　导线

单击“编辑类型”按钮弹出“类型属性”对话框，导线类型的创建方式与线管的创建方式相似，单击“复制”按钮创建新的导线类型。需要注意，在编辑类型参数时需对导线的材质、地线、零线等参数进行设置，如图 7-49 所示。

完成类型编辑后单击“导线”选项下方的下拉列表，可以看到三种导线绘制的工具，如图 7-50 所示。选择适当的方式将开关与电气设备连接起来，完成导线的创建。

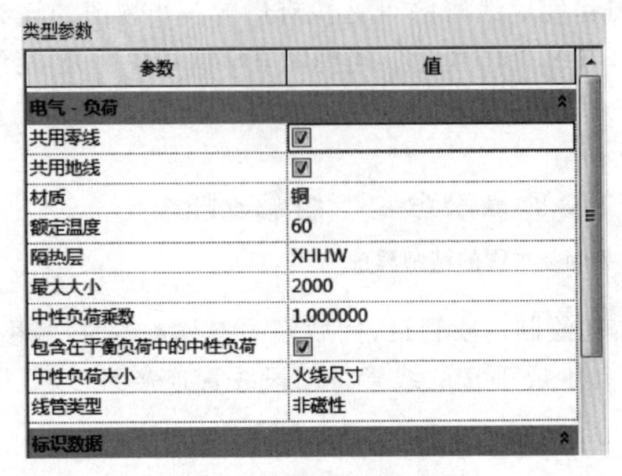
类型参数

参数	值
电气 - 负荷	
共用零线	☑
共用地线	☑
材质	铜
额定温度	60
隔热层	XHHW
最大大小	2000
中性负荷乘数	1.000000
包含在平衡负荷中的中性负荷	☑
中性负荷大小	火线尺寸
线管类型	非磁性
标识数据	

图 7-49　导线类型参数

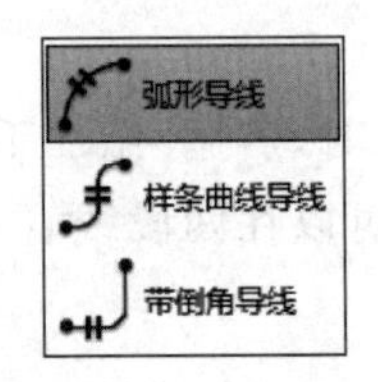

图 7-50　导线创建工具

2. 自动生成导线布局

自动生成导线布局能提高导线布置的效率，从附件(扫章末二维码可打开附件)中导入“导线布局练习”文件，已创建完成了开关、插座、灯具、配电箱等电气设备。

在住户入口位置找到配电箱，选择配电箱，在属性栏指定配电系统为“220/380Wye”(也可自定义为其他配电系统)。以其中一个卧室为例，选择卧室的灯具，在弹出的“修改|照明设备”选项卡“创建系统”面板单击“电力”选项，为选择的灯具指定回路，如图 7-51 所示。

在弹出的“修改|电路”选项卡“系统工具”面板单击“选择配电盘”选项为当前回路指定配电箱，如图 7-52 所示。单击“编辑线路”选项可重新指定配电盘或删除(添加)当前回路中的开关和灯具，如图 7-53 所示。修改完成后，单击✔按钮完成线路的编辑，并重新生成线路布局，如图 7-54 所示。

图 7-51　创建电力回路

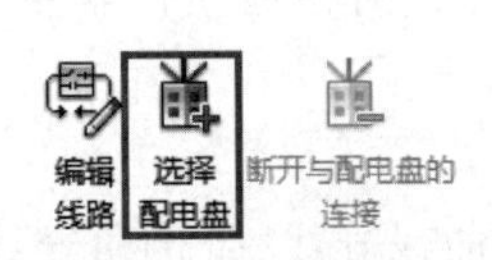

图 7-52　选择配电盘

图 7-53　编辑线路

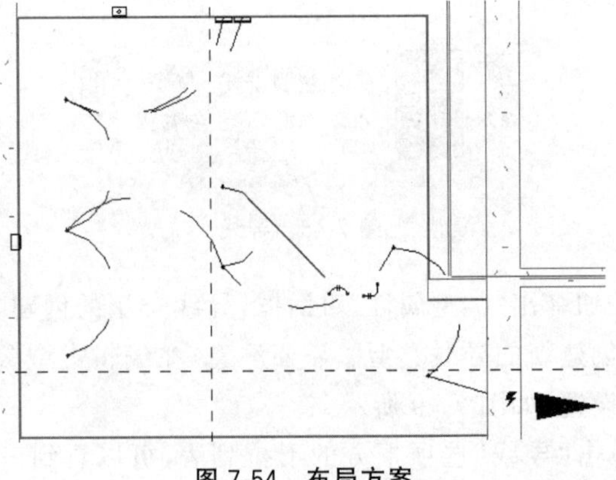

图 7-54　布局方案

此时线路布局方案已经生成，接下来可根据方案生成导线。在“修改|电路”选项卡“转换为导线”面板提供了两种导线工具，分别为弧形导线、带倒角导线，如图 7-55 所示。

完成导线布局后，如果生成的开关与灯具的布局关系不正确，可在“修改|照明设备”选项卡“创建系统”面板单击“开关”选项，弹出“修改开关系统”选项卡。单击“选择开关”选项为灯具指定正确的开关，如图 7-56 所示。生成的导线如图 7-57 所示。

图 7-55　转换为导线　　图 7-56　开关系统

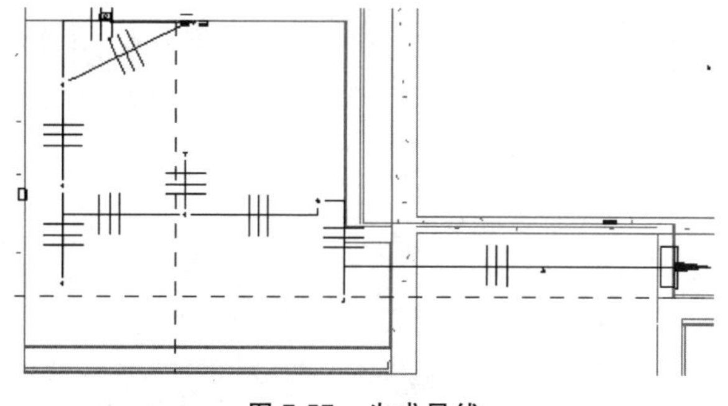

图 7-57　生成导线

3. 导线修改

完成生成导线后可根据实际情况对导线的方位进行调整。首先对导线数量进行修改。例如，选择导线并单击 + 按钮可增加一条火线，单击 − 按钮可减少一条火线。

当导线相交叉时需要对先后顺序进行定义。在“修改|导线”选项卡“排列”面板中有放到最前和放到最后两个选项，如图 7-58 所示。展开下拉列表菜单分别有前移、后移工具，可对导线的排列顺序进行修改。

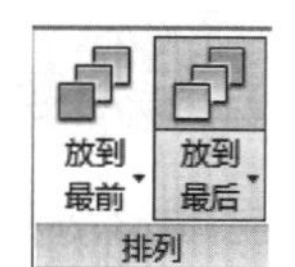

图 7-58　导线排序

配电分析.mp4

7.5　配电分析

7.5.1　线路分析

Revit 提供了分析功能，辅助电气系统的设计。在进行复杂设计时，常常对空间进行分区，然后基于创建的线路，查看电路的相关信息。

当电气管件、线路创建完成后，软件会自动计算电气相关的参数，比如电压降、实际电流、导线明细等。

通过光标拾取到电路中的某一构件，使用 Tab 键选择整个线路（当显示为虚线框时表示选中整个线路）。在属性栏中可显示当前线路的信息，如图 7-59 所示。

切换至“分析”选项卡，在“检查系统”面板单击“检查线路”选项，如图 7-60 所示。如线路无错误会弹出“未发现线路错误”对话框，如线路有错误将弹出警告窗口，并且错误的线路将会高亮显示，如图 7-61 所示。

极数	1
额定	20.00 A
帧	400.00 A
电压	220.00 V
视在负荷	30.00 VA
相位 A 视在负荷	30.00 VA
相位 B 视在负荷	0.00 VA
相位 C 视在负荷	0.00 VA
视在电流	0.14 A
相位 A 视在电流	0.14 A
相位 B 视在电流	0.00 A
相位 C 视在电流	0.00 A
实际负荷	30.00 W
相位 A 实际负荷	30.00 W
相位 B 实际负荷	0.00 W
相位 C 实际负荷	0.00 W
实际电流	0.14 A
相位 A 实际电流	0.14 A
相位 B 实际电流	0.00 A
相位 C 实际电流	0.00 A
电压降	0.03 V
功率系数	1.000000
功率系数的状态	滞后
平衡负荷	
长度	14167.7
导线类型	XHHW
导线尺寸	1-#12, 1-#12...
布网数目	1

图 7-59 系统分析

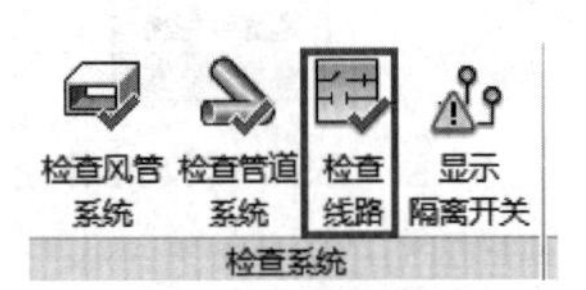

图 7-60 检查线路

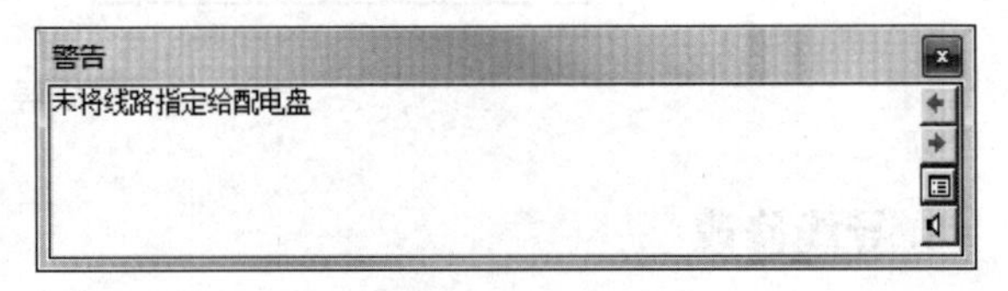

图 7-61 检查结果

7.5.2 配电盘明细表

配电盘明细表可计算配电箱相关的信息。选择配电箱，在“修改|电气设备”选项卡“电气”面板单击“创建配电盘明细表”选项，如图 7-62 所示。在弹出的下拉菜单中提供了“使用默认样板”“选择样板”两种方式，单击“使用默认样板”即可创建一个配电盘明细表，可在项目浏览器中的配电盘明细表中查看，如图 7-63 所示。

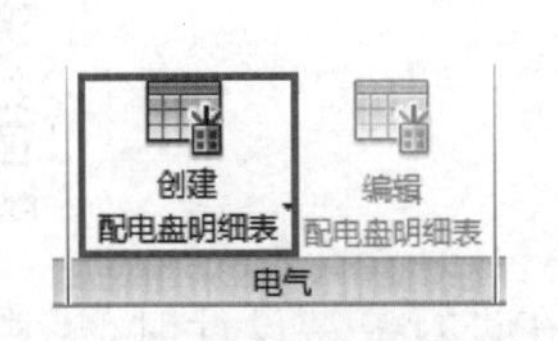

图 7-62 创建配电盘明细表

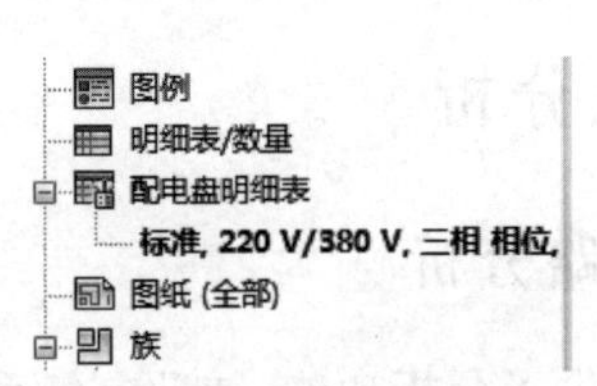

图 7-63 查看明细表

再次选择配电箱，此时“创建配电盘明细表”灰显，不可选用。而“编辑配电盘明细表”变为可用，单击“编辑配电盘明细表”选项后也能弹出配电盘明细表清单，可以对明细表进行查看和编辑。

配电盘明细表的创建方式较多，在此不再一一讲解，具体可参照本书的教学视频进行学习。

强化训练

第 7 章教材配套资源.rar

请参考“第 7 章>第 7 章 强化训练案例资料”文件夹中提供的案例资料完成电气系统建模，具体要求如下：

1. 基于“02 机电样板”文件夹中提供的“DH201805_YHY_MEP 样板.rte”项目样板分别创建强电、弱电项目。并将项目另存为“DH201805_YHYZ_S_DQ_B1_桥架(强电)”“DH201805_YHYZ_S_DQ_B1_桥架(弱电)”。

2. 根据“03 图纸资料”中提供的“动力干线平面图.dwg”图纸资料，完成强电桥架建模。完成的强电系统模型如图 7-64 所示。

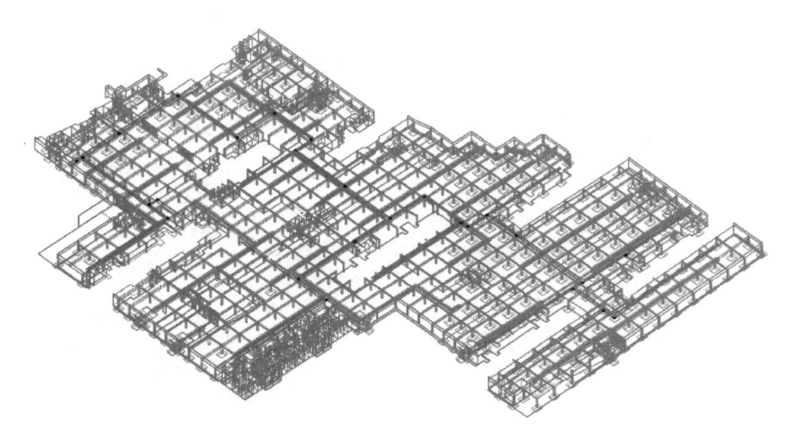

图 7-64　强电系统模型(一)

3. 根据“03 图纸资料”中提供的“弱电干线平面图.dwg”图纸资料，完成强电桥架建模。完成的强电系统模型如图 7-65 所示。

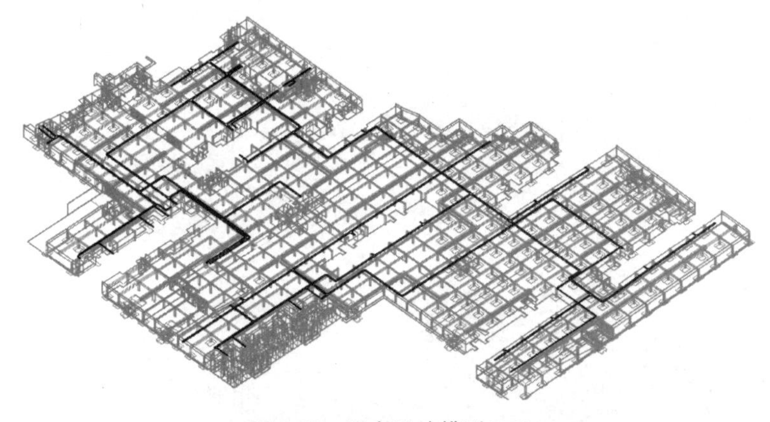

图 7-65　弱电系统模型(二)

本章小结

本章主要讲解了电气设备、桥架、线管、导线等的创建方式，还讲解了基于模型的线路分析方法。在实际工程项目中，一般先创建配电设备和桥架，然后将桥架与给排水、暖通的管道进行管线综合避让。项目中的导线、线管的数量较多，但尺寸小、便于避让，一般不影响其他的管道构件敷设。在管线综合调整优化以后再来进行设计，避免因前期创建未考虑水暖专业的布局导致后期较大的修改。

第 8 章

单专业模型深化设计

通过前几章的内容，已经讲解了管线综合中各专业模型创建的方法。本章将根据前面所创建的各专业项目模型进行专业内部的碰撞检查和深化调整，使得本专业模型无碰撞问题。减少单专业模型碰撞问题，能提高管线综合效率。本章主要通过 Revit 碰撞检查功能进行讲解。

8.1 模型深化概述

模型深化概述.mp4

深化设计指施工总承包单位在建设单位提供的施工图或合同图的基础上，对其进行细化、优化和完善，形成各专业的详图施工图纸，同时对各专业设计图纸进行集成、协调、修订与校核，以满足现场施工及管理需求的过程。

8.1.1 模型深化的内容

模型深化主要为碰撞检查、避让及优化设计等。碰撞在实际工程中的应用分硬碰撞和软碰撞（间隙碰撞）两种，硬碰撞是指实体与实体之间的交叉碰撞，软碰撞是指实体间实际并没有碰撞，但间距和空间无法满足相关施工要求。例如，两根导管并排架设，要考虑到安装、保温等要求，两者之间必须保留一定的间距，如果这个间距不够，虽然两管道之间未直接碰撞，但其设计也不合理，即为软碰撞。目前 BIM 的碰撞检查应用主要集中在硬碰撞。通常问题出现最多的是安装工程中各个专业设备管线之间的碰撞、管线与建筑结构部分的碰撞以及建筑结构自身的碰撞。

单专业的模型深化即是检查单个专业中的设备、管道是否存在硬碰撞。例如，暖通中的通风管道与空调水管道是否交叉。通常可直接通过 Revit 的碰撞检查功能检测模型及链接的冲突问题，并将碰撞检查结果导出为 HTML 格式文件。碰撞结果导出后各设计人员根据报告中相关碰撞位置进行查找，并修改模型处理碰撞问题。重复上述步骤，直至模型中无碰撞。

8.1.2 模型深化的意义

1. 设计方案选型

通过调整单专业模型可以降低管线的施工和使用的过程中出现的风险，找到合理的管线排布方案。对于预留预埋，以及管材和管件的订购更加准确。

2. 施工安装交底

当模型调整完成，管线排布到足够优化和良好的情况下时，推荐使用综合支吊架的安装形式，减少支吊架的材料和支吊架本身占用的空间。

3. 工期和材料节省

无碰撞的设计方案可直接用于现场施工，并且能够减少现场的变更和材料浪费，缩短施工工期。

单专业模型自检.mp4

8.2 单专业模型自检

单专业模型的自检是模型深化设计的重要一步。通过模型的自检，提前发现专业内部管线发生的碰撞、位置不合理等问题，可以避免管路杂乱交叉发生短路，能够优化管线设计。

8.2.1 给排水模型自检与调整

1. 给排水模型自检

在附件(扫章末二维码打开附件)中打开“DH201805_YHYZ_S_JPS_B1_给排水”文件，切换至默认三维视图。单击“协作”选项卡“坐标”面板中“碰撞检查”选项下拉列表，在列表中选择“运行碰撞检查”选项，如图8-1所示，即可弹出“碰撞检查”对话框。

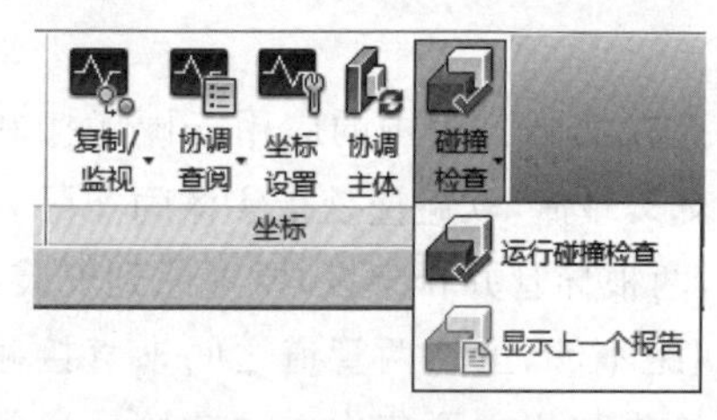

图8-1 碰撞检查工具

在“碰撞检查”对话框中，需要在左右两侧分别指定需要参加碰撞检查的图元的类别。分别设置左右两侧“类别来自”为“当前项目”，Revit将在左右两侧分别显示当前项目中包含的所有图元类别。分别选中两侧的“卫浴装置”“管件”“管道附件”和“管道”，即执行当前项目中所有属于这些类别图元之间的碰撞检查。完成后单击下方的“确定”按钮，如图8-2所示，Revit开始检测所选择类别的图元间是否存在干涉。

备注：*如果需要检测当前模型与链接模型之间的冲突问题，可以将左右两个类别中的任意一个“类别来自”选项修改为需要检测的链接文件。*

运行碰撞检查后，Revit弹出“冲突报告”对话框，如图8-3所示，设置“成组条件”为“类别1，类别2”，以当前项目中所选管道类别为基准，在消息表中将所有碰撞以分组形式展现出来，通过下面的“显示”、“导出”、“刷新”按钮可查找碰撞图元以及导出碰撞结果。

2. 给排水模型调整

上面讲述了在Revit中如何使用“碰撞检查”选项在项目中进行图元间冲突的检测，本节将介绍如何通过冲突报告查找碰撞的图元并修改。

图 8-2　碰撞检查

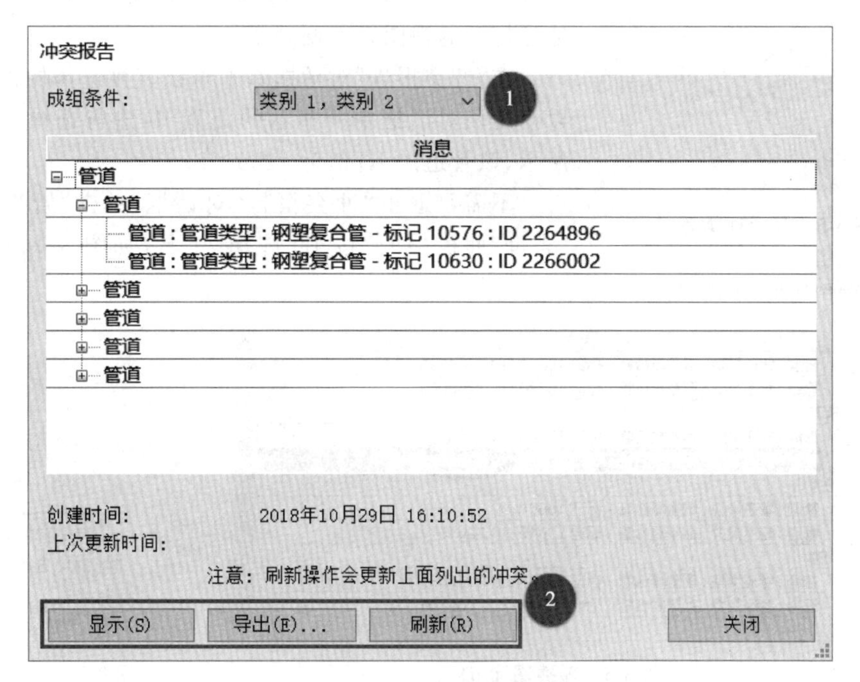

图 8-3　“冲突报告”对话框

如图 8-4 所示，在 Revit 给出的“冲突报告”对话框中，单击碰撞列表区域管道各类别前的“+”展开该类别。选择碰撞的选项，然后单击“显示”按钮进入项目视图区域查找两管道碰撞之处。

图 8-4　显示冲突对象

Revit 默认在当前项目中所有已打开的视图中进行查找，如图 8-5 所示。碰撞的管道将在视图中高亮显示。如果在当前视图中无法以较好的视角显示所选择的管道，可以继续单击“冲突报告”对话框中的“显示”按钮，Revit 将切换至其他已打开的视图以方便观察。

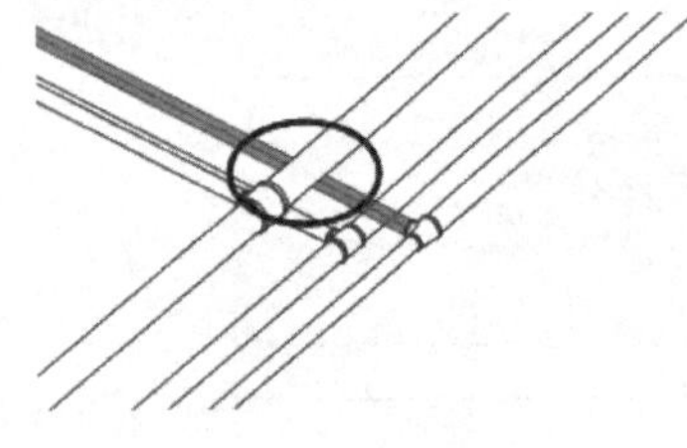

图 8-5　显示碰撞管道

在“冲突报告”对话框除了可以直接选择构件外，还可以使用该对话框中所显示的图元 ID 进行选择。如图 8-6 所示，该管道的 ID 值为 2266079。

不需要退出“冲突报告”对话框，单击“管理”选项卡“查询”面板中的“按 ID 选择”工具，如图 8-7 所示，打开“按 ID 选择图元”对话框。

图 8-6　碰撞图元 ID

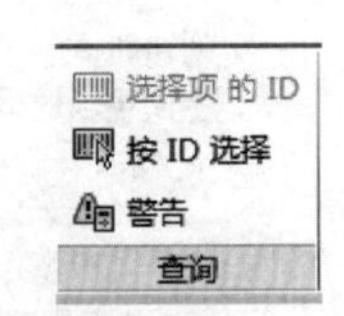

图 8-7　ID 查询

在“按 ID 选择图元”对话框中，输入图元 ID 号 2266079，单击“显示”按钮，如图 8-8 所示。Revit 将在视图中高亮显示该图元，单击“确定”按钮可选中该图元。

找到碰撞图元位置以后，可以根据设计的要求对图元进行修改，直到不再发生碰撞。在本案例中，可以使给排水管道在碰撞处向上翻。选择所碰撞的管道，进入“修改/管道”上下文选项卡，单击“修改”选项板“拆分图元”选项，如图 8-9 所示。

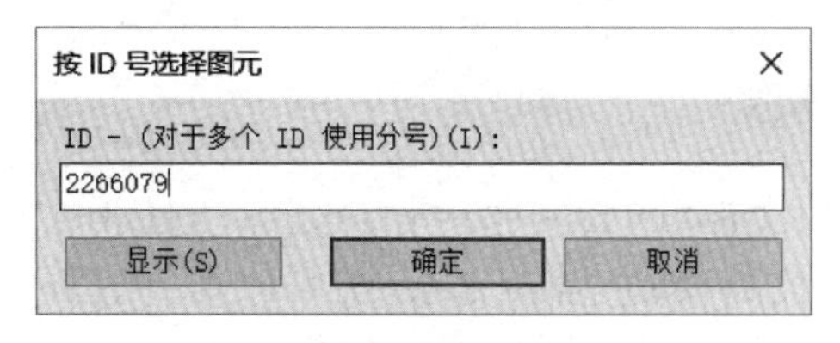

图 8-8　输入 ID

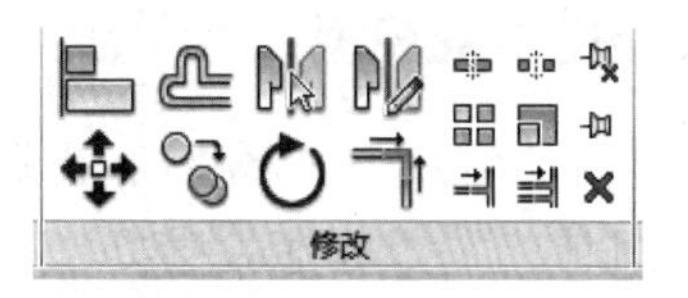

图 8-9　拆分管道

将光标移动到绘图区捕捉管道后，在碰撞发生处左右两侧单击，管道将会被打断，并生成管道接头，如图 8-10 所示。

选择管接头和中间管道，并将其删除。然后在删除的位置绘制标高高于原高度的管道，完成后如图 8-11 所示，在碰撞处管道完成了上翻避让。

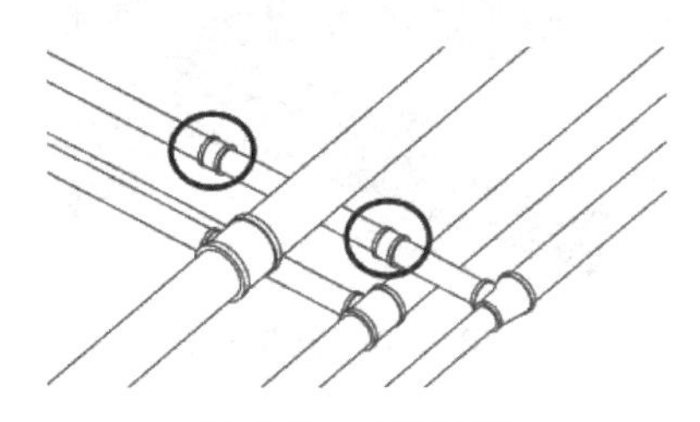

图 8-10　打断管道

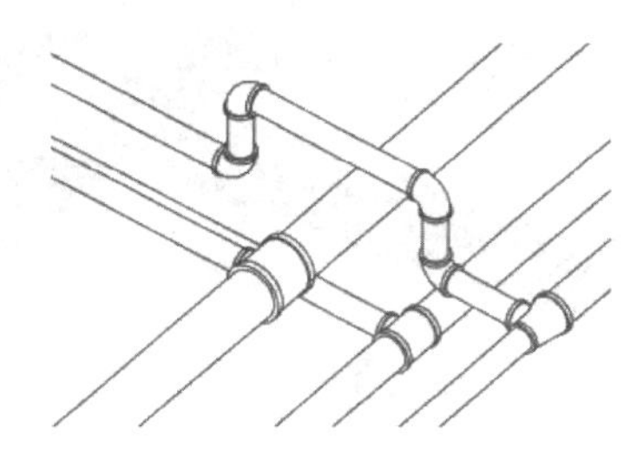

图 8-11　管道上翻避让

修改后单击“冲突报告”对话框的“刷新”按钮，如图 8-12 所示。因为碰撞问题已解决，所以原有的碰撞选项将会被更新。

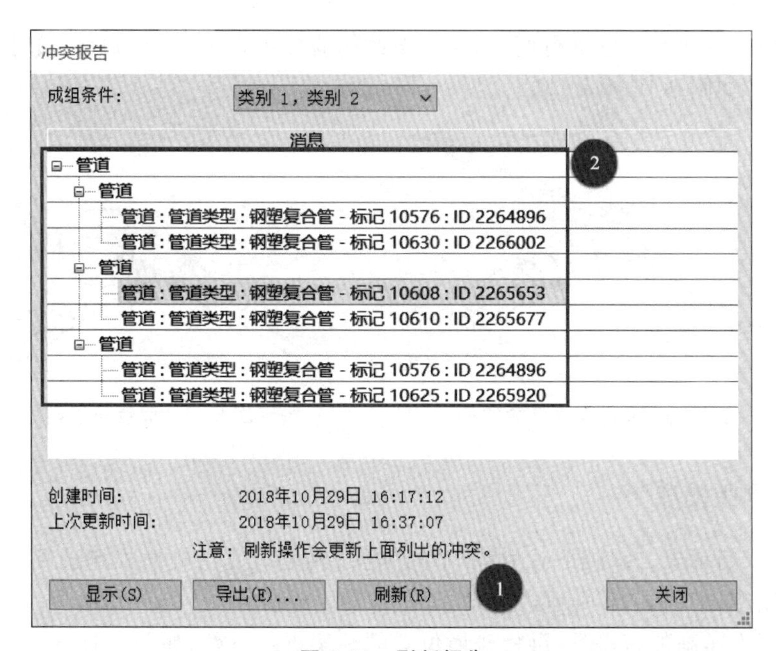

图 8-12　刷新报告

8.2.2 其他专业模型自检与调整

1. 消防专业模型

打开附件(扫章末二维码下载附件)中的文件“DH201805_YHYZ_S_XH_B1_消火栓”模型,利用上节所学碰撞检查方法找到模型的碰撞点,如图 8-13 所示,“管道与管道”发生碰撞。

找到碰撞点,此处的管道可采用“修改”选项卡中的“对齐”工具 进行连接,连接完成如图 8-14 所示。

图 8-13 管道碰撞

图 8-14 管道连接

2. 暖通专业模型

打开附件(扫章末二维码下载附件)中的“暖通模型”,运用碰撞检查的方法进行检测,如图 8-15 所示,“管道与设备”发生碰撞。

选中碰撞管道对其位置进行调整,在不与结构碰撞的前提下可对尺寸变小一侧的风管进行单边避让,如图 8-16 所示。

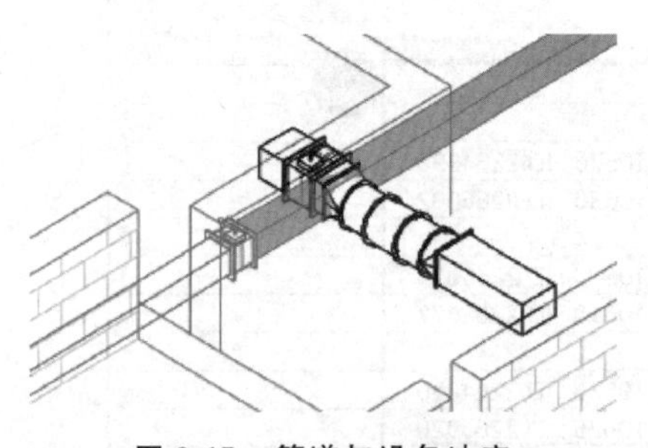

图 8-15 管道与设备冲突

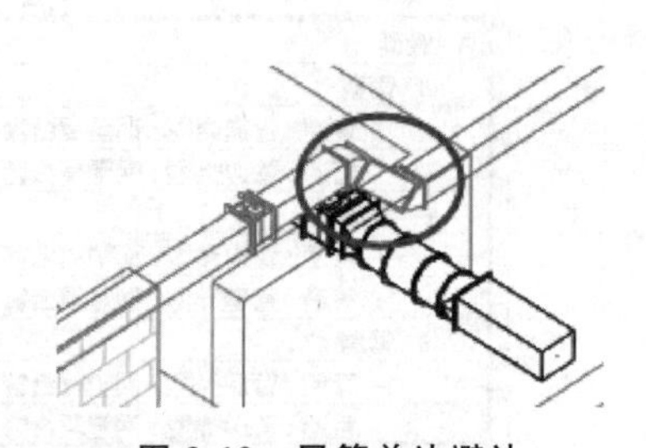

图 8-16 风管单边避让

3. 电气专业模型

打开附件(扫章末二维码下载附件)中的“电气模型”,使用碰撞检查选项检查电气模型之间的碰撞问题,如图 8-17 所示,“桥架与桥架”发生碰撞。

在保证下方净高的前提下,可将碰撞位置的桥架进行下翻,如图 8-18 所示。

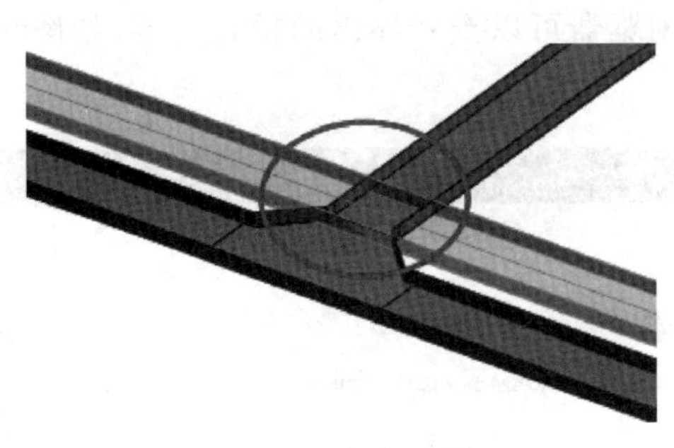

图 8-17　桥架碰撞

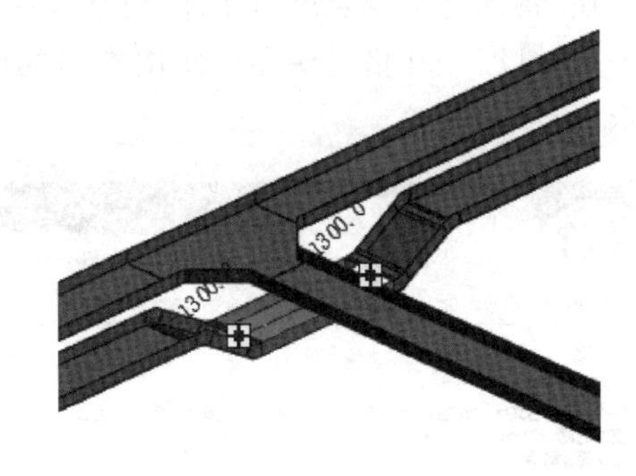

图 8-18　桥架下翻避让

8.3　单专业碰撞检查报告

单专业碰撞检查报告.mp4

碰撞检查是建筑工程中一项常见也是非常重要的环节，通过碰撞检查功能，找出设计与施工流程中的空间碰撞问题。而碰撞检查报告是所有问题的汇总，可作为修改的参考资料。

通过碰撞检查报告可以准确定位模型出现的冲突问题，然后针对问题进行整改，从而优化设计方案。

1. 导出问题报告

在“冲突报告”对话框中，单击“导出”按钮，可将 Revit 中的碰撞检查结果导出为独立的 html 格式的报告文件，用于设计过程的协调存档，如图 8-19 所示。

冲突报告

成组条件：　类别 1，类别 2

消息

电缆桥架

电缆桥架配件

电缆桥架：带配件的电缆桥架：01_强电用电防火桥架_500*100 - 标记 772：ID 2262439

电缆桥架配件：槽式电缆桥架水平三通：水平三通-强电 - 标记 2884：ID 2262539

电缆桥架配件

电缆桥架

电缆桥架：带配件的电缆桥架：02_消防电用电防火桥架_500*100 - 标记 840：ID 2262546

电缆桥架配件：槽式电缆桥架水平三通：水平三通-强电 - 标记 2799：ID 2262447

创建时间：　2018年10月29日 17:07:01

上次更新时间：

注意：刷新操作会更新上面列出的冲突。

显示(S)　导出(E)...　刷新(R)　关闭

图 8-19　报告导出

在“将冲突报告导出为文件”对话框中，设置导出文件的位置以及导出的文件名，导出的报告文件以 html 格式保存。使用常用的网页浏览器可以查看导出的报告内容，如图 8-20 所示。

冲突报告

冲突报告项目文件: D:\工作\2018工作文件夹\出版教材编写\管线综合\管线综合\案例项目资料\强化训练资料\8 单专业模型深化案例\DH201805_YHYZ_S_DQ_B1_桥架（强电）.rvt
创建时间: 2018年10月29日 17:07:01
上次更新时间:

	A	B
1	电缆桥架 : 带配件的电缆桥架 : 01_强电用电防火桥架_500*100 - 标记 770 : ID 2262436	电缆桥架 : 带配件的电缆桥架 : 02_消防电用电防火桥架_500*100 - 标记 832 : ID 2262534
2	电缆桥架配件 : 槽式电缆桥架水平三通 : 水平三通-强电 - 标记 2799 : ID 2262447	电缆桥架 : 带配件的电缆桥架 : 02_消防电用电防火桥架_500*100 - 标记 840 : ID 2262546
3	电缆桥架 : 带配件的电缆桥架 : 01_强电用电防火桥架_500*100 - 标记 785 : ID 2262458	电缆桥架 : 带配件的电缆桥架 : 02_消防电用电防火桥架_500*100 - 标记 864 : ID 2262575
4	电缆桥架 : 带配件的电缆桥架 : 01_强电用电防火桥架_500*100 - 标记 789 : ID 2262465	电缆桥架 : 带配件的电缆桥架 : 02_消防电用电防火桥架_500*100 - 标记 846 : ID 2262552
5	电缆桥架 : 带配件的电缆桥架 : 01_强电用电防火桥架_500*100 - 标记 790 : ID 2262467	电缆桥架 : 带配件的电缆桥架 : 02_消防电用电防火桥架_500*100 - 标记 854 : ID 2262561
6	电缆桥架 : 带配件的电缆桥架 : 01_强电用电防火桥架_500*100 - 标记 812 : ID 2262504	电缆桥架 : 带配件的电缆桥架 : 02_消防电用电防火桥架_500*100 - 标记 848 : ID 2262553
7	电缆桥架 : 带配件的电缆桥架 : 01_强电用电防火桥架_500*100 - 标记 824 : ID 2262521	电缆桥架 : 带配件的电缆桥架 : 02_消防电用电防火桥架_500*100 - 标记 840 : ID 2262546
8	电缆桥架 : 带配件的电缆桥架 : 01_强电用电防火桥架_500*100 - 标记 824 : ID 2262521	电缆桥架 : 带配件的电缆桥架 : 02_消防电用电防火桥架_500*100 - 标记 843 : ID 2262549
9	电缆桥架 : 带配件的电缆桥架 : 02_消防电用电防火桥架_200*100 - 标记 858 : ID 2262567	电缆桥架 : 带配件的电缆桥架 : 01_强电用电防火桥架_500*100 - 标记 877 : ID 2273271

图 8-20　用浏览器查看报告内容

2. 报告内容组成

导出的问题报告主要由三部分组成，首先是碰撞的位置所在，其次是报告的创建时间以及上次更新时间，最后是报告的主要内容，包括发生碰撞构件的种类型号、ID 号等。

强化训练

第 8 章教材配套资源.rar

请参考“第 8 章>第 8 章 强化训练案例资料”文件夹中提供的案例资料完成案例项目各专业内部模型的碰撞检查报告，并完成专业内的管线避让。单专业碰撞检查练习内容参照表 8-1。具体要求如下：

1. 使用 Revit 的碰撞检查功能检测“给排水”模型(DH201805_YHYZ_S_NT_B1_暖通(水系统). rvt)中的碰撞问题，并逐一调整，解决模型中给排水管道间的全部碰撞问题。

2. 使用 Revit 的碰撞检查功能检测“消防”模型(DH201805_YHYZ_S_XH_B1_消火栓. rvt、DH201805_YHYZ_S_ZP_B1_自动喷淋. rvt)中的碰撞问题，并逐一调整，解决模型中消防及喷淋管道间的全部碰撞问题。

3. 使用Revit的碰撞检查功能检测“暖通”模型(DH201805_YHYZ_S_NT_B1_暖通(水系统).rvt、DH201805_YHYZ_S_NT_B1_暖通(消防排烟).rvt)中的碰撞问题,并逐一调整,解决模型中暖通水管、暖通风管间的全部碰撞问题。

4. 使用Revit的碰撞检查功能检测“电气”模型(DH201805_YHYZ_S_DQ_B1_桥架(强电).rvt、DH201805_YHYZ_S_DQ_B1_桥架(弱电).rvt)中的碰撞问题,并逐一调整,解决模型中桥架间的全部碰撞问题。

表8-1　单专业碰撞检查练习内容

专　业	检测内容	说　明
给排水	管道、管件、管道附件	与消防专业互相检测
暖通	暖通水：管道、管件、管道附件 暖通风：风管、风管附件、风机设备	暖通风与暖通水互相检测
电气	桥架、桥架配件	
消防	管道、管件、管道附件	与给排水专业互相检测

备注：本章只练习专业内部的碰撞检查及报告输出,各专业与土建模型的碰撞可以暂不考虑。

本章小结

本章主要讲解模型深化设计的意义与重要性。深化设计作为设计的重要分支,补充和完善了方案设计的不足,有力地解决了方案设计与现场施工的诸多冲突。另外,还讲解了如何运用Revit对模型进行自检并对碰撞问题进行修改调整,调整的方法包括上翻避让、下翻避让、单边避让,对于上述方法不能避开的碰撞问题可考虑改变管道的平面布局位置。输出的问题报告也是深化设计的过程文件资料,结合问题报告完善设计图纸与方案,减少资源浪费,提高施工效率。

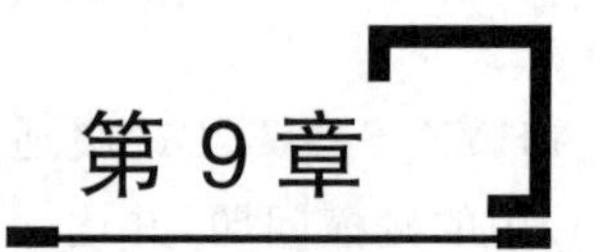

多专业模型碰撞检查

前 8 章已讲解了各专业建模的方法、单专业碰撞检查和报告输出的方法等，本章将讲解综合模型整合和综合问题检查，包括模型轻量化、模型审查、综合碰撞检查以及综合问题报告导出等内容。

模型整合.mp4

9.1 轻量化模型整合

Revit 作为 BIM 建模的平台，已经得到广泛的应用，但 Revit 同样存在一些局限性。例如，其运算速度对计算机性能依赖性强。当模型体量较大时，运行的流畅度会大打折扣，导致多专业模型编辑及碰撞检查的用户体验效果并不理想。因此大体量的项目需要使用轻量化的模型浏览平台整合各专业的模型文件。

常用的轻量化模型整合平台较多，例如 EBIM 云平台、Navisworks 等。EBIM 云平台主要应用于施工现场的管理，如资料管理、进度管理、物料管理、表单管理等。而 Navisworks 主要应用于模型的轻量化浏览和碰撞检查等。本节以 Navisworks 为例来介绍如何整合 Revit 创建的 BIM 模型。

9.1.1 导出 nwc 文件

首先将 Revit 文件导出为 nwc 格式，然后使用 Navisworks 附加各专业的 nwc 文件，最后保存为 nwf 或 nwd 格式的文件供第三方使用。如果先安装 Revit 后安装 Navisworks，则在 Revit 的“外部工具”选项可以看到 Navisworks 相关的选项，如图 9-1 所示。单击“Navisworks 201x（只有先安装 Revit，后安装 Navisworks 才能找到对应版本的 Navisworks 选项）”进入导出界面，可导出 nwc 格式的轻量化缓存文件。

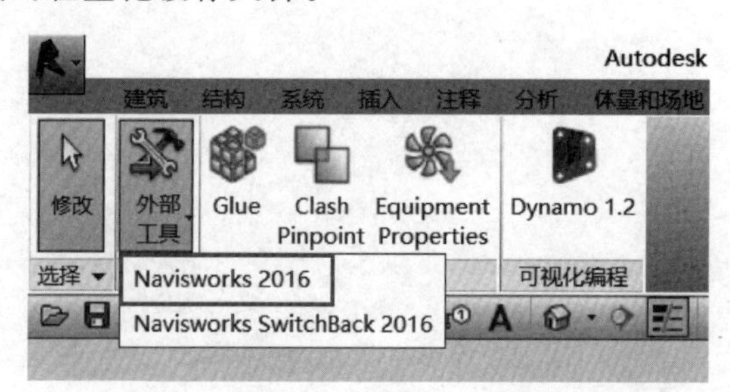

图 9-1 外部工具

Navisworks 软件的文件格式有以下 3 种：

1. nwd 文件格式

nwd 文件包含模型的所有几何图形以及 Autodesk Navisworks 的数据，如审阅标记。可以将 nwd 文件看作模型当前状态的快照。nwd 文件非常小，因为它最大可将数据压缩为原始大小的 80%。

2. nwf 文件格式

nwf 文件包含指向原始文件（在“选择树”上列出）以及 Autodesk Navisworks 数据（如审阅标记）的链接。此文件格式不会保存任何模型的几何模型，这使得 nwf 文件比 nwd 文件小很多。

3. nwc 文件格式

默认情况下，在 Autodesk Navisworks 中打开或附加任何原始文件或激光扫描文件时，将在原始文件所在的目录中创建一个与原始文件同名但文件扩展名为 nwc 的缓存文件。nwc 文件用于其他文件与 Navisworks 之间的数据传递，其大小介于原始文件与 nwd 文件之间。

9.1.2　模型整合

Navisworks 软件只可单独打开一个模型文件，当打开下一个模型文件时，已打开的模型文件会自动关闭。可通过“附加”和“合并”选项将各专业的模型进行整合，如图 9-2 所示。

图 9-2　“附加”和“合并”选项

提示： 除了使用 Revit 导出 nwc 文件以外，也可在附加时直接选择 rvt 格式的文件，打开后会自动生成 nwc 的缓存文件。

Navisworks 提供一个协作解决方案，用户以不同的方式审阅模型，但最终的文件可以合并为一个文件，并自动删除任何重复的几何形状和标记。将案例文件中的各专业模型附加为一个整体，附加整合后的模型如图 9-3 所示。

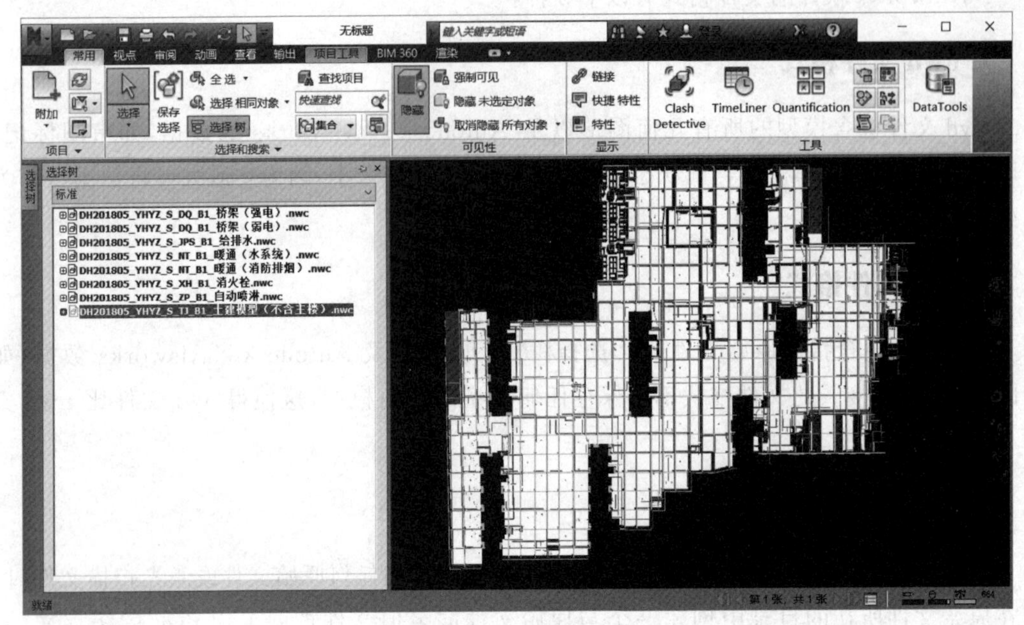

图 9-3 整合模型

模型审阅.mp4

9.2 模型审阅

模型审阅是在三维模型上以第一视角检查错、漏、碰、缺问题，并将问题进行批注、保存，可用于指导设计方案的优化。

9.2.1 云线批注

当发现模型存在问题时，可利用红线批注选项进行标注。使用审阅选项卡中的“红线批注”选项进行标记，同时可以加入文字对批注进行解释。审阅完成后单击“视点”选项卡的按钮将视点保存到项目中。

切换至“审阅”选项卡，在“红线批注”面板单击“绘图”选项，如图 9-4 所示。将光标移动到需批注的位置并单击即可绘制云线，右击即可形成封闭图案。椭圆、线、箭头等图案的绘制方式类似，如图 9-4 所示。

切换至“审阅”选项卡，单击“红线批注”面板的“文字”选项，将光标移动到需要添加文字的位置并单击，然后在弹出的对话框中输入文字即可，如图 9-5 所示。

批注完成后，可单击“视点”选项卡“保存、载入和回放”面板中的“保存视点”选项将批注内容进行保存。

9.2.2 三维测量

在项目场景中，可以使用审阅中的“测量”选项测量相关的数据，例如长度、角度、面积等数据。

切换至“审阅”选项卡，单击“测量”面板中“点到点”选项，依次单击需测量的开始端和结

图 9-4　云线标注

图 9-5　添加文字

束端，即可完成距离测量，如图 9-6 所示。

注意：请确保应用程序菜单“选项”编辑器中的捕捉各项已选，否则部分点会出现捕捉不精确的现象。

切换至“审阅”选项卡，选择“测量”面板的“测量”方式为“点线”选项，连续捕捉各点，即可测量多段线的距离，如图 9-7 所示。

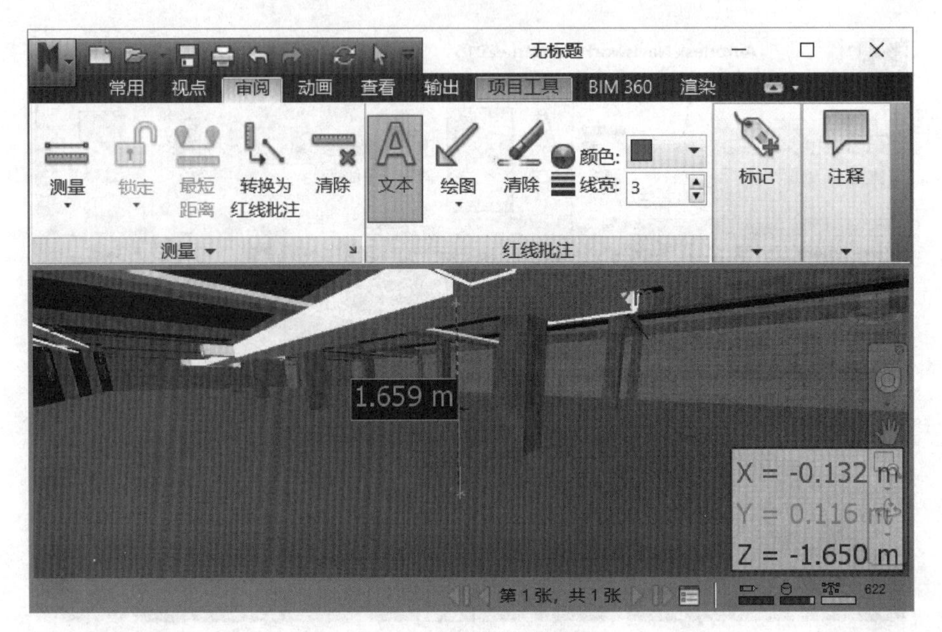

图 9-6　点到点净高测量

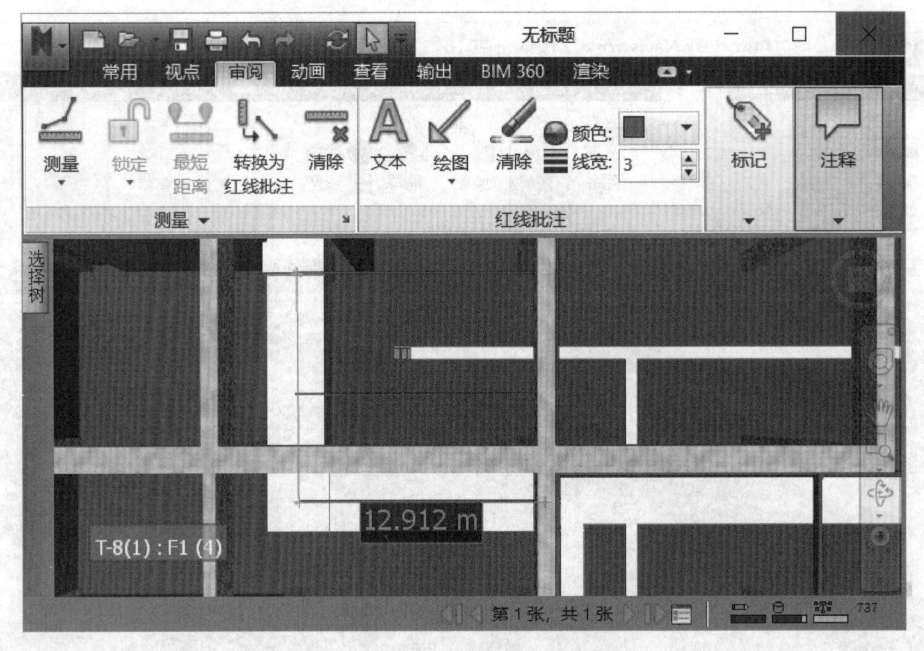

图 9-7　点到线长度测量

切换至“审阅”选项卡，选择“测量”的方式为“角度”选项，捕捉两条线，即可测量出两条线之间夹角的度数，如图 9-8 所示。

切换至“审阅”选项卡，选择“测量”方式为“区域”选项，任意捕捉多个点，即可测量这些点围成的面积，如图 9-9 所示。单击“测量”面板的按钮可转换为红线批注。

提示：在测量中，右击即可退出测量状态。

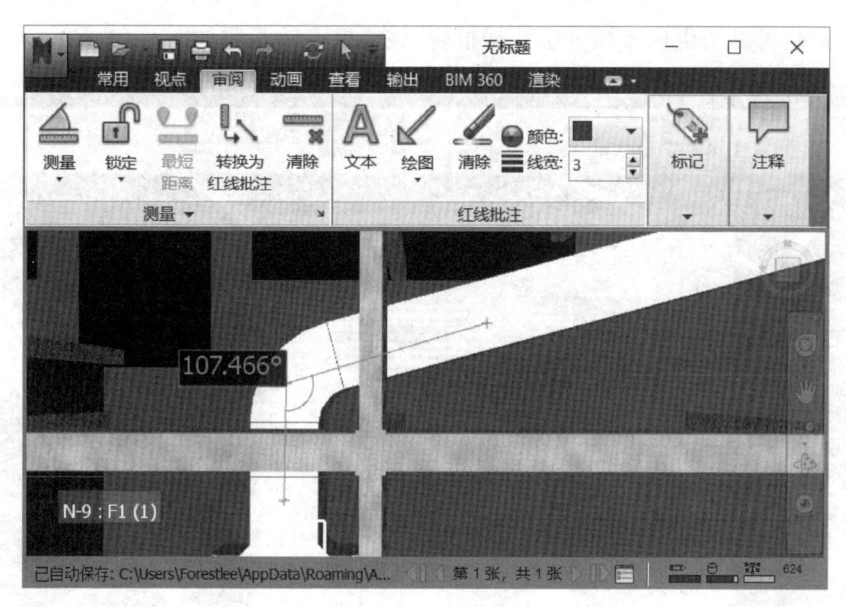

图 9-8　角度

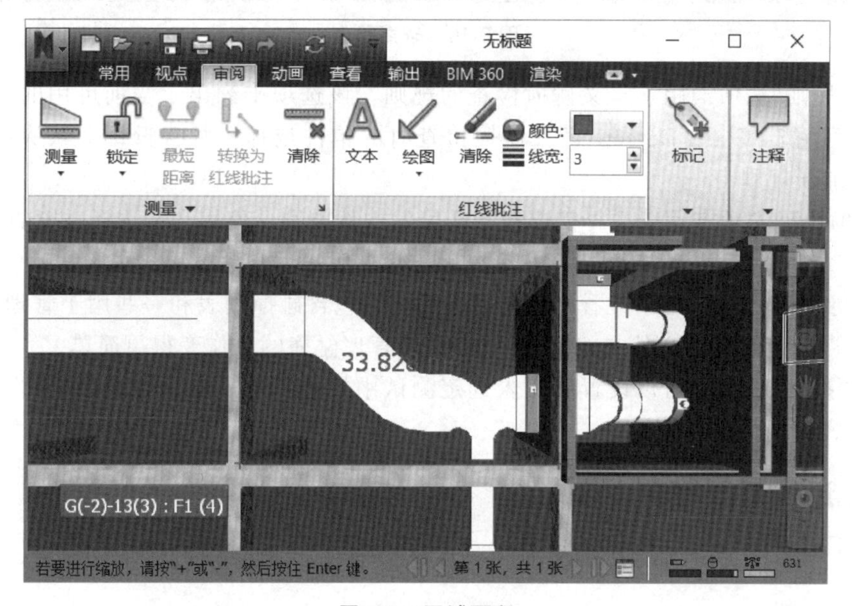

图 9-9　区域面积

9.3　碰撞检查

碰撞检查.mp4

使用 Navisworks 的“Clash　Detective”选项可快速检测出整个项目中的硬碰撞和间隙碰撞，并且可将碰撞检查结果输出为文本，用于指导模型深化设计。

9.3.1　碰撞检查设置

“Clash Detective”选项用于检查三维模型的冲突问题，该工具可以设置碰撞检查的规则、查看检测结果以及生成碰撞分析数据报告，碰撞检查的步骤如图 9-10 所示。

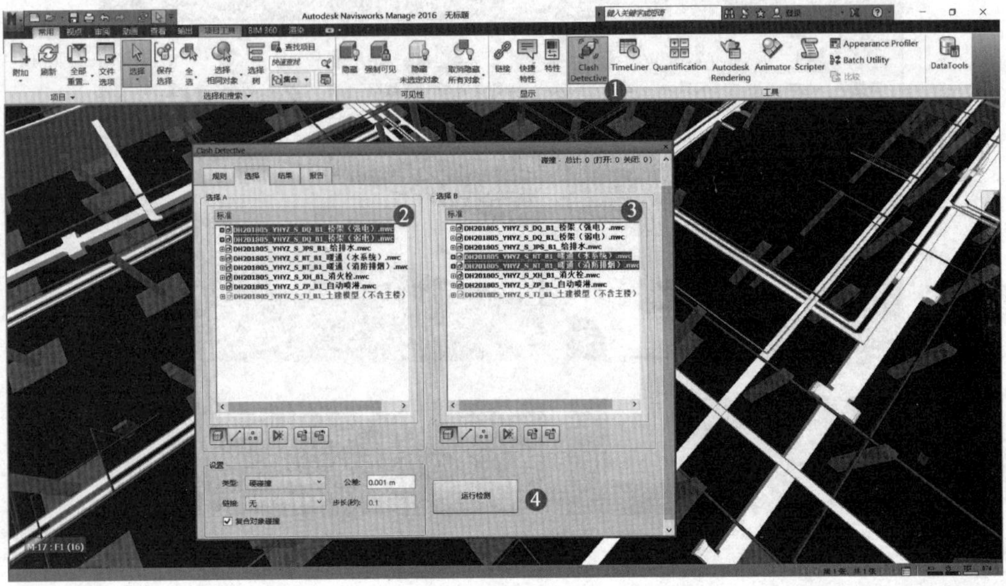

图 9-10 碰撞检查

(1) "规则"选项卡用于定义碰撞检查的规则。该选项卡列出了当前可用的所有规则。这些规则可用于"Clash Detective"在碰撞检查时的构件选择。可编辑每个默认规则，或根据需要添加新规则。

(2) "选择"选项卡用于选择需要检查碰撞的构件类别。使用它可选择碰撞的 A 类型和碰撞的 B 类型。

(3) "结果"选项卡用于查看已找到的碰撞。它包含碰撞列表和一些用于管理碰撞的选项。可以将碰撞组合到文件夹或子文件夹中，使管理碰撞的工作变得更简单。

(4) "报告"选项卡可以设置和写入选定测试中检查到的所有碰撞结果，并将结果输出为其他格式的文件进行查看。

9.3.2 运行碰撞检查

单击"常用"选项卡"工具"面板的"Clash Detective"选项，可打开"Clash Detective"工具面板。

(1) 第一次打开时会显示为"当前未定义任何碰撞检查"的选项。可展开"选择测试"列表，在下方单击"添加测试"按钮，添加新的测试并将其命名为"图元重复检测"。在"选择 A"与"选择 B"中点选碰撞检查的类别。修改类型为"硬碰撞"，将"公差"修改为 0.001m，单击"运行检测"按钮运行碰撞检查，如图 9-11 所示。

(2) 在弹出的"Clash Detective"对话框单击"添加检测"按钮，可在下方选择区选择检测碰撞的构件或工作集。也可以设置碰撞的类型为"间隙"碰撞，设置公差为"0.050m"。然后再运行碰撞检查，如图 9-12 所示。当选项 A 与选项 B 中构件间的距离小于 50mm，也能检测为碰撞。间隙碰撞可用于检测净距不足的问题。

图 9-11　碰撞测试

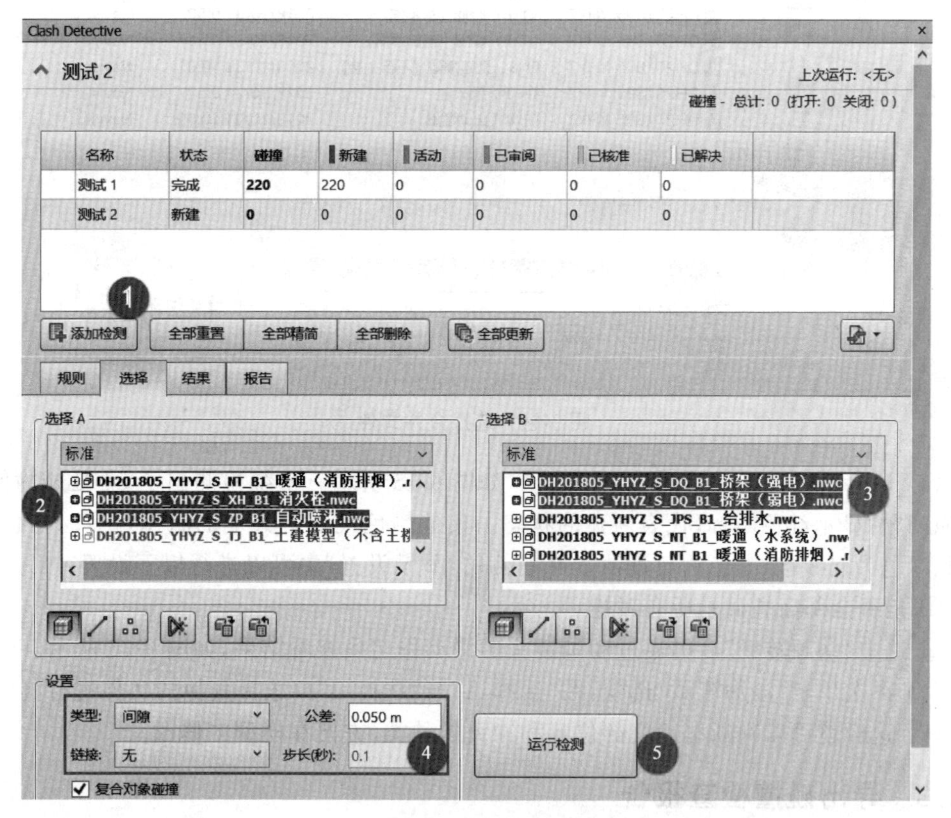

图 9-12　添加间隙碰撞

(3) 也可以通过“附加”下拉列表中的“合并”工具,将多个模型进行合并,如图 9-13 所示。

图 9-13 合并模型

(4) 合并时可以选择 Navisworks 文件,如图 9-14 所示,通过合并能够将多个文件进行整合,然后用于全专业的碰撞检查。

图 9-14 选择合并文件

(5) 运行后将自动跳转到“结果”选项,如图 9-15 所示。系统检测出了 54 处碰撞问题。“碰撞问题”显示红色图标,代表新建的状态。其他颜色代表着其他的状态,例如,蓝色为已审阅、绿色为已核准、黄色为已解决。在右侧的“显示设置”中可以进行以下设置:

① 是否全部高亮显示所有碰撞。

② 选中“动画转场”后可通过动画镜头的慢动作切换查看结果,如图 9-16 所示。

(6) 再次单击“添加测试”选项,在“选择 A”与“选择 B”中选择其他的文件进行测试。

(7) 这样就可以判断出冲突的位置和冲突的种类,方便在模型中修改。

9.3.3 导出碰撞检查报告

在导出前,将“使用项目颜色”工具调节成容易区分的颜色,然后单击“报告”选项,设置

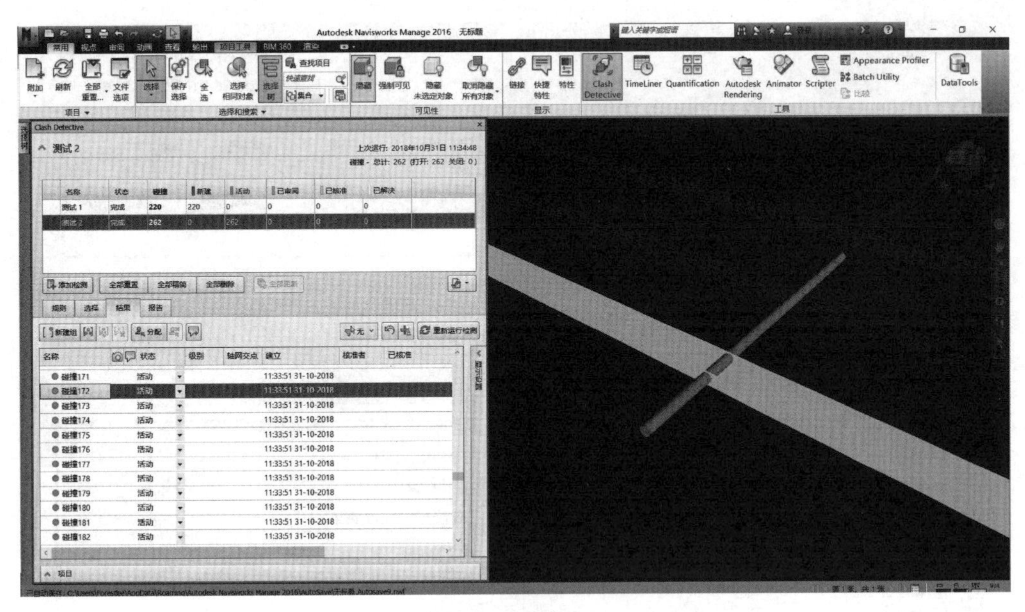

图 9-15　碰撞结果

图 9-16　显示设置

导出的内容和输出设置。设置完成后单击“写报告”按钮即可将报告导出，如图 9-17 所示。

1. 导出 HTML

不选中不需要的“内容”，然后在右侧可以设置“包括以下状态”的选项。例如可以将“已解决”的内容去掉，则报告将不会显示“已解决”的内容。在下方可以选择导出报告的种类，选择“当前测试”将导出当前的碰撞报告，报告的格式选择为 HTML，如图 9-18 所示。导出后可通过网页浏览器查看报告。

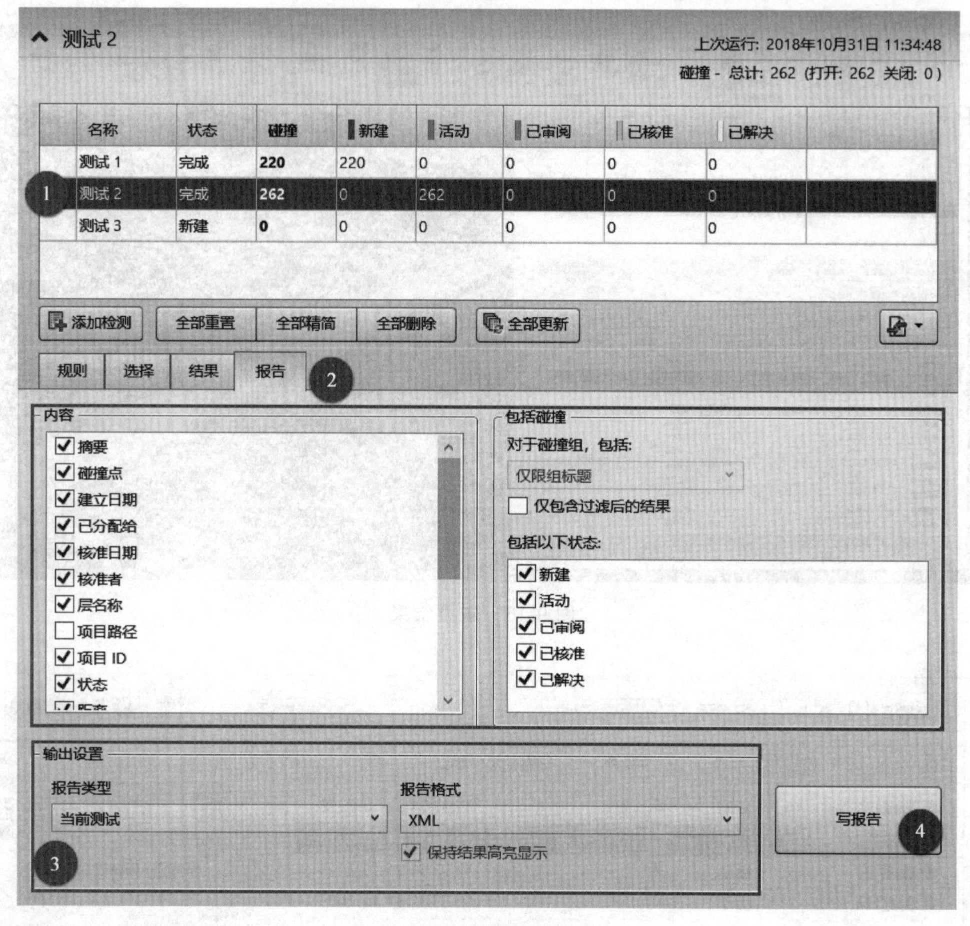

图 9-17　导出设置

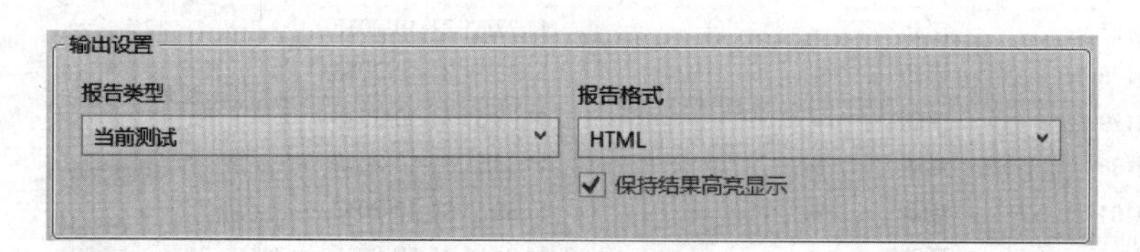

图 9-18　报告格式

采用 HTML 格式导出的报告，包含碰撞的详细信息，可以用常用的网页浏览器打开查看，如图 9-19 所示。

采用 HTML(表格)导出的是表格样式的报告，同样是用网页打开，查看报告如图 9-20 所示。此外还能导出一些文本格式的报告，供修改参考。

2. 导出 XLM

单击“写报告”，然后选择报告导出的文件夹。XLM 格式导出的文件分为两种，第一种是“测试 2_files”，包含了视点图片及文档，如图 9-21 所示。第二种是“XLM 文件”，显示了碰撞的代码集，如图 9-22 所示。

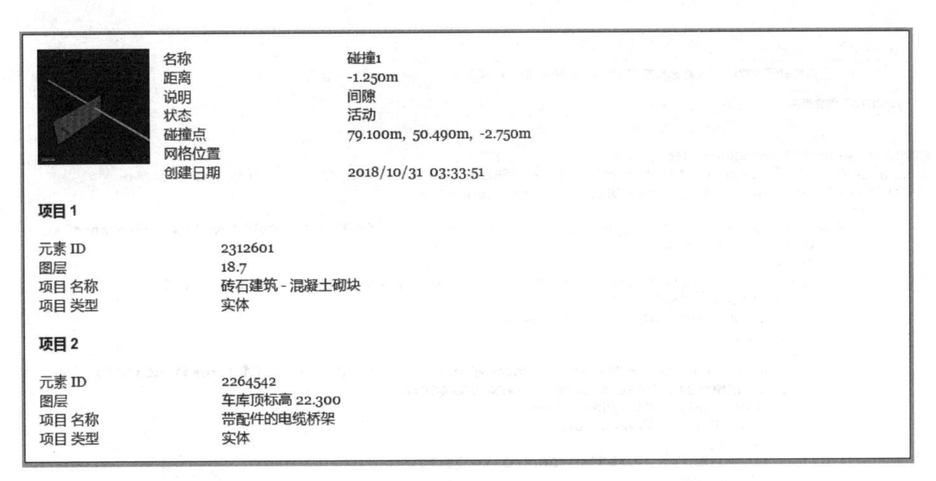

	名称	碰撞1
	距离	-1.250m
	说明	间隙
	状态	活动
	碰撞点	79.100m, 50.490m, -2.750m
	网格位置	
	创建日期	2018/10/31 03:33:51

项目 1

元素 ID	2312601
图层	18.7
项目 名称	砖石建筑 - 混凝土砌块
项目 类型	实体

项目 2

元素 ID	2264542
图层	车库顶标高 22.300
项目 名称	带配件的电缆桥架
项目 类型	实体

图 9-19　HTML 碰撞报告

Autodesk Navisworks 碰撞报告

测试 2	公差	碰撞	新建	活动的	已审阅	已核准	已解决	类型	状态
	0.050m	262	0	262	0	0	0	间隙	确定

								项目 1				项目 2			
图像	碰撞名称	状态	距离	网格位置	说明	找到日期	碰撞点	项目 ID	图层	项目 名称	项目类型	项目 ID	图层	项目 名称	项目类型
	碰撞1	活动	-1.250		间隙	2018/10/31 03:33.51	x:79.100、y:50.490、 z:-2.750	*元素 ID*: 2312601	18.7	砖石建筑 - 混凝土砌块	实体	*元素 ID*: 2264542	车库顶标高 22.300	带配件的电缆桥架	实体
	碰撞2	活动	-1.250		间隙	2018/10/31 03:33.51	x:111.917、y:16.300、 z:-2.750	*元素 ID*: 2312586	18.7	砖石建筑 - 混凝土砌块	实体	*元素 ID*: 2264553	车库顶标高 22.300	带配件的电缆桥架	实体
	碰撞3	活动	-1.250		间隙	2018/10/31 03:33.51	x:113.178、y:16.300、 z:-2.750	*元素 ID*: 2312586	18.7	砖石建筑 - 混凝土砌块	实体	*元素 ID*: 2264586	车库顶标高 22.300	带配件的电缆桥架	实体

图 9-20　HTML（表格）

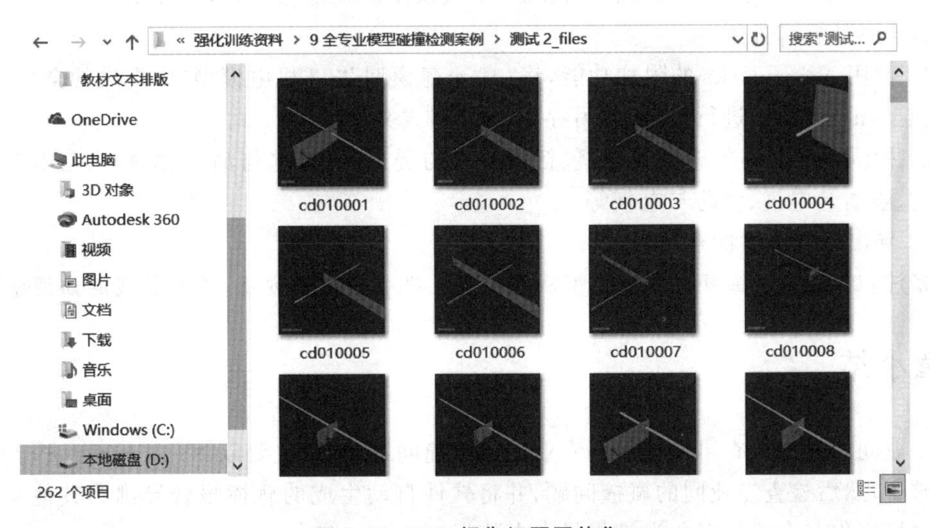

图 9-21　XML 报告问题图片集

图 9-22 XML 文件

强化训练

第 9 章教材配套资源.rar

请参考“第 9 章＞第 9 章 强化训练案例资料”文件夹中提供的案例资料，使用 Navisworks 完成土建、给排水、消防、暖通、电气模型的轻量化整合，并导出专业间的碰撞问题报告。具体要求如下：

1. 使用 Navisworks 的附加功能，将“01 土建模型”“02 机电模型”中提供的全部轻量化缓存模型(nwc 格式)进行整合，并另存为 nwd 格式文件。

2. 检测各专业间的碰撞问题，包括给排水与暖通、给排水与消防、给排水与电气、暖通与消防、暖通与电气、消防与电气等。

3. 导出综合碰撞检查报告。

备注：本章节仅练习全专业模型碰撞检查及报告输出的方法，不做管线避让调整。

本章小结

专业间的碰撞检查可发现不同专业间的碰撞问题，本章主要以 Navisworks 进行专业间模型整合，然后检查专业间的碰撞问题，并将软件自动生成的碰撞报告导出为其他文件，为编写碰撞报告和专业间深化设计提供参考依据。

第 10 章

全专业模型深化设计

前面讲解了各专业建模、模型的审阅和碰撞检查等内容，本章将根据碰撞检查结果讲解模型深化设计的方法，包括深化设计的概念和意义、全专业模型整合的方式、多专业管线的避让原则、管线碰撞调整的方法等内容。

10.1　多专业模型深化概述

深化设计是指在工程实施过程中，对招标图纸或原施工图的补充与完善，使之成为可以指导现场实施的施工图。按照施工规范和管道避让原则布置设备系统的管线。在深化设计调整时，一般只做位置的移动，不做功能上的调整，既满足安装工艺的要求，也不影响正常使用。

10.1.1　多专业模型深化的内容

多专业模型深化概述.mp4

1. 管线碰撞检查及避让调整

在保证项目功能和系统要求的基础上，结合装修设计的吊顶高度的情况，对各专业模型进行整合和深化设计。

2. 净高控制

当涉及净高，尤其是公共区域净高不足的情况下，需及时通知业主、总包、各专业顾问等进行协调。然后再调整模型，直至综合模型在布局合理的情况下实现零碰撞。

通过建立一个标高检查过滤器，依据要求设置好相应管线的最低标高要求，设置过滤器所显示的颜色，应用过滤器后低于设置标高的管线即会通过相应的颜色显示出来。

也可以建立一个天花板平面，按要求设置好天花板标高，通过碰撞检查功能检测天花板与管线之间的碰撞结果，即可查找到不满足净高要求的位置。

此外，也可以直接通过调整当前视图的范围，使其顶部和剖切面位于最低净高控制点的位置。满足净高要求的管道会不显示，而不满足净高要求的管道高度低于净高控制点，将会显示在视图中。

10.1.2　多专业模型调整的意义

BIM 模型是对整个建筑设计的一次“预演”，建模的过程同时也是一次全面的三维校审过程。在此过程中可发现大量隐藏的设计问题。这些问题往往不涉及规范,但跟专业配合紧密相关,或者属于空间高度上的冲突,在传统的单专业校审过程中很难被发现。与传统二维深化设计对比,BIM 技术在深化设计中的优势主要体现在以下几个方面。

1. 三维可视化、精确定位

平面设计成果为一张张的图纸,工程中的综合管线只有在工程完工后才能呈现出来。采用三维可视化的 BIM 技术可以使工程完工后的现状在施工前就呈现出来,表达上直观清楚。同时 BIM 模型均按真实尺寸建模,二维表达予以省略的部分(如管道保温层等)均得以展现,从而将一些看上去没问题,而实际上却存在深层次问题的区域暴露出来。

2. 碰撞检查、合理布局

二维图纸不能全面反映各专业系统之间的碰撞问题。由于二维设计的不可预见性,设计人员会漏掉一些管线碰撞的问题。而利用 BIM 技术可以在管线综合设计时,利用其碰撞检查的功能将碰撞点尽早反馈给设计人员,便于与业主、顾问进行及时协调沟通。在深化设计阶段尽量减少管线碰撞,从而减少返工和材料浪费。

3. 设备参数复核计算

在机电系统安装过程中,管线综合设计、精装设计都会将部分管线的路线进行调整,由此增加或减少了部分管线的长度和弯头数量,这就会对原有的系统参数产生影响。传统深化设计过程中系统参数复核计算是按照二维平面图在算,平面图与实际安装有较大的差别,导致计算结果不准确。偏大则会造成建设费用和能源的浪费,偏小则会造成系统不能正常工作。运用 BIM 技术创建机电系统的模型,可快速地进行计算分析,如果模型有变化,计算结果也会关联更新,从而为设备参数的选型提供精确的依据。

10.1.3 多专业模型深化设计流程

应用 BIM 技术的项目往往设计复杂,机电管线密集、种类繁多,包括给排水、暖通、电气等各个专业和系统,多种管线交错排布,施工难度较大。仅依靠施工图设计阶段的平面图纸、系统图纸和主要管廊的剖面图纸,难以满足机电施工的要求,经常会出现专业间交叉碰撞、拆改的现象。因此,基于 BIM 的机电管线综合是非常必要的工作。

通过机电专业 BIM 模型的深化设计,合理排布机电工程各专业管线的位置,最大限度实现施工图设计阶段与施工阶段之间的过渡。

1. 任务拆分

模型按专业可划分为建筑、结构、机电等。机电中又包括暖通、电气、给排水、消防等。在项目较复杂时,也可以按照楼层、防火分区等进一步细分。

2. 各专业建模

按照既定的分工及进度计划,完成各专业的 BIM 模型搭建。一般建筑结构的模型需在机电建模之前完成,可作为机电建模的参照依据。模型完成后将专业内部的问题整理成报告文档，作为与原设计方沟通的文件。

3. 综合碰撞检查及深化设计

将各专业模型整合到一起，检查全专业的碰撞问题。然后输出问题报告，并根据管线避让的原则进行调整，解决模型中的碰撞问题。

4. 深化施工图设计

基于模型进一步深化，例如添加支吊架、管道预制拆分、管道套管等，然后生成各专业的管道平面布置图、详图、构件材料清单等。

10.1.4　管线排布基本原则

1. 避让范围

管线综合范围包括给排水专业管线、暖通专业管线及电气专业管线的调整。如果在建筑结构未完成施工之前进行管线避让，还应该考虑结构预留洞口，避免二次开洞。

给排水管线主要包括生活给水管（其中又经常分高、中、低区生活给水）、排水管（雨水、污水、生活废水）、消防栓给水管（高、低区）、喷淋管（高、低区）以及生活热水管等。空调通风管线主要包括空调风管、排送风管、消防排烟管、空调冷冻水管、冷凝水管、循环供回水管以及冷却水管等。

2. 避让原则

在深化设计中应遵守以下避让原则：有压管让无压管、小管线让大管线、施工简单的避让施工复杂的、冷水管道避让热水管道、附件少的管道避让附件多的管道、临时管道避让永久管道。不同的系统可参照表 10-1 中的规则。

表 10-1　管线避让规则

优先管线	避让管线	优先管线	避让管线
大管	小管	检修维护大	检修维护小
主干管	分支管	原有管	新建管
无压管	有压管	消防管	生活管
高、低温管	常温管	有污染管	无污染管
保温管	非保温管	排水管	给水管
高压管	低压管	硬管	软管
水管	气管	给水管	强电
非金属管	金属管	强电	弱电
通风管	一般管	有干扰	无干扰
长期管	临时管	易燃易爆	常态难燃
复杂管	简易管	有尘有毒	无尘无毒

3. 管道间距

在管线避让时，应考虑到水管外壁、空调水管及空调风管保温层的厚度；桥架、水管外壁与墙面的距离不小于100mm，管线与梁、柱的净距不小于50mm(在无接头处)。电线管与其他管道的平行净距不应小于100mm，直管段风管与墙的距离不小于150mm。沿构造墙需要90°拐弯的风道及有消声器、较大阀部件等区域，根据实际情况确定与墙柱距离。立管管道外壁距柱不小于50mm。管道与墙表面、柱表面、梁表面的管壁净距如表10-2所示。

表10-2 管壁净距要求

管径范围	净距要求/mm
D≤DN32	≥25
DN40≤D≤DN50	≥35
DN70≤D≤DN100	≥50
DN125≤D≤DN150	≥60

另外，管道外壁之间的最小距离不宜小于100mm，管道上阀门不宜并列安装，应尽量错开位置。若必须并列安装时，阀门外壁最小净距不宜小于200mm。不同专业管线间距离，尽量满足现场施工规范要求。

全专业模型整合.mp4

10.2 全专业模型整合

BIM模型的搭建需要建筑、结构、水、暖、电等专业设计师的协同工作。前面讲解了工作集的协同方式，但由于计算机性能限制、参与人员难协调等各种因素，在大部分项目中无法实现整个项目的完全协同。基于以上情况，大体量的项目仍需要拆分建模，在完成各部分模型搭建后，如何将各部分模型正确地整合在一起便成为关键问题。

10.2.1 链接模型并绑定

模型完成后，可以通过“链接Revit”命令将多个模型整合在一起，如图10-1所示，链接的具体操作在本书第3章已有详细的讲解，本节在前面所讲的基础上介绍如何将链接模型转换为当前项目的组成部分。

图10-1 链接Revit

单击“链接Revit”命令后出现如图10-2所示的“导入/链接RVT”对话框，将定位方式设置为“自动-原点到原点”，单击“打开”按钮即可将所选模型链接到项目中。为避免因操作失误导致模型被移动，通常将模型锁定，使其位置相对固定。

在完成“链接Revit”命令后，即将多专业模型作为外部参照添加到项目当中。选中链接的模型，在“修改”选项卡“链接”面板出现“绑定链接”选项，如图10-3所示。

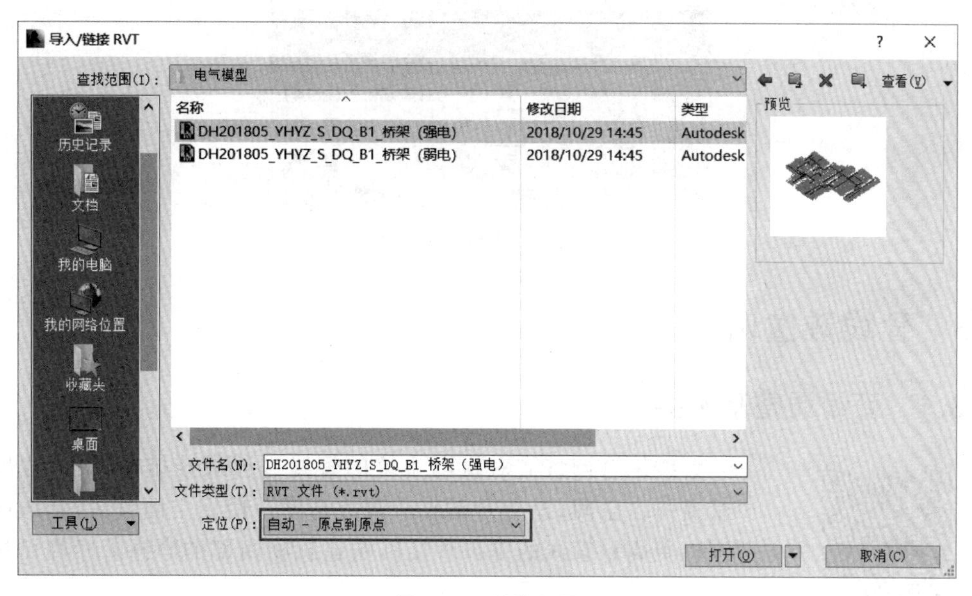

图 10-2　链接设置

单击“绑定链接”选项，可弹出“绑定链接选项”对话框。如项目本身已存在标高、轴网，则不选择“轴网”和“标高”选项，只选择“附着的详图”复选框，如图 10-4 所示。如项目中没有“标高”“轴网”，则在选中“附着的详图”复选框的同时，选中“标高”选项和“轴网”复选框。单击“确定”按钮可将链接模型以模型组的方式复制到项目中。可以直接编辑模型组也可以将模型组解组后再进行编辑。

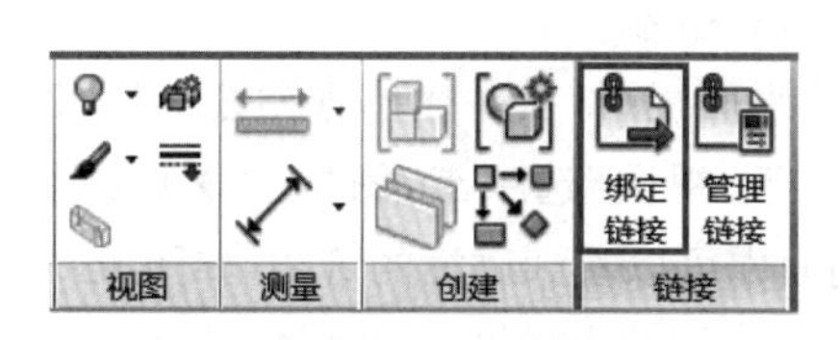

图 10-3　“绑定链接”选项

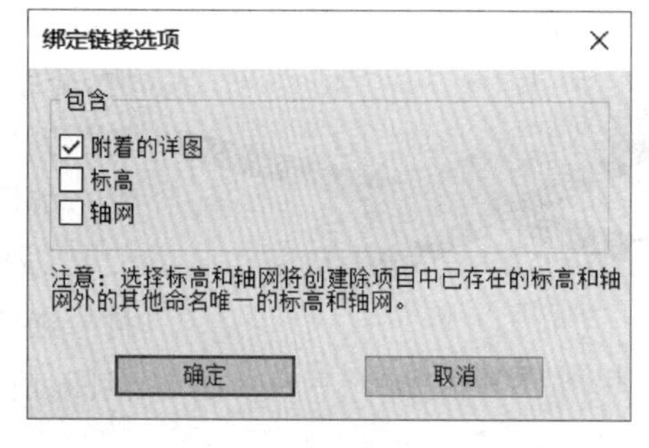

图 10-4　“绑定链接选项”对话框

10.2.2　跨项目复制模型

除“绑定链接”以外，还可以使用“剪贴板”中的 选项跨项目对构件进行复制。例如，将给排水模型复制到综合模型中。

首先，打开两个项目文件，在其中一个模型中选中需要复制的图元，使用“剪贴板”中的“复制到剪贴板”选项进行复制，如图 10-5 所示。然后切换到另一个模型中(可通过平铺命令打开多个视口，快捷键“WT”)，使用“粘贴”选项下拉列表的“与选定标高对齐”选项粘贴到指定标高。

提示：只有先复制了构件，“粘贴”选项才可以选择。否则“粘贴”选项会灰色显示，无法使用，如图 10-5 所示。

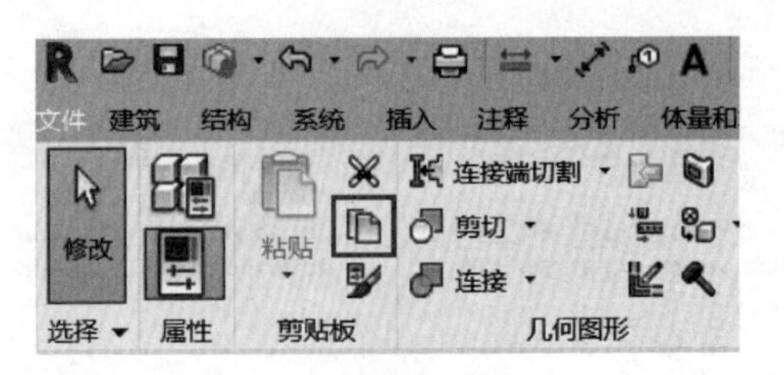

图 10-5 复制到剪贴板

10.3 管线碰撞调整

10.3.1 管线调整基本要求

管线碰撞调整.mp4

管线综合调整需对机电系统的管线进行最佳排布，最大程度减少管道所占空间，提高天花或吊顶的高度。使用空间越大，给人的舒适度也更高。管线的排布直接影响建筑物内部的净高。净高可按照下列公式计算：

净高＝层高－最大梁高－梁下管线排布空间

计算机电系统的净高时，尤其注意扣除地面装饰面及管线支吊架占据的空间。在净高要求严格且管线密集区域(如地下车库、走廊等)，更加需要重视净高。通常设计时会提供梁下 700mm 左右的空间作为机电系统管线布置空间，可以根据现场管线实际情况进行调整。

10.3.2 管线调整方法

管线调整的方式包括平面位置的移动和局部翻弯调整。以电缆桥架与风管的碰撞为例，介绍管线之间发生碰撞时常用的调整方法。首先切换到碰撞的位置(也可以通过碰撞检查查找碰撞位置)，如图 10-6 所示。

图 10-6 电缆桥架与风管碰撞

切换至平面视图，在碰撞位置创建剖切符号(剖切符号选项位于“视图”选项卡，图标为)，调整剖切的范围，使剖面中可以看到碰撞的管线，如图 10-7 所示。

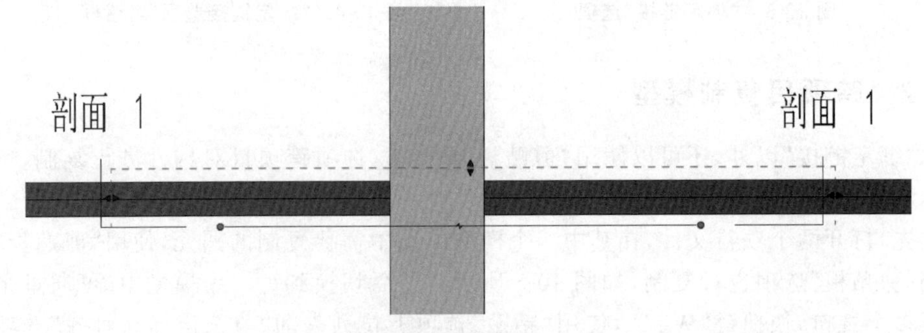

图 10-7 剖切碰撞点

将电缆桥架与风管碰撞部分打断(使用“修改”选项卡中的“间隙拆分”选项，图标为)，然后删除中间部分，形成如图 10-8 所示的形式。

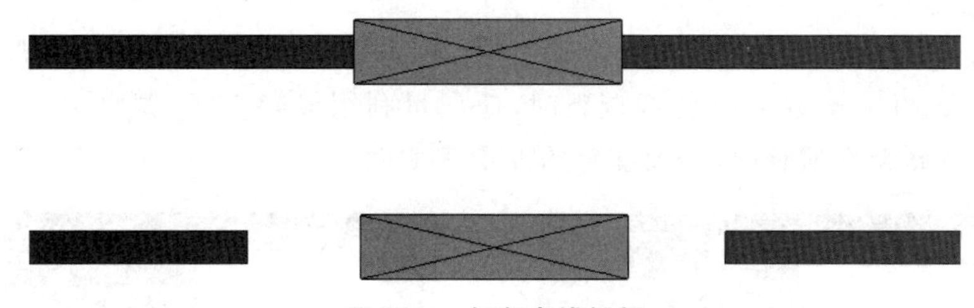

图 10-8　打断电缆桥架

从左侧打断部位向右上方绘制，绘制过程中可以根据情况调整角度，如图 10-9 所示。例如绘制成 45°的电缆桥架。

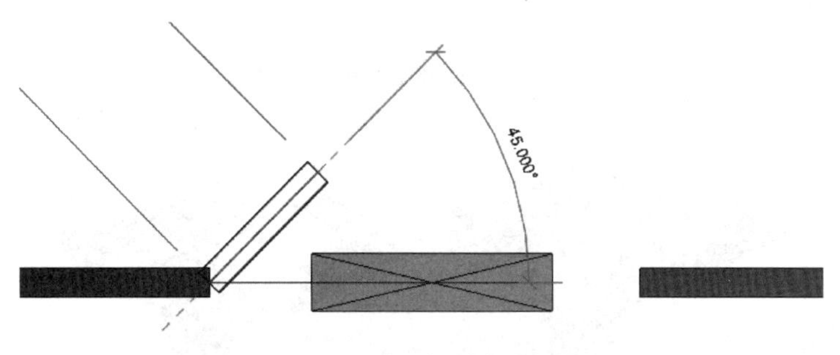

图 10-9　绘制倾斜电缆桥架

选择 45°绘制电缆桥架，升高的桥架部分调整高度到合适位置，将右侧以同样的方法连接，如图 10-10 所示。

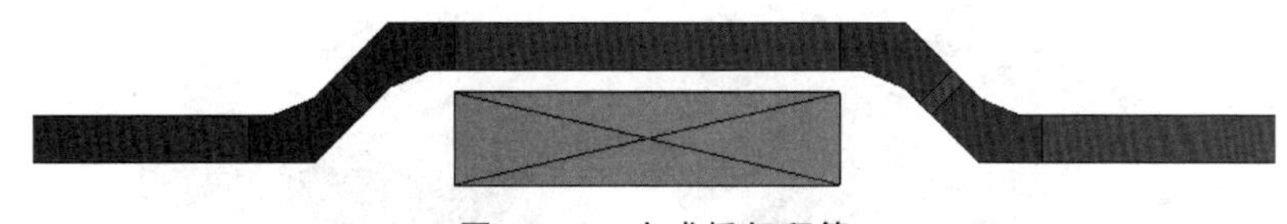

图 10-10　完成桥架翻管

管道、风管调整方式和电缆桥架一致，在这里不再赘述。另外，国内有许多 Revit 插件，可快速完成管线的避让。下面以 isbim 模术师举例说明。

首先登录 http://www.bimcheng.com/网站下载模术师的安装包，并安装对应 Revit 版本的插件，根据提示申请试用或购买永久使用权限。然后打开需要调整的 Revit 模型，单击"isbim 机电"面板的"管道避让"选项，选择适当的避让方式，如图 10-11 所示，然后选择管线避让位置，并指定避让方向和角度，可快速调整管线。

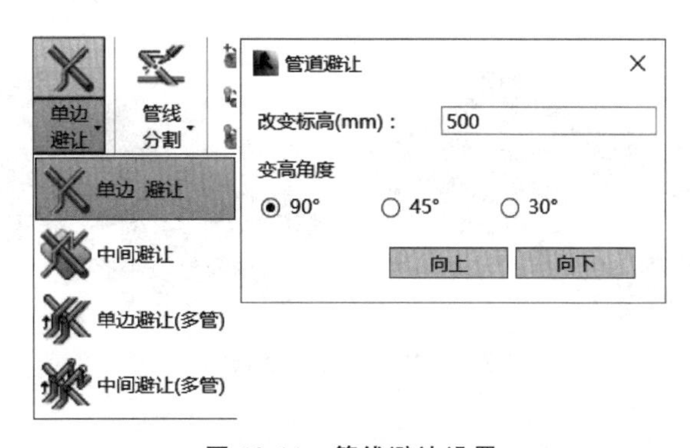

图 10-11　管线避让设置

电缆桥架在管线综合中一般放置在最上层。根据桥架大小的不同，贴梁敷设或放置在梁下 100mm 或 200mm 位置。管线调整时，应尽量利用梁间空间，调整结果如图 10-12～图 10-14 所示。桥架在避让时，需要注意角度不宜太大。

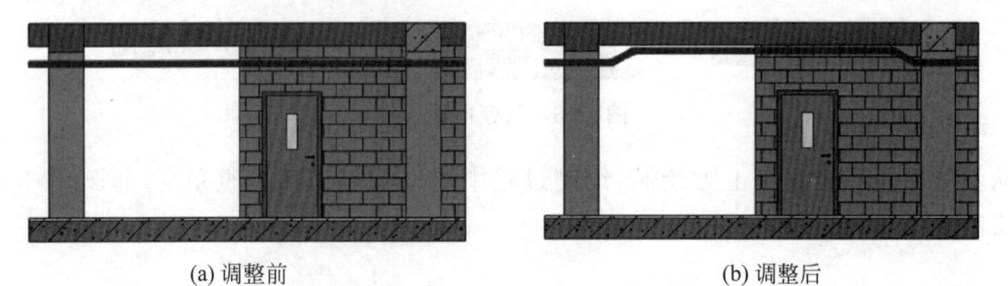
(a) 调整前　(b) 调整后

图 10-12　局部上翻净高调整

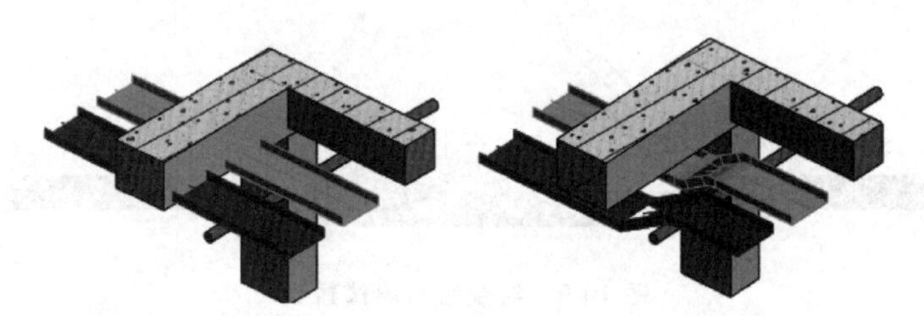

图 10-13　桥架单边避让梁

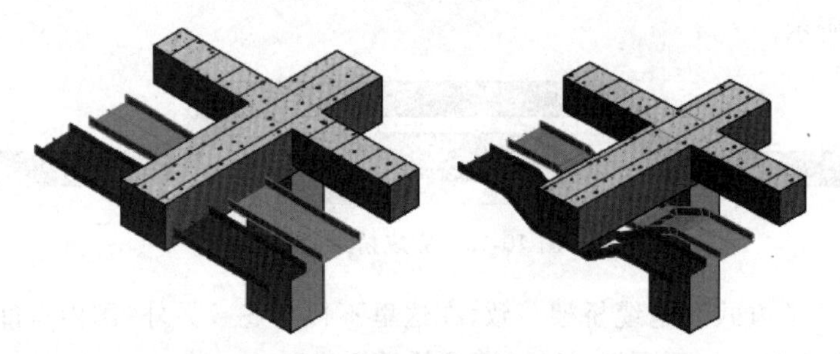

图 10-14　桥架局部下翻避让梁

通风主管道一般较大，通常情况下不对风管进行弯管。空调系统中当冷媒管和冷凝管发生碰撞时，因冷凝管是重力流，通常情况下也不能上翻。风管的尺寸一般较大，在发生碰撞后，一般调整其他专业的模型。当风管自身碰撞或与结构碰撞时，才做相应的调整，调整结果如图 10-15 所示。

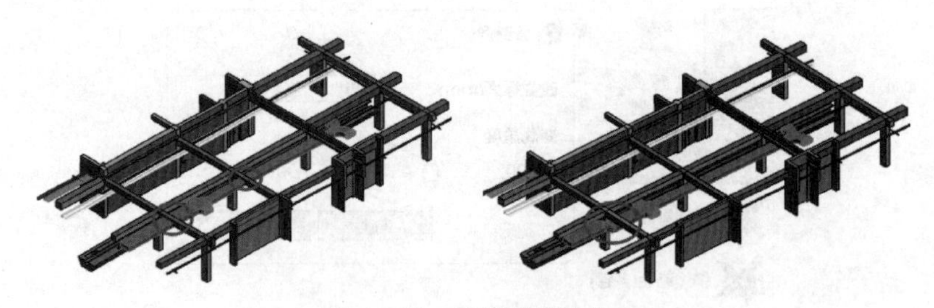

图 10-15　风管避让结构

消防管道一般排布在风管之下，还应避免与暖通水管的碰撞。由于消防系统中存在众多喷淋支管，不可避免会发生碰撞。调整时应遵循支管避让干管的原则。在避让时还应注意，单根管道与多个构件碰撞时以最小的改动方案为宜，调整结果如图 10-16 所示。

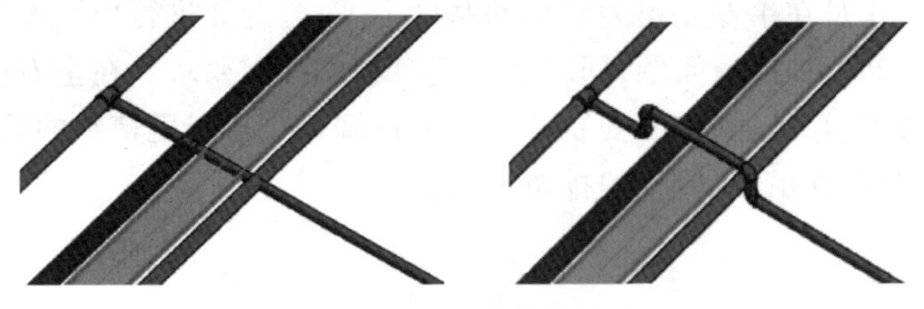

图 10-16 喷淋支管避让

强化训练

第 10 章教材配套资源.rar

请参考"第 10 章>第 10 章 强化训练案例资料"文件夹中提供的案例资料，通过 Revit 整合案例项目全专业的模型，然后进行管线综合调整，并输出深化设计后的轻量化模型。

1. 基于"04 机电样板文件>02 机电样板"文件夹中提供的"DH201805_YHY_MEP 样板.rte"项目样板创建综合项目，并将项目另存为"DH201805_YHYZ_S_ZH_地下车库_管线综合.rvt"。

2. 将"01 电气模型""02 给排水消防模型""03 暖通模型"中的全部项目文件模型(rvt 文件)逐个链接到"DH201805_YHYZ_S_ZH_地下车库_管线综合"项目中。

3. 逐个绑定链接文件并解组，以备综合调整使用。

4. 基于本章讲解的管线避让原则及管线避让方法，调整项目中管线与管线、管线与结构的碰撞问题，并调整其他不合理的设计问题。管线避让完成的模型如图 10-17 所示。调整完成后输出为 nwc 文件。

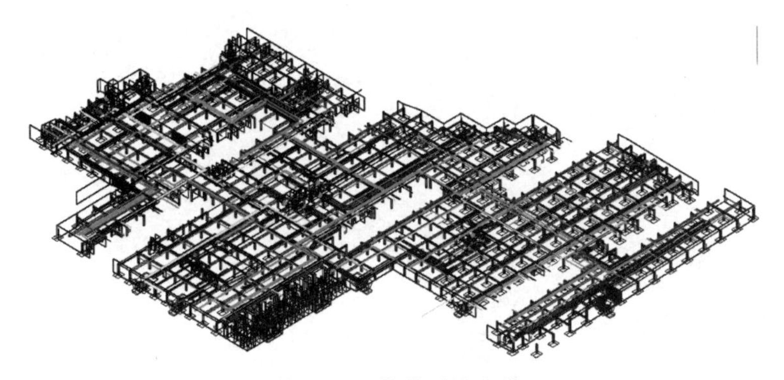

图 10-17 管线避让完成

本章小结

全专业模型深化是在单专业模型优化的基础上，对全专业进行协同设计，主要解决全专业模型在时间和空间上的碰撞问题，同时满足建筑物的净高要求。在全专业管线避让时，需根据管道的功能特点、管径、管道的安装顺序等进行调整。对于更精细的管综 BIM 模型，还应当考虑管道的装配、支吊架、管件的排布情况。

第 11 章

管线综合成果输出

管线综合是为了对设计图纸进行优化。在 Revit 中创建的 BIM 模型可以直接输出为图纸文件。Revit 输出的内容不局限于二维的图纸，还包括三维模型、明细清单、视频、动画等。本章将介绍如何将管线综合成果输出为可以指导施工的相关文件。

11.1 项目参数与共享参数

项目参数与共享参数.mp4

在每个 BIM 项目中都存有大量的项目信息，这些信息是 BIM 模型的重要组成部分。Revit 软件本身有许多参数，可以为建筑构件添加信息，但很多时候 Revit 软件中的参数不能涵盖所有的项目信息，这便需要手动添加参数，以满足项目需求。

11.1.1 添加项目参数

以管道为例，可为管道添加“专业负责人”等参数。首先在“管理”选项卡中单击“项目参数”选项，添加新的“项目参数”。在弹出的“参数属性”对话框中设置参数属性。例如设置“参数类型”为“项目参数”，设置“名称”为“专业负责人”，设置“参数类型”为“文字”，在“类别”中选择添加参数的对象为“管道”，如图 11-1 所示。完成后，管道的实例属性中将会出现“专业负责人”的项目参数。

提示： 通过添加项目参数可以为构件设置更多的参数属性，用于完善 BIM 模型的信息。在本书第 3 章中，已讲解了通过项目参数控制浏览器组织形式的方法，配合项目参数便于对 BIM 模型进行分类管理。

11.1.2 添加共享参数

共享参数属性可统计到项目的明细表中。本节以添加“管道编号”为例讲解如何添加共享参数。在“管理”选项卡中选择“共享参数”，根据提示创建新的共享文件。首先新建名称为“管道编号”的参数组，参数类型为“文字”，如图 11-2 所示。

选择“项目参数”命令添加新的参数，参数类型选择为“共享参数”，选择上面新创建的共享参数文件。然后选择创建的共享参数，参数设置为“类型”，“类别”选择为“管道”，如图 11-3(a)所示。设置完成后添加到项目中。新建的参数会出现在管道的类型属性栏中，如图 11-3(b)所示。

提示： 共享参数属性可反映到明细表字段中。在统计构件清单时，如果默认的参数中不包含但又需要单独提取的信息，可以通过共享参数来创建。

参数属性

参数类型

项目参数(P)

(可以出现在明细表中，但是不能出现在标记中)

共享参数(S)

(可以由多个项目和族共享，可以导出到 ODBC，并且可以出现在明细表和标记中)

选择(L)... 导出(X)...

参数数据

名称(N)：专业负责人

类型(Y)

实例(I)

规程(D)：公共

参数类型(T)：文字

按组类型对齐值(A)

值可能因组实例而不同(V)

参数分组方式(G)：文字

工具提示说明：

<无工具提示说明。编辑此参数以编写自定义工具提示。自定义工具提示限为 250 个...

编辑工具提示(O)...

添加到所选类别中的全部图元(R)

类别(C)

过滤器列表 管道

隐藏未选中类别(U)

房间 明细表 机械设备 材质 标高 模型组 空间 管件 管道 管道占位符 管道系统 管道附件 管道隔热层 组成部分 视图 详图项目 软管 轴网

选择全部(A) 放弃全部(E)

确定 取消 帮助(H)

图 11-1 项目参数设置

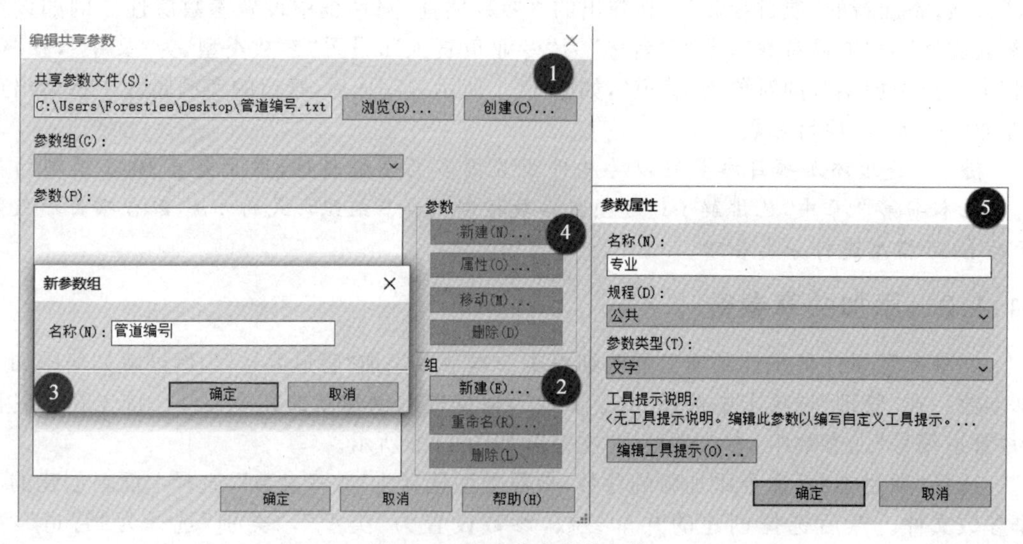

图 11-2 新建共享参数文件

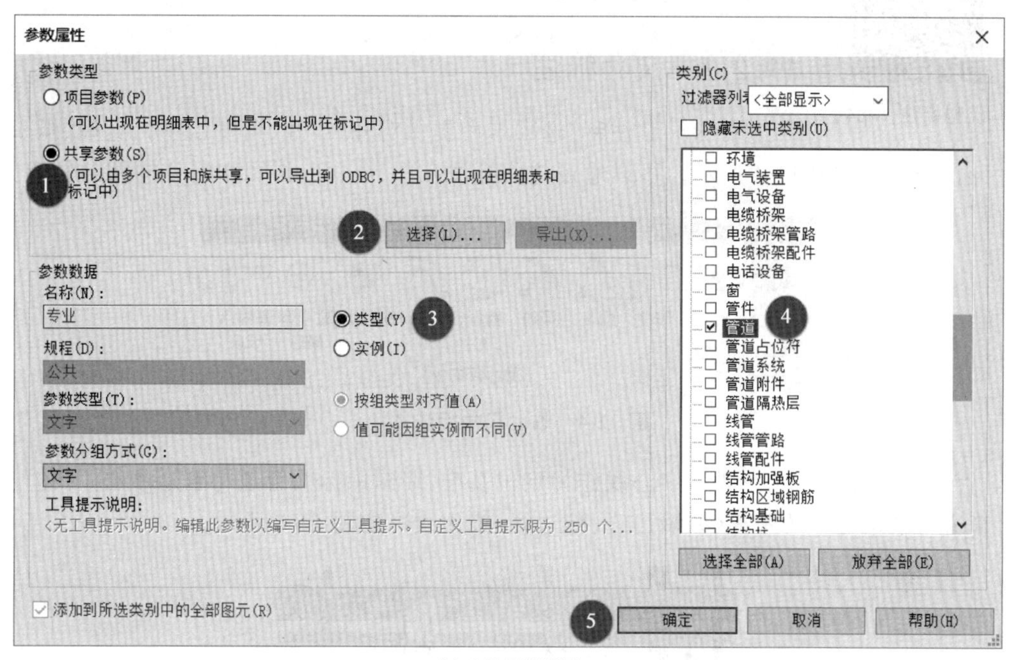

(a) 参数属性设置

(b) 查看共享参数

图 11-3　添加共享参数

模型标注.mp4

11.2 模型标注

11.2.1 尺寸标注

在 Revit“注释”选项卡中提供对齐、线性、角度、径向、直径、弧长等尺寸标注选项，如图 11-4 所示。可以通过这些标注在平、立、剖、详图中定位构件的位置。

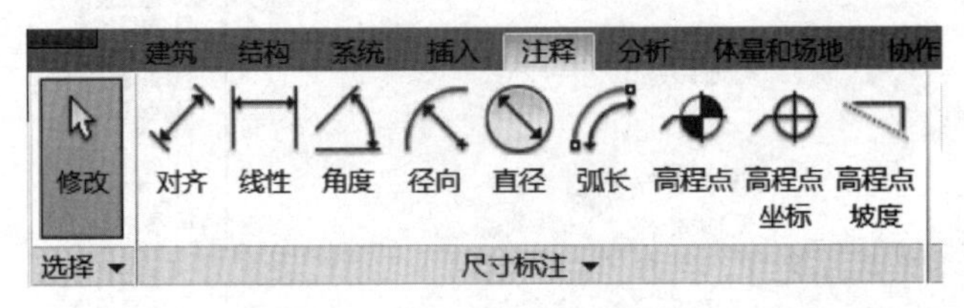

图 11-4 临时尺寸标注属性

管道及风管的标注一般以中心线作为定位基准，在图中标明管道与管道中心、管道与轴网、管道与结构边界的距离（如墙边线、柱边线、梁边线），如图 11-5 所示。

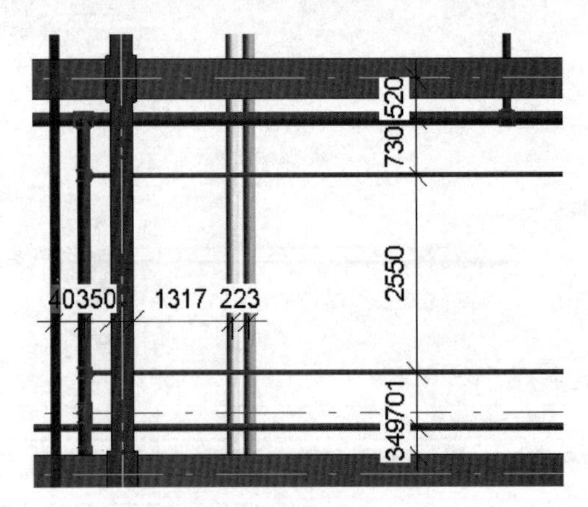

图 11-5 管道定位尺寸

标注完成后选择尺寸线，通过编辑类型对尺寸标注的属性进行调整。一般根据项目需要新建合适的标注样式。通过“复制”新建一个名称为“仿宋_3mm”样式、颜色为“蓝色”，修改文字字体为“仿宋”、文字大小为“3.0000mm”、文字背景为“透明”，如图 11-6 所示。

将创建的标注样式应用到项目中，替换原有的样式，如图 11-7 所示。此外，还可以对尺寸标注的线样式、尺寸界线进行调整。

11.2.2 构件标注

构件标注主要是构件的名称、尺寸、安装高度等的标注。本小节以管道管径为例，讲解管道尺寸标记方法。在族库中打开任意管道标记族，修改标记的族类别为“管道标记”。选中绘图区域的标记族，双击进入编辑标签对话框，删除原有的标签。添加“尺寸”标签，添加前缀为“DN”。添加系统缩写标签和管道高度标签，如图 11-8 所示。另存为管道尺寸标记族，完成后载入项目中备用。标记族的新建或修改方法参照本节视频进行学习。

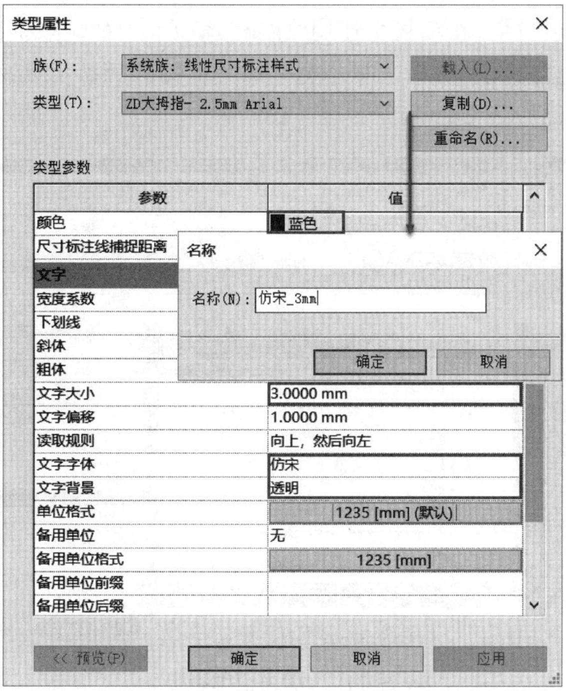

类型属性

族(F)：系统族：线性尺寸标注样式　载入(L)...

类型(T)：ZD大拇指- 2.5mm Arial　复制(D)...

重命名(R)...

类型参数

参数	值
颜色	蓝色
尺寸标注线捕捉距离	
文字	
宽度系数	
下划线	
斜体	
粗体	
文字大小	3.0000 mm
文字偏移	1.0000 mm
读取规则	向上，然后向左
文字字体	仿宋
文字背景	透明
单位格式	1235 [mm] (默认)
备用单位	无
备用单位格式	1235 [mm]
备用单位前缀	
备用单位后缀	

名称

名称(N)：仿宋_3mm

确定　取消

<< 预览(P)　确定　取消　应用

图 11-6　自定义尺寸标注

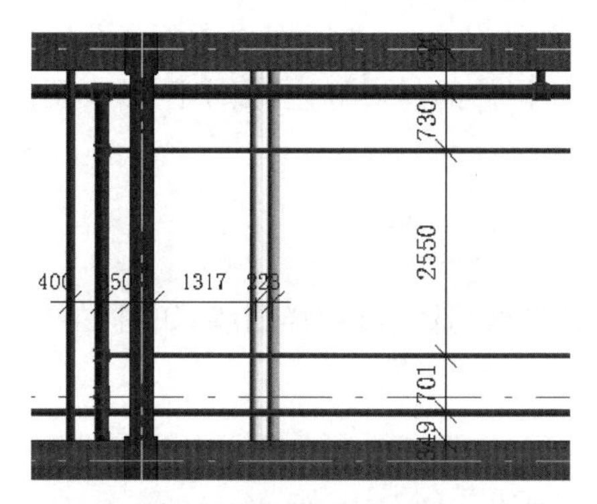

图 11-7　尺寸标注调整

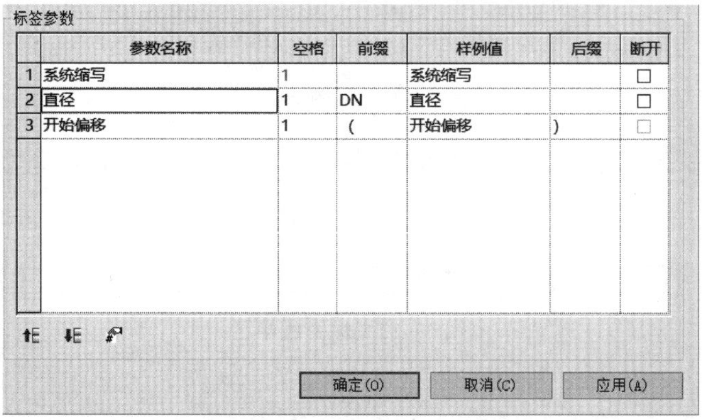

标签参数

	参数名称	空格	前缀	样例值	后缀	断开
1	系统缩写	1		系统缩写		□
2	直径	1	DN	直径		□
3	开始偏移	1	(	开始偏移	)	□

确定(O)　取消(C)　应用(A)

图 11-8　管道标记标签参数

将标记族载入到项目中，在项目中使用“注释”选项卡中的“全部标记”或“按类别标记”对构件进行标注。“全部标记”可标记某一类型的全部构件，“按类别标记”能逐一标记不同的构件。使用全部标记如图 11-9 所示。

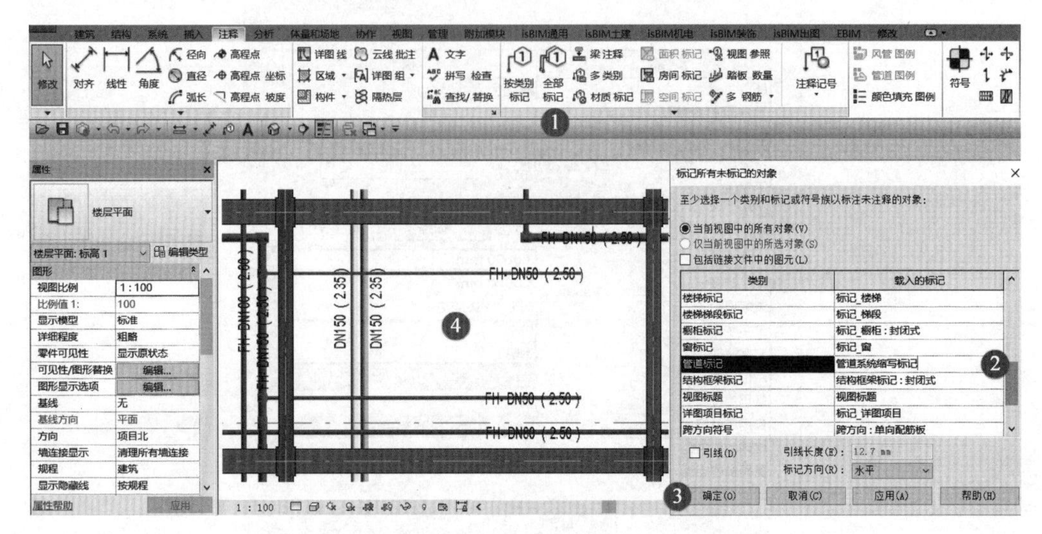

图 11-9　管道全部标记

在三维视图中无法直接标记，需要使用“保存方向并锁定视图”命令将视图锁定，然后才可以在三维视图中进行标记，如图 11-10 所示。同样可以添加构件的材质标注、文字注释以及构件表面的高程标注。

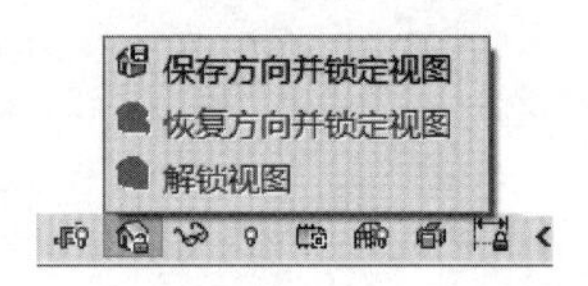

图 11-10　锁定三维视图

11.2.3　详图线

使用“注释”选项卡的“详图线”选项绘制详图线，如图 11-11 所示，可选择不同样式的详图线进行绘制。

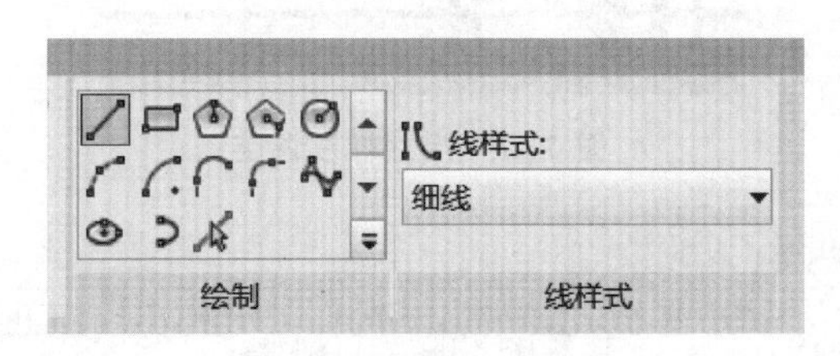

图 11-11　绘制详图线

使用“半径”命令时，在工具条中可设置半径值，修改半径的值固定为 1000，如图 11-12 所示。

图 11-12　详图线半径

局部三维视图.mp4

11.3　局部三维展示

11.3.1　正交三维模型

图 11-13　选择框

在任意视图下选择需要隔离的图元，单击“修改”选项卡“视图”面板的“选择框”选项，可以将所选构件快速剖切隔离出来，如图 11-13 所示。

可以根据需要拖动剖面框的控制柄，调整选择框的大小，并隐藏阻挡视线的图元，如图 11-14 所示。Revit 中可用剖面框快速地对模型进行剖切，生成局部三维视图。

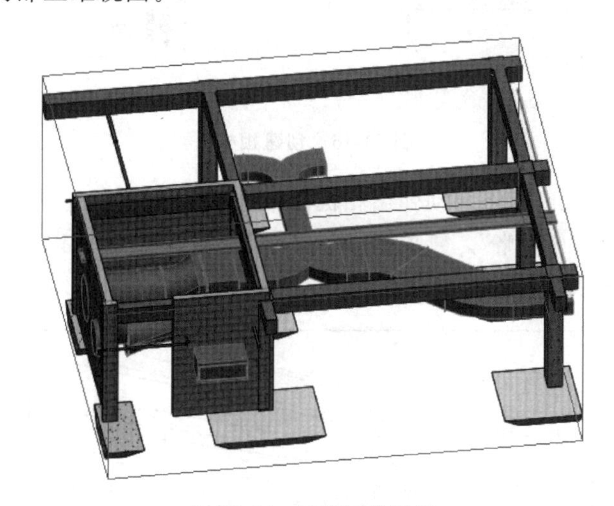
图 11-14　局部三维视图

此外，也可以右击导航栏“ViewCube”工具（图标为 ），使用“定位到视图”命令，并选择对应的标高，可将标高所对应楼层的三维视图剖切出来，如图 11-15 所示。

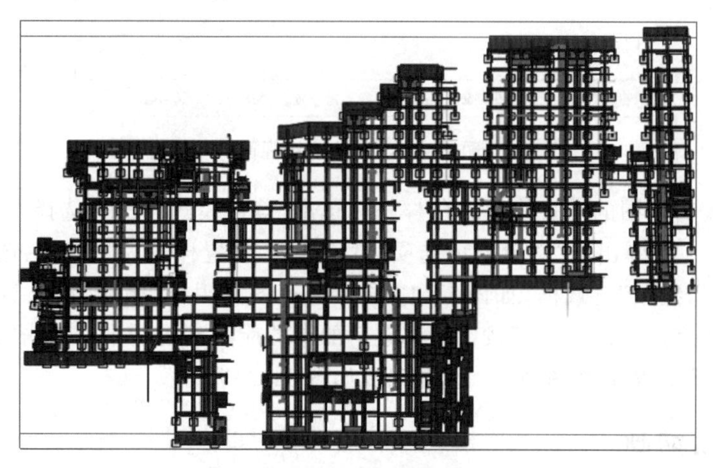
图 11-15　定向到视图

11.3.2 透视三维模型

透视三维模型是通过“相机”创建的三维视图，如图 11-16 所示。透视三维模型具有远小近大的效果。

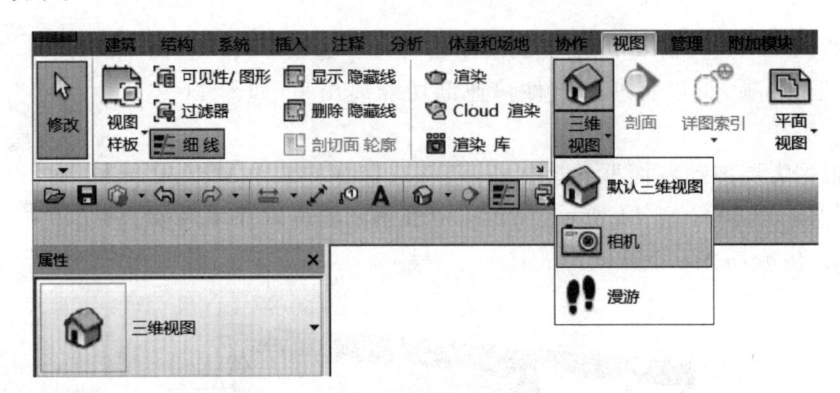

图 11-16　创建相机

在任意位置放置相机后，将自动弹出相机窗口。默认情况下，生成的相机视图着色模式为“隐藏线”，精细程度为“粗略”。管道附件、管件可能不会显示，或以单线的形式显示，并且视图未做抗锯齿处理，如图 11-17 所示。

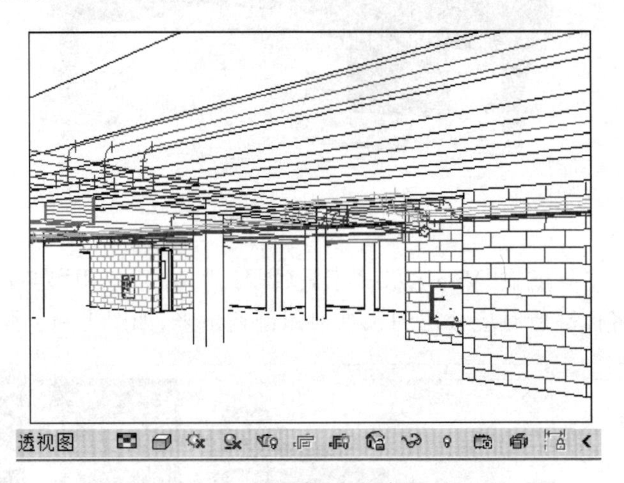

图 11-17　默认相机视图

可以通过编辑视图的样式修改着色样式。单击“着色模式”按钮，选择“图形显示选项”，如图 11-18 所示。在弹出的“图形显示选项”对话框中，设置样式为“着色”、选择“显示边”及“使用反失真平滑线条”复选框，如图 11-19 所示。视图的阴影、照明方式、背景等也可以在此处设置。设置完成单击“应用”按钮将修改后的参数应用到视图中。单击“确定”按钮关闭对话框，并修改精细程度为“精细”。设置完成如图 11-20 所示。

11.3.3 漫游动画

漫游动画是通过连续的关键帧生成的动态三维展示视频。在“视图”选项卡“创建”面板中，通过“三维视图”选项下拉列表中的“漫游”命令可以创建漫游路径，如图 11-21 所示。

图形显示选项(G)...
线框
隐藏线
着色
一致的颜色
真实
光线追踪
透视图

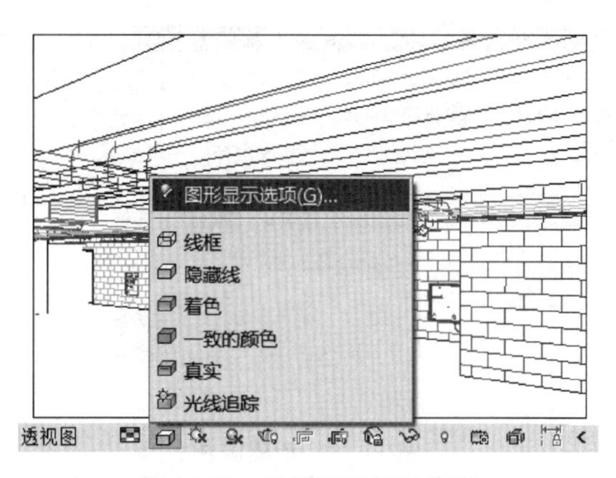

图 11-18 编辑图形显示选项

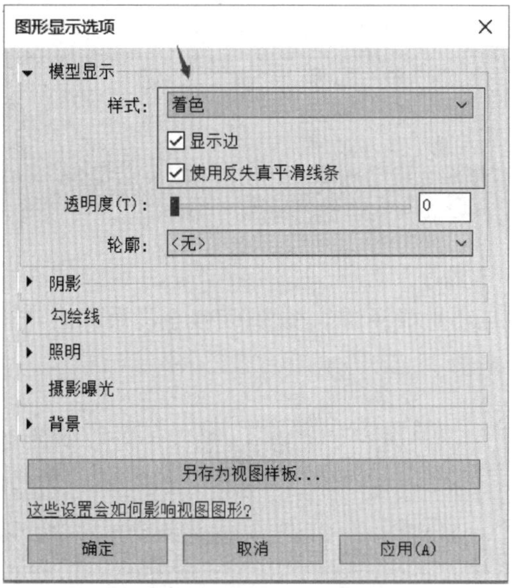

图形显示选项
模型显示
样式:
着色
显示边
使用反失真平滑线条
透明度(T):
0
轮廓:
<无>
阴影
勾绘线
照明
摄影曝光
背景
另存为视图样板...
这些设置会如何影响视图图形?
确定
取消
应用(A)

图 11-19 编辑模型显示样式

透视图

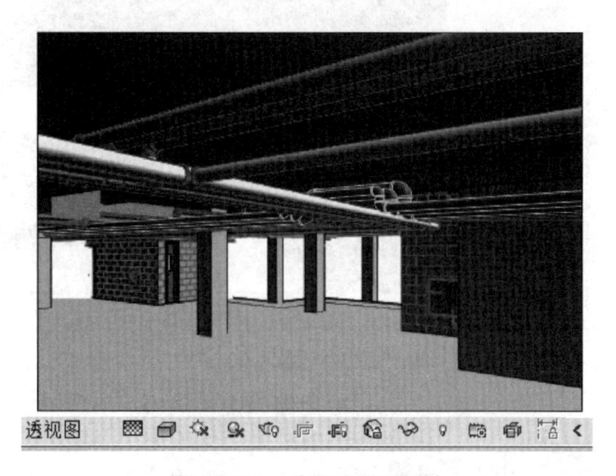

图 11-20 应用视图属性

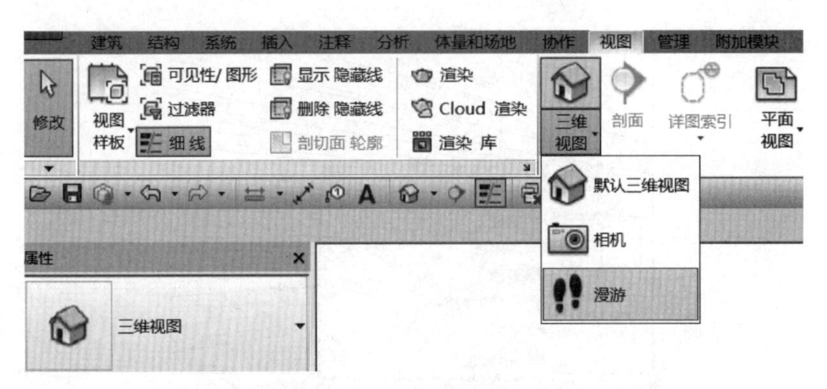

图 11-21 创建漫游

设置相机的偏移量，依次绘制漫游的路径，完成后单击“完成漫游”完成路径的创建，如图 11-22 所示。

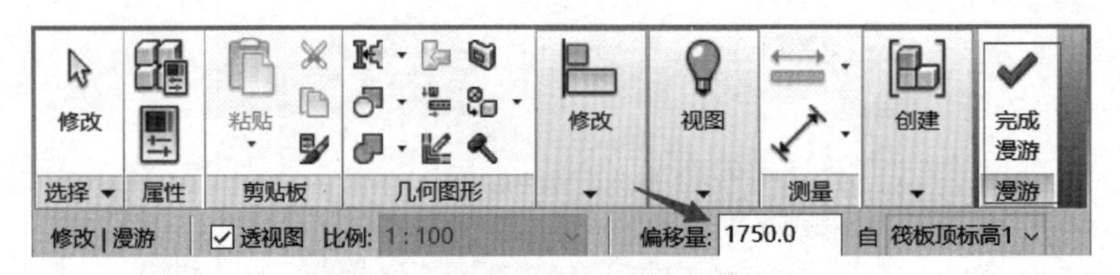

图 11-22 完成漫游

在项目浏览器中，将自动生成漫游的视图，切换至漫游视图，或者选择漫游路径，即可对漫游的关键帧进行编辑，如图 11-23 所示。

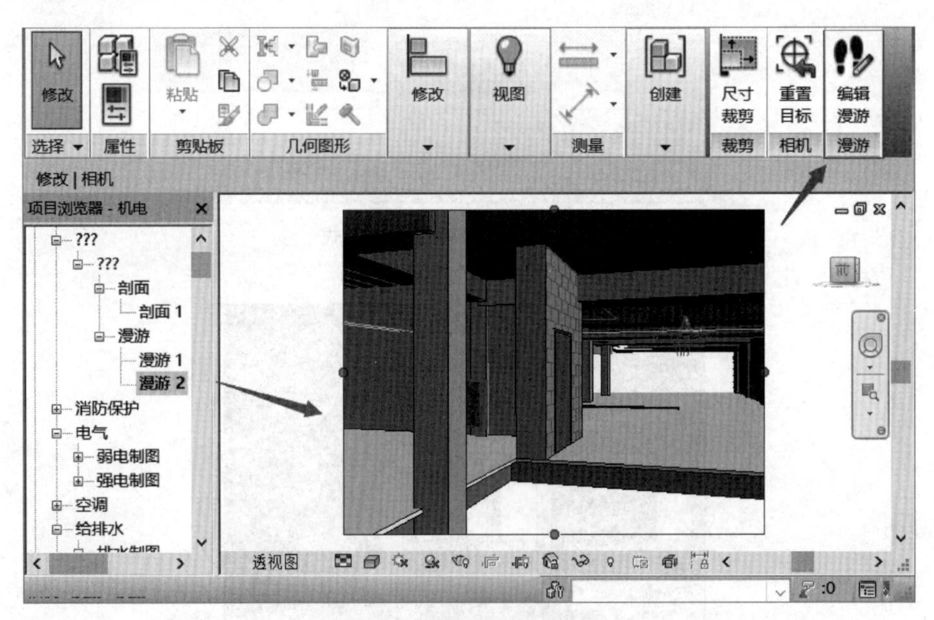

图 11-23 启用编辑漫游选项

单击“编辑漫游”选项，弹出“编辑漫游”工具栏，如图 11-24 所示。可以对关键帧的视觉角度、范围进行调整，也可以播放漫游动画。

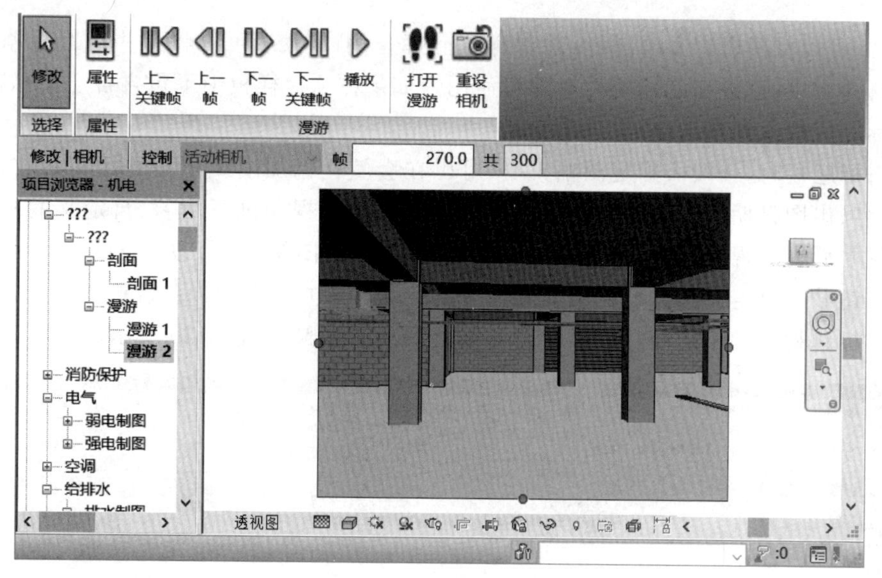

图 11-24　编辑关键帧

图纸布局.mp4

11.4　图纸布局

11.4.1　使用标题栏

图纸的图框在 Revit 中归类为标题栏，可使用族编辑器创建标题栏族，然后载入到项目中使用。对于每个标题栏，可指定图纸大小并添加边界、公司徽标、会签项目和其他信息，如图 11-25 所示。标题栏族的文件格式为 rfa。

图 11-25　标题栏

通常，可以创建自定义标题栏，并保存到族库备用 。然后可以将这些标题栏添加到默认的项目样板中，这样在创建项目时即可使用。如果在项目样板中不包含自定义标题栏，则可以将标题栏载入到项目中。

编辑标题栏时，一般需确定图幅大小，可以在会签栏添加图纸相关的标签参数，如图纸编号、图名、出图日期等。标题栏族的创建方法参照本节视频进行学习，自定义的标题栏载入到项目中后，在“视图”选项卡“图纸组合”面板中单击“图纸”选项(如无对应的图幅可单击“载入”按钮载入自定义的标题栏族或族库中的标题栏族)，即可弹出 “新建图纸”对话框，选择对应的标题栏然后单击“确定”按钮即可创建图纸。步骤如图 11-26 所示。

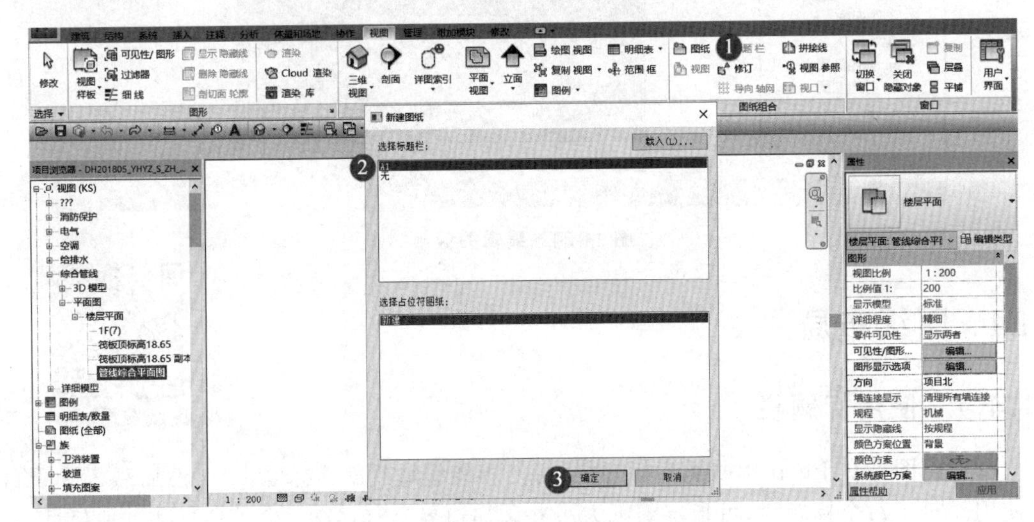

图 11-26 创建图纸

11.4.2 添加视口

1. 关于视口

视口即图纸上对应的视图，平面视图、立面视图、剖面视图、三维视图、详图均可以作为图纸上的视口。在图纸中可以激活视口并修改视口中的构件或标注。可以将项目中的视图移动到图纸中，作为出图的视口。需要注意，一个视图只能移动到一张图纸上，一张图纸可放置多个视图，作为独立方的视口。图纸上的视口如图 11-27 所示。

2. 视口编辑

出图后如需修改图纸视图中的尺寸标注、文字注释、图形显示等，需要对图纸中对应的视口进行编辑。图纸中的视口一般无法直接编辑，如需修改可采用以下方法：

(1) 在项目浏览器中，切换回原视图界面进行编辑。

(2) 在图纸界面，双击视口边框内部的区域，然后进行编辑。编辑完成后双击图纸界面的空白区域，即可退出编辑模式。

(3) 在图纸界面选择需要编辑的视口，可弹出“修改 | 视口”选项卡，单击 “激活视图”选项即可对视图进行编辑，如图 11-28 所示。

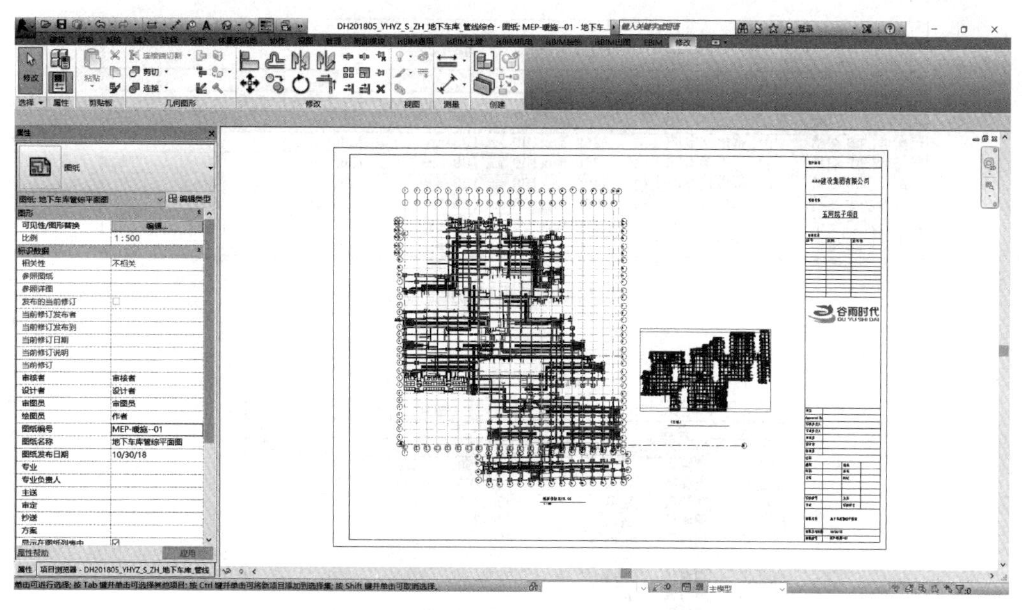

图 11-27　添加视口

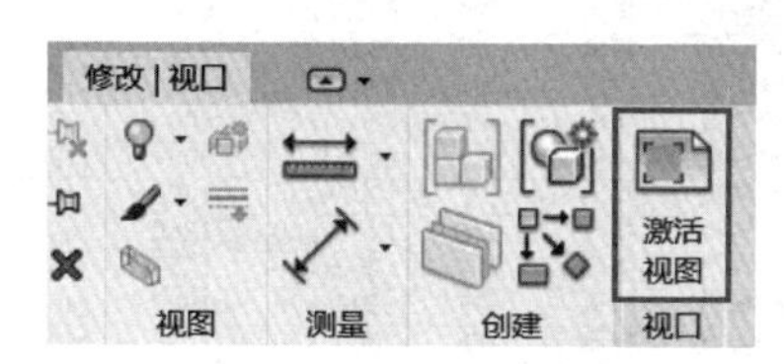

图 11-28　激活视图

11.4.3　图纸上的明细表

1. 添加明细表

（1）打开图纸视图，在项目浏览器中，直接将明细表移动到图纸中，即可完成明细表的添加。

（2）将明细表放置到图纸上之后，可以对其进行修改。在图纸视图中将光标移动到明细表位置并右击，然后单击“编辑明细表”。

参照本书第 5 章中的步骤，可以创建管道、风管、管件、附件、桥架明细表以及机械设备的明细清单。管道明细表、桥架明细表、风管明细表分别如图 11-29～图 11-31 所示。

〈管道明细表〉

A	B	C	D	E	F	G
系统缩写	系统类型	类型	系统分类	尺寸	长度	合计
FH	FH-消防栓给	内外热镀锌钢管_丝扣链接	湿式消防系统	50		209
FH	FH-消防栓给	内外热镀锌钢管_丝扣链接	湿式消防系统	65		318
FH	FH-消防栓给	内外热镀锌钢管_丝扣链接	湿式消防系统	80		64
FH	FH-消防栓给	内外热镀锌钢管_丝扣链接	湿式消防系统	100		360
FH	FH-消防栓给	内外热镀锌钢管_丝扣链接	湿式消防系统	125		16
FH	FH-消防栓给	内外热镀锌钢管_丝扣链接	湿式消防系统	150		78

图 11-29　管道明细表

〈电缆桥架明细表〉						
A	B	C	D	E	F	G
族	类型	尺寸	高度	宽度	长度	合计
带配件的电缆桥	01_强电用电防火桥	200 mmx100 mm	100 mm	200 mm		11
带配件的电缆桥	01_强电用电防火桥	300 mmx100 mm	100 mm	300 mm		18
带配件的电缆桥	01_强电用电防火桥	400 mmx100 mm	100 mm	400 mm		4
带配件的电缆桥	01_强电用电防火桥	500 mmx100 mm	100 mm	500 mm		58
带配件的电缆桥	02_消防电用电防火	200 mmx100 mm	100 mm	200 mm		7
带配件的电缆桥	02_消防电用电防火	500 mmx100 mm	100 mm	500 mm		32

图 11-30 桥架明细表

〈风管明细表〉						
A	B	C	D	E	F	G
族	类型	系统类型	系统	尺寸	宽度	高度
矩形风	镀锌风	送风		320x250	320	250
矩形风	镀锌风	送风		400x250	400	250
矩形风	镀锌风	送风		400x320	400	320
矩形风	镀锌风	送风		630x320	630	320
矩形风	镀锌风	送风		800x320	800	320
矩形风	镀锌风	送风		2000x400	2000	400
矩形风	镀锌风	送风		2500x400	2500	400
矩形风	镀锌风	排风	PF	200x200	200	200
矩形风	镀锌风	排风	PF	320x250	320	250
矩形风	镀锌风	排风	PF	400x250	400	250
矩形风	镀锌风	排风	PF	400x320	400	320
矩形风	镀锌风	排风	PF	500x320	500	320
矩形风	镀锌风	排风	PF	630x320	630	320
矩形风	镀锌风	排风	PF	630x400	630	400
矩形风	镀锌风	排风	PF	800x320	800	320
矩形风	镀锌风	排风	PF	800x400	800	400
矩形风	镀锌风	排风	PF	1000x400	1000	400
矩形风	镀锌风	排风	PF	1250x320	1250	320
矩形风	镀锌风	排风	PF	1250x400	1250	400
矩形风	镀锌风	排风	PF	1600x400	1600	400
矩形风	镀锌风	排风	PF	2000x400	2000	400
圆形风	镀锌风	送风		320ø		
圆形风	镀锌风	送风		400ø		
圆形风	镀锌风	送风		630ø		
圆形风	镀锌风	送风		800ø		
圆形风	镀锌风	送风		1000ø		
圆形风	镀锌风	送风		1120ø		
圆形风	镀锌风	排风	PF	280ø		
圆形风	镀锌风	排风	PF	320ø		
圆形风	镀锌风	排风	PF	400ø		
圆形风	镀锌风	排风	PF	630ø		
圆形风	镀锌风	排风	PF	700ø		
圆形风	镀锌风	排风	PF	800ø		
圆形风	镀锌风	排风	PF	1000ø		
圆形风	镀锌风	排风	PF	1120ø		
圆形风	镀锌风	排风	PF	1250ø		

图 11-31 风管明细表

2. 设置明细表格式

在项目浏览器的“明细表/数量”列表中，单击需要编辑的明细表名称，在属性栏即可显示明细表的属性。单击“外观”对应的“编辑”按钮，即可弹出“明细表属性”对话框，在“明细表属性”对话框的“外观”选项卡中根据需要定义图形、文字等设置，如图 11-32 所示。“外观”选项卡中的各选项仅影响明细表在图纸上的显示，不会影响在明细表视图中的显示。

3. 明细表编辑

在图纸视图中选择明细表，通过 工具合并或移动明细表，通过 工具拆分明细表，便于在图纸中对明细表进行排列，如图 11-33 所示。

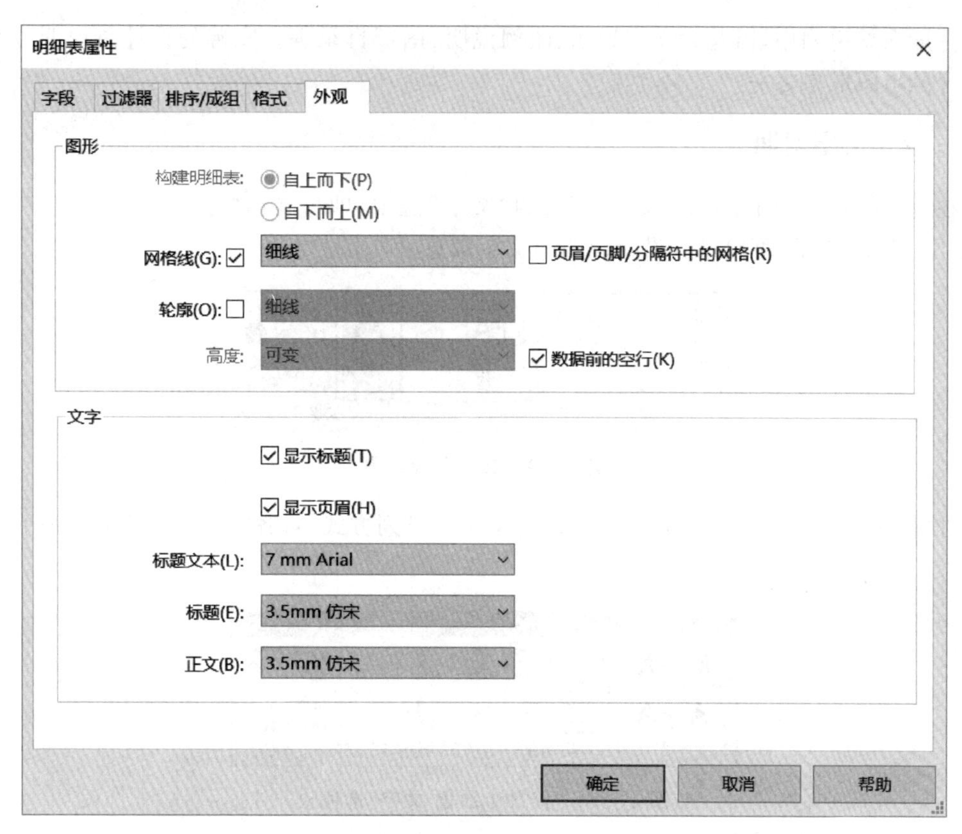

图 11-32　明细外观设置

风管明细表

族	类型	系统类型	系统缩写	尺寸	宽度	高度
矩形风管	镀锌风管	送风		320x250	320	250
矩形风管	镀锌风管	送风		400x250	400	250
矩形风管	镀锌风管	送风		400x320	400	320
矩形风管	镀锌风管	送风		630x320	630	320
矩形风管	镀锌风管	送风		800x320	800	320
矩形风管	镀锌风管	送风		2000x400	2000	400
矩形风管	镀锌风管	送风		2500x400	2500	400
矩形风管	镀锌风管	排风	PF	200x200	200	200
矩形风管	镀锌风管	排风	PF	320x250	320	250
矩形风管	镀锌风管	排风	PF	400x250	400	250
矩形风管	镀锌风管	排风	PF	400x320	400	320
矩形风管	镀锌风管	排风	PF	500x320	500	320
矩形风管	镀锌风管	排风	PF	630x320	630	320
矩形风管	镀锌风管	排风	PF	630x400	630	400
矩形风管	镀锌风管	排风	PF	800x320	800	320
矩形风管	镀锌风管	排风	PF	800x400	800	400
矩形风管	镀锌风管	排风	PF	1000x400	1000	400
矩形风管	镀锌风管	排风	PF	1250x320	1250	320
矩形风管	镀锌风管	排风	PF	1250x400	1250	400

风管明细表

[illegible]	[illegible]	[illegible]	系统缩写	尺寸	宽度	高度
矩形[illegible]	[illegible]	[illegible]	[illegible]	1600x400	1600	400
矩形风管	[illegible]	[illegible]	[illegible]	2000x400	2000	400
圆形风管	镀锌风管	送风		320ø		
圆形风管	镀锌风管	送风		400ø		
圆形风管	镀锌风管	送风		630ø		
圆形风管	镀锌风管	送风		800ø		
圆形风管	镀锌风管	送风		1000ø		
圆形风管	镀锌风管	送风		1120ø		
圆形风管	镀锌风管	排风	PF	280ø		
圆形风管	镀锌风管	排风	PF	320ø		
[illegible]	镀锌风管	排风	PF	400ø		
[illegible]	[illegible]	排风	PF	630ø		
[illegible]	[illegible]	排风	PF	700ø		
[illegible]	[illegible]	排风	PF	800ø		
[illegible]	[illegible]	排风	PF	1000ø		
圆形风管	镀锌风管	排风	PF	1120ø		
圆形风管	镀锌风管	排风	PF	1250ø		

总计：333

移动明细表到左侧表格下方，即可自动合并

单击此处，拆分明细表为两列

图 11-33　明细表编辑

11.4.4 管线综合总说明

一般在总说明中,需包含文字说明、图例说明、图纸目录等。完善的设计总说明也是管线综合的出图成果之一。

1. 录入文字说明

在“注释”选项卡中,单击“文字”面板的“文字”选项,即可弹出“修改 | 放置 文字”选项卡,如图 11-34 所示,可以录入设计说明的文字信息。

图 11-34 文字创建工具

在“修改 | 放置 文字”选项卡中,可以对文字的排列方式、对齐方式进行设置,如图 11-35 所示。

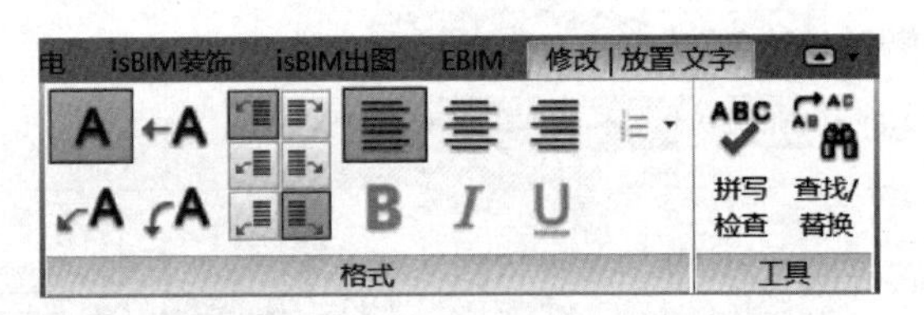

图 11-35 “修改 | 放置 文字”选项卡

2. 添加图纸列表

在“视图”选项卡图纸组合面板提供了“明细表”选项,选择下拉列表中的“图纸列表”选项可以统计管线综合的图纸明细清单,如图 11-36 所示。图纸列表的编辑方式与明细表的编辑类似,一般可将图纸编号、图纸名称、图纸发布日期、绘图员等添加到图纸列表的字段,如图 11-37 所示。

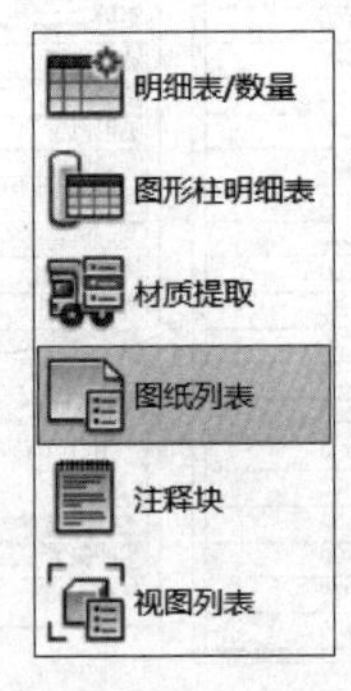

图 11-36 图纸列表

当字段编辑完成后单击“确定”按钮,项目中的图纸全部统计到图纸列表中,如图 11-38 所示。

图 11-37 图纸列表字段编辑

<图纸列表>

A	B	C	D
图纸编号	图纸名称	图纸发布日期	绘图员
暖施-01	车库防排烟平面图	07/09/17	作者
暖施-02	车库暖通风平面图	07/09/17	作者
暖施-03	车库暖通水平面图	07/09/17	作者
水施-01	车库喷淋给水平面图	07/09/17	作者
水施-02	车库给排水消防平面图	07/09/17	作者
电施-01	车库弱电桥架平面图	07/09/17	作者
电施-02	车库强电桥架平面图	07/09/17	作者
管综-01	管线综合设计总说明	07/09/17	作者
管综-02	管综构造详图	07/09/17	作者

图 11-38 统计图纸列表

3. 添加图例符号

图例符号可以通过“注释”选项卡中的“详图线”选项和“区域”选项绘制。也可以通过“详图族”样板创建符号族，然后载入到项目中，通过“符号”选项放置，如图 11-39 所示。

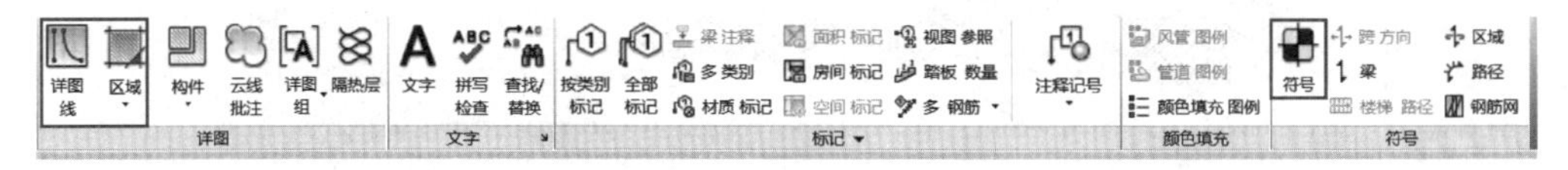

图 11-39 符号创建工具

在软件默认的族库中，也提供了大量的符号族样例。可以直接载入到项目中使用，默认的详图符号族存放在“C:\ProgramData\Autodesk\RVT 2018\Libraries\China\注释\符号”文件夹中，如图 11-40 所示，其中是电气常见的符号图例库。

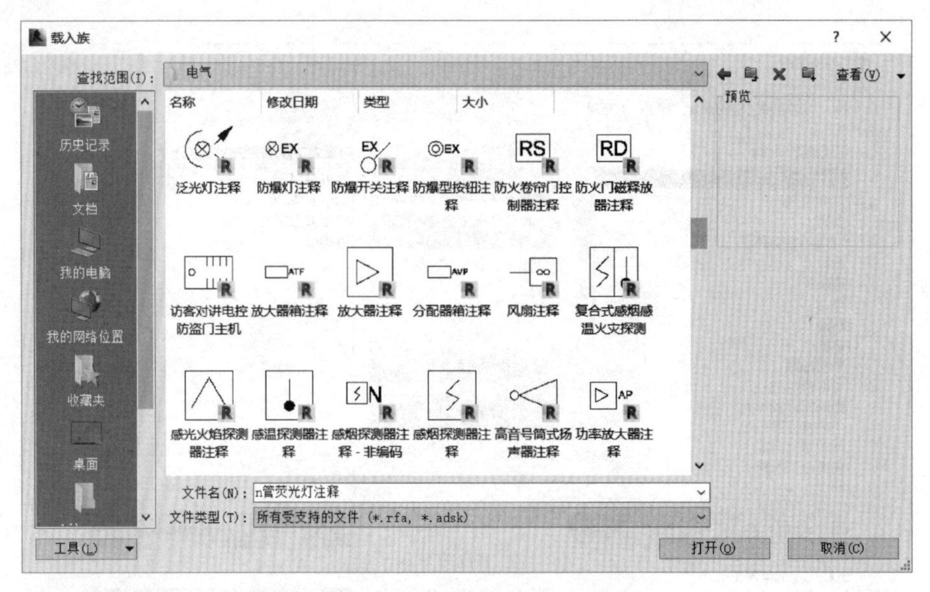

图 11-40 电气符号样例

模型信息导出.mp4

11.5 模型信息导出

11.5.1 导出图纸

在 Revit 中切换到相应图纸视图，使用“应用程序菜单栏”中的“导出”—“CAD 格式”—“DWG”命令，进入 DWG 导出界面，如图 11-41 所示。单击“选择导出设置”后方的 ... 按钮，可编辑导出设置。选择 按钮新建图纸集，可以将项目中的图纸及视图分类整理，选中需要一次性导出的图纸列表，组成一个图纸集，如图 11-42 所示。

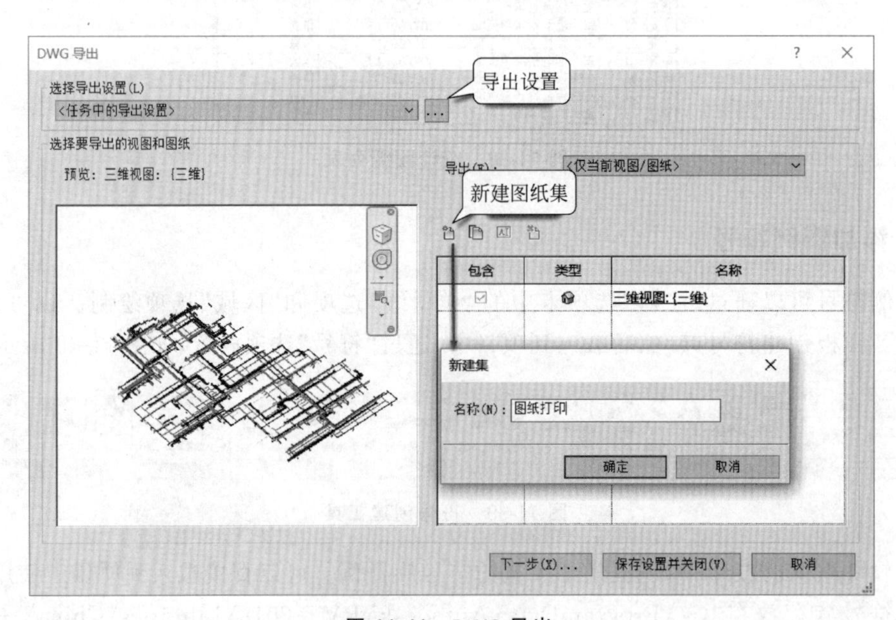

图 11-41 DWG 导出

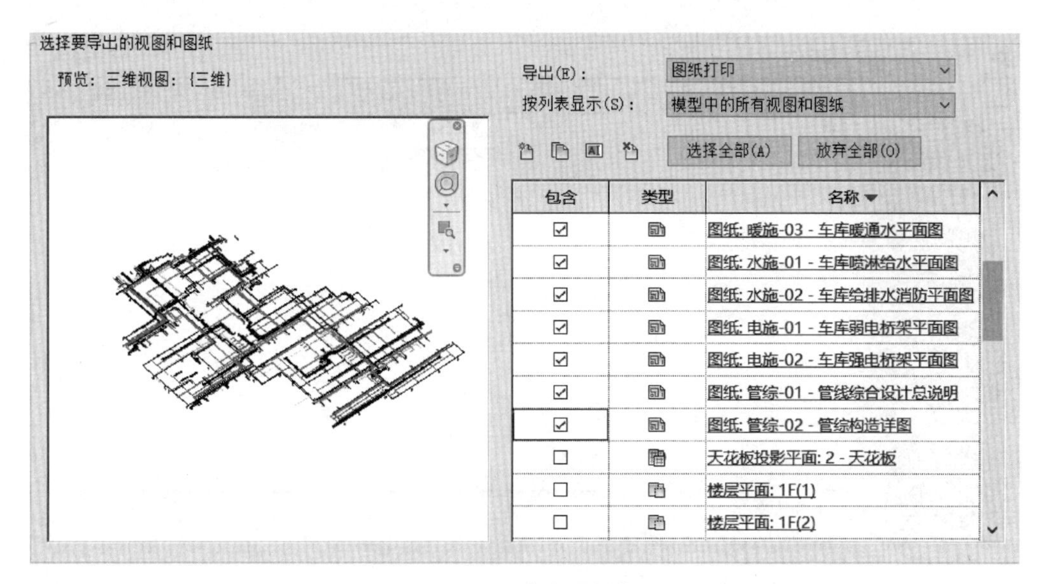

图 11-42　定义图纸集

单击 按钮打开“修改 DWG/DXF 导出设置”对话框，如图 11-43 所示。对图层、线条、填充图案颜色等属性进行设置。

图 11-43　图纸导出设置

设置完成后，单击“确定”按钮导出图纸，在弹出的“导出 CAD 格式-保存到目标文件夹”对话框中设置文件的存放路径、前缀以及 dwg 文件的版本，修改命名方式，同时不选中下方的“将图纸上的视图和链接作为外部参照导出”复选框，如图 11-44 所示。

提示：导出图纸前需要保证图纸视图中的“临时隐藏/隔离”属性已经应用到视图中，否则导出时需要将“临时隐藏/隔离”设置为打开状态。导出后的图纸可以在 AutoCAD 及 CAD 看图软件中查看，如图 11-45 所示。

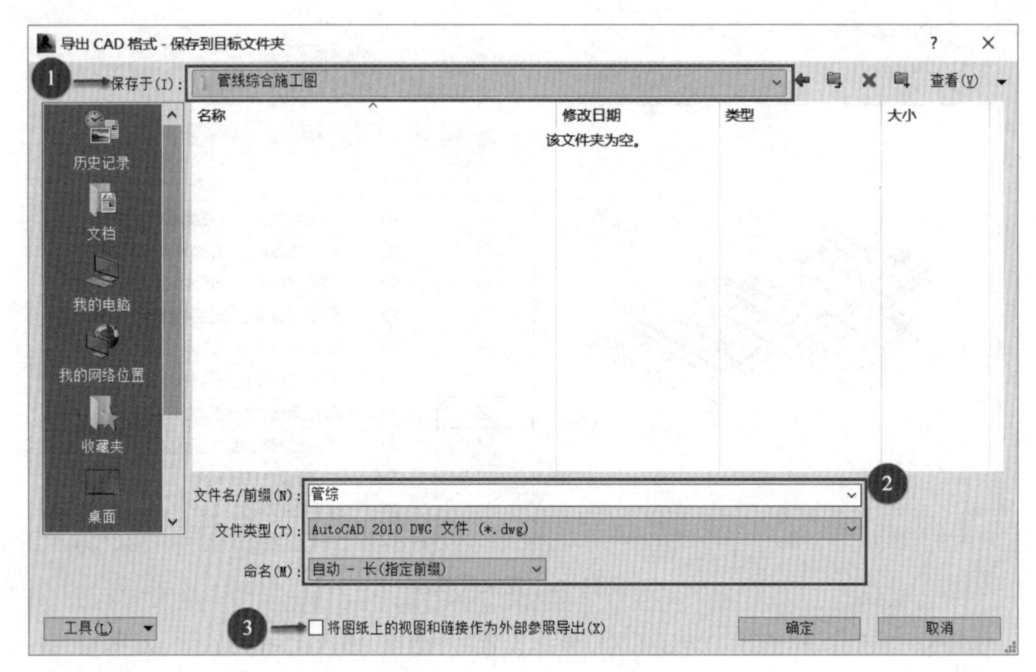

图 11-44 导出 CAD 格式

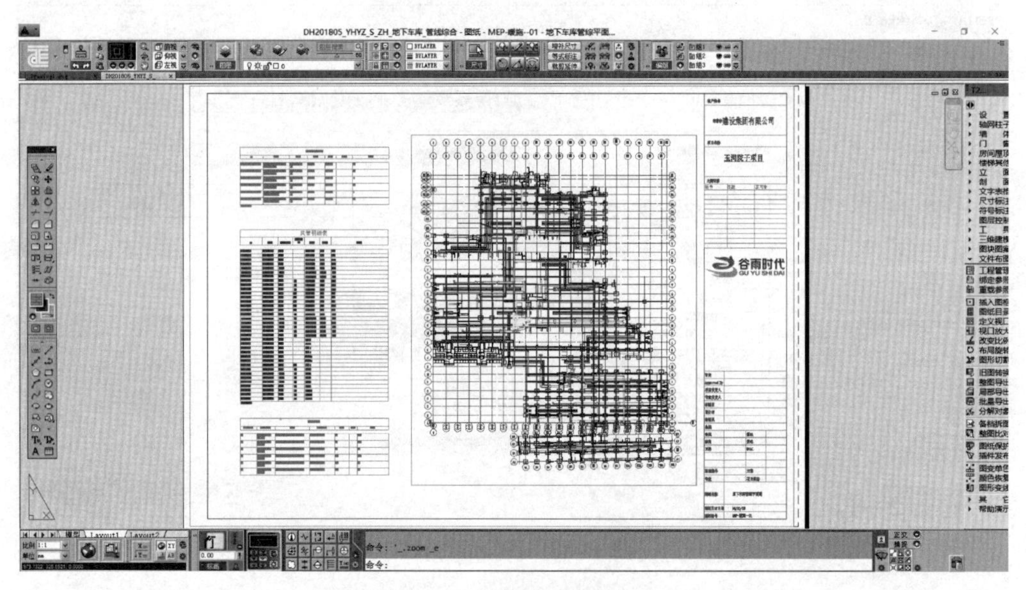

图 11-45 查看 dwg 图纸

也可以将图纸通过打印的方式，输出为 PDF 格式的文件，操作步骤与图纸的导出步骤相似。需要注意，打印 PDF 图纸前需要安装 PDF 相关的阅读器。

11.5.2 导出明细表

在 Revit 中生成明细表并切换到该明细表视图，使用“应用程序菜单栏”中的“导出”—

“报告”—“明细表”命令，如图 11-46 所示，可以将明细表导出为 txt 格式的文件。Revit 软件没有将明细表直接导出为 Excel 电子表格的功能，只能将明细表导出为 txt 格式，然后将 txt 文件用 Excel 软件打开，然后另存为 xls 格式即可。

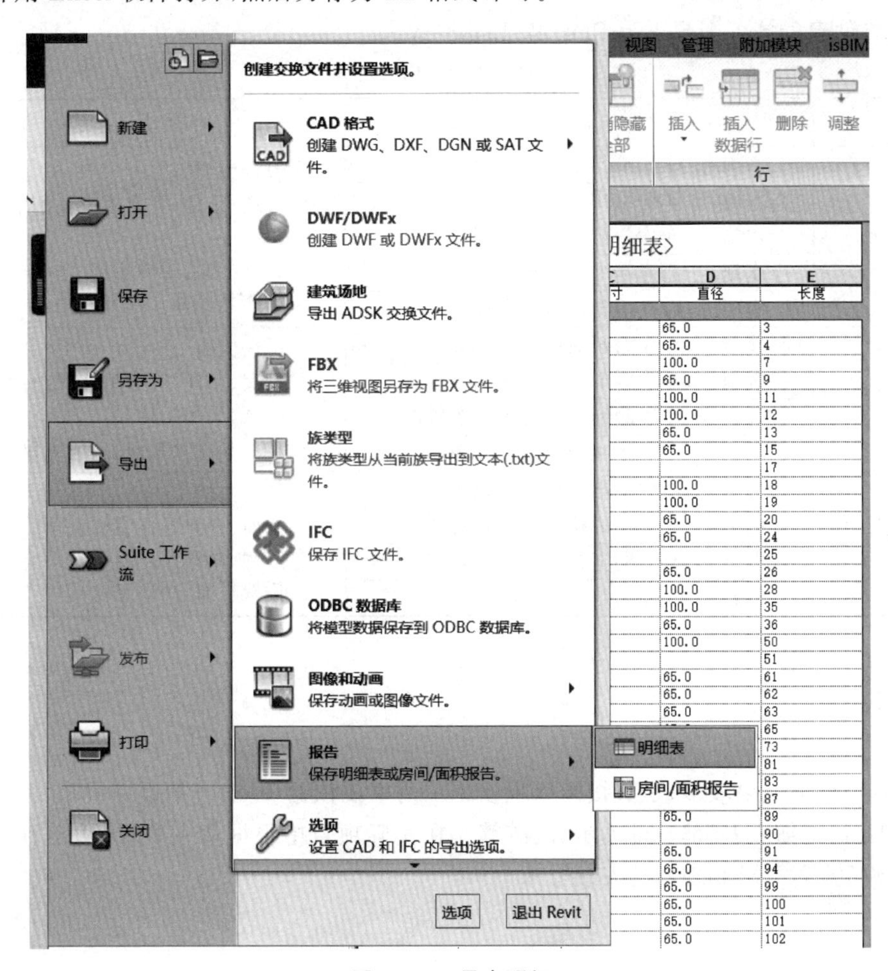

图 11-46　导出明细

强化训练

第 11 章教材配套资源.rar

请参考“第 11 章>第 11 章 强化训练案例资料”文件夹中提供的案例资料，输出图纸及其他文件。需导出的图纸内容如表 11-1 所示。具体要求如下：

1. 基于“01 深化模型”文件夹中的“DH201805_YHYZ_S_ZH_地下车库_管线综合.rvt”项目模型，创建各专业的平面图、局部剖面图、详图，并进行标注。

2. 分专业统计“DH201805_YHYZ_S_ZH_地下车库_管线综合.rvt”项目模型中的管道、管件、管道附件,以及机械设备的构件清单。

3. 将各创建的专业图纸与构件清单组合出图,并编写 BIM 管线综合设计总说明。

4. 将创建的施工图导出为 PDF 和 dwg 格式。

表 11-1 输出内容清单

<table>
<tr><th>专 业</th><th>输出图纸</th><th>图纸内容</th></tr>
<tr><td rowspan="5">给排水</td><td>水施 - 车库给排水设计总说明</td><td rowspan="5">设计说明
管道、管件、管道附件明细清单
图例
管道平面、立面定位
整体及局部三维轴测图</td></tr>
<tr><td>水施 - 车库给排水平面布置图</td></tr>
<tr><td>水施 - 车库消防平面布置图</td></tr>
<tr><td>水施 - 车库喷淋平面布置图</td></tr>
<tr><td>水施 - 车库给排水节点大样图</td></tr>
<tr><td rowspan="4">暖通</td><td>暖施 - 车库给暖通设计总说明</td><td rowspan="4">设计说明
管道、管件、管道附件明细清单
图例、局部大样图
管道及风管平面、立面定位</td></tr>
<tr><td>暖施 - 车库暖通风系统平面布置图</td></tr>
<tr><td>暖施 - 车库暖通水系统平面布置图</td></tr>
<tr><td>水施 - 车库给暖通节点大样图</td></tr>
<tr><td rowspan="4">电气</td><td>电施 - 车库给电气设计总说明</td><td rowspan="4">设计说明
桥架、桥架附件明细清单
图例、局部大样图
桥架平面、立面定位</td></tr>
<tr><td>电施 - 车库动力桥架平面布置图</td></tr>
<tr><td>电施 - 车库弱电桥架平面布置图</td></tr>
<tr><td>电施 - 车库给综合大样图</td></tr>
</table>

本章小结

管线综合的成果较多,是直接指导现场施工的重要依据,一般包括碰撞报告、深化模型、深化施工图、明细表、局部三维展示、漫游等。在实际项目中根据业主要求,输出管综成果,以满足项目交付要求和现场的安装要求。

参考文献

[1] 李建成.BIM应用·导论[M].上海：同济大学出版社，2015.

[2] 过俊.BIM在国内全生命周期的典型应用[J].建筑技艺，2011，(Z1)：95-99.

[3] 许蓁.BIM应用·设计[M].上海：同济大学出版社，2016.

[4] 丁烈云.BIM应用·施工[M].上海：同济大学出版社，2015.

[5] 郭保进.中文版Revit MEP 2016——管线综合设计[M].北京：清华大学出版社，2016.

[6] 王君峰，陈晓.Autodesk Revit机电应用之入门篇[M].北京：中国水利水电出版社，2013.

[7] 王君峰.AUTODESK NAVISWORKS实战应用思维课堂[M].北京：机械工业出版社，2015.

[8] 王琳，潘俊武.BIM建模技能与实务[M].北京：清华大学出版社，2017.

[9] 中华人民共和国住房和城乡建设部.建筑信息模型应用统一标准：GB/T 51212—2016[S].北京：建筑工业出版社，2017.

[10] 中华人民共和国住房和城乡建设部.建筑信息模型施工应用标准：GB/T 51235—2017[S].北京：建筑工业出版社，2017.